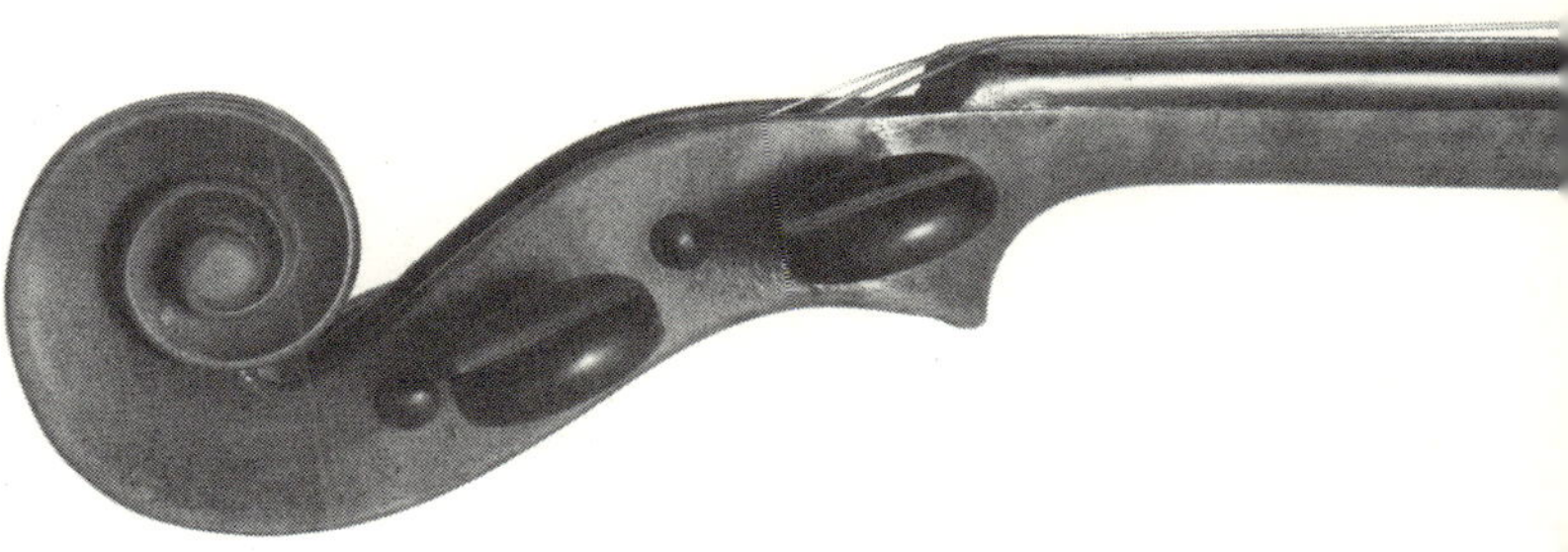

井上さつき

日本のヴァイオリン王

鈴木政吉の生涯と幻の名器

中央公論新社

はじめに

1. スズキ・マサキチ、ジャポン

だいぶ前の話になるが、一九〇〇（明治三三）年パリ万国博覧会の楽器部門の受賞者リストに「ヴァイオリン、スズキ・マサキチ、ジャポン」とあるのを見たときの衝撃は忘れられない。

当時、パリ万博と音楽について調べていた私は、フランスの図書館で、音楽雑誌に掲載された万博の関連記事を端から集めるという作業を続けていた。玉石混交の記事の中で、明治三三年の日本の洋楽器製造の快挙はキラリと光っているように思えた。ただし、記事はコピーしたものの、そのときは研究の手を広げる余裕がなく、そのまま放っておいた。

その後、当座の仕事が一段落したところで、鈴木政吉が名古屋の老舗《しにせ》、鈴木バイオリン製造株式会社の創業者で元は三味線職人だったこと、そして才能教育「スズキメソード」を始めた鈴木鎮一《しんいち》の父親であったことを知り、がぜん興味が湧いた。名古屋ならば、ある程度の土地勘もある。

こうして、二〇〇九（平成二一）年頃から本腰を入れて調べるようになった。すると知らないことばかり。驚きの連続だった。恥ずかしながら、日本近代音楽史よりは、フランスの近代音楽史の方が、数段なじみがあるし、研究のノウハウも持ち合わせている。鈴木政吉については、そのノウハウがほとんど通用しないし、残っている資料自体も少ない。試行錯誤が続いた。

鈴木政吉について、これまで関心が持たれてこなかったわけではない。だが、三味線職人がヴァイオリン作りで成功したという立志伝中の人物として描かれることが多く、たいていは単なるエピソード紹介にとどまっている。学問的な研究としては、大野木吉兵衛による貴重な論考「楽器産業における世襲経営の一原型――鈴木バイオリン製造株式会社の沿革――」（一九八二、一九八三）があるが、楽器産業の発展史を中心に置いた産業史の観点からの研究で、音楽面からのものではない。

従来、音楽研究者は西洋音楽がどのように日本に入ってきたかについては目を向けるが、楽器については、あまり関心を示してこなかった。音楽研究は、どうしても楽曲を中心とする傾向が強い。しかし、考えてみると、ピアノを筆頭として、日本は世界に冠たる洋楽器製造業の中心なのである。オルガン、ピアノ、ヴァイオリンなど、一八八七（明治二〇）年前後にようやく国産化が始まった洋楽器製造が、なぜ、このような発展を遂げることができたのか。それと日本の西洋音楽の受容はどのようにつながっていたのだろうか。鈴木政吉を調べれば、そのあたりの事情が解明できそうだ。

2．政吉の楽器はどこに？

調べていくうちに、政吉の楽器がパリ万博だけでなく、国内外のさまざまな博覧会で入賞していたことを知った。博覧会ならば自分の専門領域だ。当時の博覧会は商品のコンクールの場であり、受賞は品質の証明でもあった。とすれば、政吉のヴァイオリンは客観的に評価されていたわけだ。

しかも、大正末に政吉はクレモナの銘器グァルネリを手に入れ、それを研究して、手工ヴァイオリンを作っている。その楽器は「クレモナ巨匠の遺作に匹敵する絶品」と評されたという。確かに、ヴァイオリン愛好家だった物理学者のアインシュタインから政吉に宛てた手紙には賞賛のことばが書き連ねられている。

しかし――私はヴァイオリンの専門家ではないが――「鈴木政吉のヴァイオリン」の評判は聞いたことがない。それほどすぐれた楽器を作ったとしたら、そのヴァイオリンは今どこにあるのだろう。見てみたいものだ。

知りたかったのは、政吉のヴァイオリンは、日本の楽器産業の草分け的存在としての「歴史的な価値」しか持っていないのか、それとも、楽器として本当にすぐれていたのか、ということだった。

そこで、日本のいくつかの楽器博物館に、政吉の手工ヴァイオリンを所蔵しているか、尋ねてみた。どこにもなかった。

日本は不思議な国だ。博物館が自国の楽器を集めないで、どこの国が集めるというのだろう。名古屋市博物館にも尋ねてみた。ここは楽器博物館ではないが、鈴木ヴァイオリンは大正時代、名古屋の重要な輸出物品だった。だが、ここにもなかった。

あちこちで政吉のヴァイオリンのことを話していると、強力な助っ人が現れた。まず、クレモナで活躍しているヴァイオリン製作者の松下敏幸さん。昔からの友人だ。クレモナでヴァイオリン製作を学び、華やかなコンクール受賞歴を持つ、現代日本を代表するヴァイオリン製作者である。政吉ヴァイオリンの話をすると、実は自分も日本のヴァイオリン製作史に興味を持ち、少しずつ昔の製作者たちが作った楽器を集め始めていると言った。

松下さんは、年に数回、日本に帰ってくる。関西の仕事帰りに名古屋に途中下車してもらい、一緒に政吉の手工ヴァイオリンだとされる楽器を見に行ったこともある。結果は、「少なくとも四人の手で作られたヴァイオリン」。グレードは高いが、量産品だった。

九州の仕事先で、鈴木ヴァイオリンを見てきてくれたこともあるが、それも量産品だった。簡単には見つからなかった。


もう一人、中日新聞社放送芸能部の長谷義隆さんも力になってくれた。仕事柄、情報通の長谷さんは、二〇一一（平成二三）年、浜松、金沢、名古屋で巡回展があった「宮廷の雅《みやび》」展で、高松宮が少年時代に使った鈴木ヴァイオリン（学習院大学史料館蔵）が初公開されると知らせてくれた。これは記事にもなった。

ヴァイオリン探しの空振りが続いていたある日、当時担当していた中日新聞の「エンタ目」のコラムでこのことを取り上げようと思いついた。

原稿を書いて長谷さんに送ると、強烈なダメ出しである。「先生、何がしたいのですか。これでは読者に伝わりませんよ！」叱られて、今度はストレートに読者に呼びかけた。「名古屋が生んだバイオリン王　政吉製名器どこに？」という題で、最後は「お心当たりの方、ぜひご一報を」と締めくくった。

地元紙の強みである。ありがたいことに多くの反響があった。そして、ついに探し求めていた幻のヴァイオリンが見つかった。

それが本書のカバー写真のヴァイオリンである。

3. 政吉作の一九二九年製手工ヴァイオリン

所有者は愛知県尾張旭市にお住まいの松浦正義《ただよし》さん。小学校の校長先生だった方である。連絡すると、すぐに私の勤務先である愛知県立芸術大学に楽器を持ってきてくださった。政吉が一九二九（昭和四）年、七〇歳を迎える年に作った逸品である。ヴァイオリンを勉強していた松浦さんのお父上が政吉自身から三〇〇円で購入したものだという。政吉はヨーロッパから持ち帰った材料で、高級手工ヴァイオリンを作り、一本だけ手元に残しておいた。それを、松浦さんのお父上が懇請して譲ってもらったそうだ。見ると、確かに風格が違う。

この楽器を預かって、松下さんが帰国する機会を待って、持っていった。楽器を見るなり、「これはいいですね！」と松下さんが言った。

この楽器には内部に一九二九年の製作年と鈴木政吉のサインがある。高級輸入材を使い、高い技術によって製作されている。表板はヨーロッパ産アカモミ。裏板、横板、渦巻き状部分（スクロール）は外国産のカエデ。いずれも非常に上質である。裏板は一枚板。ニスはダークブラウン、オイル系と思われる非常に柔らかいニスで、下地はゴールドイエロー。入念な作りで、パフリング（楽器の縁取りの象眼）も非常に精密であり、政吉自身のスタイルである。f字孔はエレガントにカッティングされている。渦巻きも美しく繊細な仕事であり、バランスも良い。

つまり、この楽器には、所有者の松浦さんの話の通り、外国産の材料が使われていた。ユーゴスラヴィア産ではないか、と松下さんは言った。一般に裏板は接《は》ぎ合わせて作るが、この一枚板の裏板は、ほれぼれするような美しさだ。政吉が自分の手元に置いておきたいと思った理由がわかるような気がする。

ヴァイオリン製作者としての政吉の腕は確かなものだったのである。

松浦さんはこの楽器を戦中戦後、守り抜いた。名古屋の空襲が激しさを増す中、松浦さんのお父上は荷物を犬山に疎開させようとしたが、それを運ぶ荷馬車の手配がなかなかできない。二カ月後にようやく荷馬車が借りられて、最初の便にヴァイオリンを積んだ。それで助かった。二回目に運ぶつもりだった荷物は一週間後にすべて空襲で灰になった。

次の試練は伊勢湾台風である。このとき、家は強風で倒壊したが、楽器は奇跡的に助かった。実はその後、松浦さんは楽器を売ろうとした。家を建て直すための費用の足しにしようと思った。大阪の楽器店に持って行くと「鈴木は売れんなあ……」と言われた。ドイツ製のヴィオラには安いながらも値がついたが、この政吉の楽器には値がつかなかった。

戦後、鈴木製は本当に売れなかった。鈴木のラベルが貼ってあるだけで、楽器店は見向きもしない。わざわざラベルを剝《は》がしたという話も聞いた。

こうして松浦さんの手元に残った名器である。

私は松浦さんに、厚かましくも、この楽器を愛知県立芸術大学に寄贈していただけませんか、と頼んだ。名古屋が生んだヴァイオリン製作者の手になる名器は、県立芸術大学に置くのにふさわしい。

松浦さんは快く承諾してくださった。

こうして、この手工ヴァイオリンは、愛知県立芸術大学に寄贈された。この楽器、松下さんの手で修復が終わったところである。

4．政吉の再評価

鈴木政吉が名古屋で初めてヴァイオリンを目にした一八八七（明治二〇）年、東京や横浜では、すでに和楽器職人たちの手によってヴァイオリン製作が始まっていた。政吉は「見よう見まねで」ヴァイオリン第一号を作り上げたが、器用な日本人職人は他にもいた。明治期の博覧会の出品カタログを見ると、和楽器屋から出品された楽器の中に、ヴァイオリンが入っていることも珍しくない。しかし、本格的なヴァイオリン製造へ移行できたのは、名古屋の鈴木政吉以外にはいなかった。

では、鈴木政吉は、ヴァイオリン製作に携わった他の和楽器職人たちと何が違っていたのか。結論を先取りするようだが、それが、企業家精神（アントレプレナーシップ、起業家精神とも書く）であったと私は思っている。これは、新しい事業の創造意欲に燃え、高いリスクに果敢に挑む姿勢である。幕末に生まれた貧乏な三味線職人のどこに、こんな才能がひそんでいたのか。

ピアノ製造の場合、アメリカの楽器産業がモデルとなったが、鈴木政吉のヴァイオリン製造にはそうしたモデルは一切存在していなかった。政吉はヴァイオリンを大量生産するための方策を一人で考案し、多くの機械を自分で発明し、特許を取り、工場では動力を早い時期から導入した。

その企業家精神と表裏一体をなしていたのが、政吉の「音」に対する並み外れた芸術的感性である。政吉は、工場経営者であると同時に、楽器職人であり続けた。「鳴り音」を追求する姿勢は生涯変わらなかった。高級手工ヴァイオリンを作るようになるのは、後半生になってからだが、それが見事な作品であることは、一九二九（昭和四）年製のヴァイオリンが示している。

おそらく、量産品と芸術的手工品を両方作ったことが、後世の鈴木政吉の評価にとってマイナスになってしまったのだろう。ピンからキリまである、おびただしい数の量産品に付けられた鈴木政吉のラベルは、すぐれた手工ヴァイオリン製作者としての鈴木政吉の姿を覆い隠すことになった。それに輪をかけたのが、外国製品崇拝であった。

楽器は文化に根差した商品であるので、異なる文化を持つ国が取り入れるのは難しいはずだが、それを鈴木政吉は軽やかに行なったように見える。

この本では、幕末に生まれ、明治、大正、昭和を生き抜いたヴァイオリン製作者、鈴木政吉の生きざまを、当時の音楽状況の中に置き直しながら、再評価していきたい。

なお、史料の引用に当たっては、現代の読者になじみやすいよう、明らかな誤字は訂正し、旧字は新字に直し、漢字を一部かなに変え、句読点、送りがななどを適宜加えて改変を施した。

表記については、社名の「鈴木バイオリン製造株式会社」以外は、原則として「ヴァイオリン」を使用している。

目次

第2部　大正編

第3部　昭和編

日本のヴァイオリン王——鈴木政吉の生涯と幻の名器

第1部　明治編

第1章　生い立ち

一八八七（明治二〇）年頃、毎月一日に欠かさず草鞋《わらじ》がけで熱田神宮に参拝する、若いに似合わぬ律儀な人がいた。その人は帰り道、高倉神社近くのうどん屋に入って空腹をしのぐことにしていたが、賽銭を上げるとふところにはいくらも銭が残らない。当時八厘だったうどんを一杯しか食べられないことも多かった。[*1]

これが若き日の鈴木政吉、のちのヴァイオリン王である。当時、政吉は父から継いだ琴、三味線店を細々と経営していたが、不況の風にあおられ、青息吐息の状態だった。のちに政吉はよく息子たちに言っていた――「自分は一生涯二本の「ぼう」に支えられてきた。貧乏と辛抱の二つだ」――確かに貧乏と辛抱は政吉の生涯について回った。

1．出生

父、鈴木正春

名古屋は「尾張名古屋は城でもつ」と俗謡にも歌われた尾張藩六一万九五〇〇石の城下町である。尾張藩は徳川御三家中の筆頭格にして最大の藩であり、諸大名の中でも最高の家格を有し、その城も壮大なスケールを誇っていた。

名古屋の旧宮出町（現在の中区栄の東急ホテルの南）にあった同心《どうしん》屋敷で、鈴木政吉は一八五九（安政六）年一一月一八日に誕生した。[*2]

父の正春《まさはる》は一八二七（文政一〇）年三月生まれ。五石三人扶持《ふち》の御先手同心《おさきてどうしん》で、御先手物頭《ものがしら》、奥平粂三郎が支配する通称熊谷組に属していた。同心株を購入して武士になったとされる。

先手とは先陣・先鋒という意味である。江戸幕府ができた当初は弓・鉄砲足軽《あしがる》を編制した部隊として合戦に参加していたが、その後の太平の世では、城の警備や、藩主外出時の警護、城下の治安維持などが仕事だった。尾張藩では御先手組は弓組と鉄砲組からなり、正春の上役、奥平粂三郎は弓組の頭で三百石取りだった。

政吉が生まれた幕末、尾張藩士は約七〇〇〇人。家族も含めて、およそ六万人が城下町名古屋に住んでいた。武士といってもピンからキリまであり、三万石の付家老成瀬家、竹腰《たけのこし》家から、五石二人扶持以下の中間《ちゅうげん》・番人にまで及ぶ。

藩士の階層は、藩主に謁見を許される御目見《おめみえ》以上と許されない御目見以下に分かれ、御目見以下の中では騎乗を許される徒格《とかく》以上と許されない徒格以下に分かれていた。尾張藩士の半分が徒格以下で、鈴木正春もその一人だった。

徒格以下の藩士の代表的な存在が同心である。尾張藩では一七九三（寛政五）年、それまで足軽と呼んでいたものを同心に、同心と呼んでいたものを与力《よりき》に改めている。彼らは組や役所単位で命令を受けて行動し、「組のもの」とも呼ばれ、所属する組や役所ごとに居住区が指定されていた。それを組屋敷、あるいは同心屋敷と言い、城下の周辺に配置されていた。今の公務員住宅や社宅のようなものだ。それぞれの家は一〇〇坪ほどで九尺の道幅の両側に並び、奥は袋小路。門は共同の入口にあって、組合費で雇われた門番が家族と共に門側の屋敷に住んでいた。*3

このように、組や役所単位で行動した同心は、一般の分限帳《ぶげんちょう》（武士の名簿）では単独で名前が記されない場合が多い。鈴木正春についてもほとんど情報がないが、一八七五（明治八）年の『旧名古屋県犬山県千秋季福旧陪従禄高名簿』と『尾参士族名簿』から、少し情報が得られる。それによれば、鈴木正春は通称吉次郎といい、一八七五（明治八）年二月に四七歳一一ヵ月であったこと、先代は源吾という名前であったこと、鈴木順吉を養子にしたが、一八七一（明治四）年一〇月二七日に順吉が早世したため、再び正春が再家督相続したこと、永世禄七石六斗で、明治八年一月中に全禄奉還したことがわかる。*4

さて、正春の妻はたにと言い、神官の娘であった。尾張藩士、鈴木正春家の生活は下級武士のご多分にもれず苦しかった。下級武士であっても最低限の格式を保つために費用がかかる。ところが、たとえ世間が豊作でも、米の実入りは一定と決められているので、米価は下がり、手にできる現金は減り、インフレが直撃する。一方、凶作になれば、事実上の賃金カットというシステムだった。そこで、組屋敷内や近隣の空き地では、屋敷奉行に地代を納めて畑作を行なった。さらに、職芸による内職収入にも頼っていた。

尾張藩の場合、同心新規召し抱えの際には、職芸を持つものは届け出ることになっていたようだ。下級武士の内職は「傘張り」を始め周知のことではあったが、尾張藩のように職芸として公認されていたケースは珍しい。

慶応元年の城代組同心の記録には、四五人全員が職を持ち、大工、飾職、商細工、貼付職、弓弦、塗師、指物師などの職業が見える。[*5] 下級武士は勤務日が少なく、時間だけはあるので、内職は欠かせなかった。鈴木正春の場合は生来音曲を好んだことから、琴、三味線作りの内職をして、どうにか家族六人を養っていた。

政吉は次男であったが、長男が夭折したため、家を継ぐ立場にあった。この「長男」が、尾張家名簿にある、「養子として鈴木家に入り、夭折した鈴木順吉」とどのような関係にあるのかは不明だが、いずれにせよ、順吉が亡くなった一八七一（明治四）年に政吉はまだ一〇歳であった。やむを得ず、父の正春が再び家督を相続したのだろう。

2. 名古屋藩太鼓役に出仕

幕末、「安政の大獄《たいごく》」の頃に生まれた政吉の幼年期は動乱の時代であった。一八六七（慶応三）年一〇月大政奉還、一八六八（慶応四）年四月には江戸城明け渡し、一八六九（明治二）年には版籍奉還が行なわれ、尾張藩は名古屋藩となった。[*6] このとき土地（版）と人民（籍）は明治政府の所轄する所となったが、各大名は知藩事として引き続き藩の統治に当たり、これは幕藩体制の廃止の一歩となったものの現状は江戸時代と同様であった。

一八七〇（明治三）年、満一一歳を迎える年、政吉は音楽隊太鼓役に年俸五両で出仕している。これは「父が小身にせよ禄を食《は》んでいた関係から」こそ、得られた職であった。[*7] つまりは名古屋藩の軍隊の少年鼓手に取り立てられたわけである。ところが喜んだのもつかの間、その半年後、彼は失職してしまう。軍隊の教練がドラムに代わってラッパを使って行なわれるようになったからである。その事情を少しくわしく見てみよう。

洋式兵制

一九世紀になって、ロシア、イギリス、アメリカの軍艦が日本の近海に出没し、日本に開国を迫ったことによって、幕府は西洋式の軍隊を作る必要を痛感し、洋式兵制を取り入れ始めた。欧米諸国の圧倒的な武力を見て、幕府も各藩も、もはや昔ながらの弓矢・火縄銃などが何の役にも立たないことを知って、率先して外国流の武器を使用し、外国式の軍隊教練を行なおうとした。

兵制とは一般に軍隊の制度のことだが、当時、兵制は何より、軍隊の基本的な動作訓練の方法だった。一九世紀になって西洋では銃の改良が飛躍的に進み、最新式の銃が大量生産できるようになり、銃を持った歩兵の役割が大きくなった。作戦を遂行するには、歩兵たちを命令によって一斉に動かさなければならない。そのためには、兵隊の集団を命令に従って組織的に動くことができるように、事前に訓練することが必要となる。それまでの日本の伝統的な兵法では歯が立たない。

その訓練は、行進の練習や銃や扱い方のような基礎的な動作にはじまり、隊列や陣形の展開など実戦に関わる訓練まで含んでいた。その訓練を行なうときに用いられたのがドラムやラッパであった。

洋式兵制としては、蘭式・英式・仏式の三種があった。[*8] 蘭式はオランダ式、英式はイギリス式、そして仏式はフランス式である。各藩の兵制はさまざまだった。幕府は慶応年間からフランス軍事顧問団のもとで仏式兵制を採用したが、薩摩藩などは英式を採用していた。

明治維新後も、しばらくの間、各藩は軍隊を持ち続けていた。一八七〇（明治三）年一〇月、明治政府は各藩の陸軍に対して徐々に仏式を採用するように命じ、その後、一八七一（明治四）年七月の廃藩置県を経て、同年末に藩の軍隊は解体された。

洋式兵制のうち、蘭式はドラムを使ったが、元治（一八六四―六五年）頃、前装ライフル銃に対応した訓練が行われるようになった頃から、笛やラッパが加わるようになった。一方、英式を採用した多くの藩では鼓笛とラッパが併用された。一方、当時のフランス軍に鼓笛がなかったわけではないが、来日した軍事顧問団にはラッパ手しかいなかったので、伝習に当たってはラッパしか用いられなかった。[*9]そこでこれを起源とする日本における仏式ではラッパだけを用いるようになり、それは以後の日本陸軍の伝統ともなった。つまり、ヨーロッパ本国での動向とは関係なく、日本における仏式はラッパだけを使ったのである。

『名古屋市史』には、尾張藩の明治初年の軍制改革について、一八六八（明治元）年二月、従来の旧式の軍制を改めて銃隊となし、一八六九（明治二）年正月、制服を定め、韮山笠（平たい円錐形の笠）を用いるようになったこと、一八七〇（明治三）年二月には、士族と卒族のほかには、新たに兵隊に取り立てることを禁ずるという通達が出され、基本的には徴兵制や志願兵制は禁止されたことがわかる。これは政吉が、父が藩士であったために出仕できたと述べていることと合致する。藩はこのとき、歩兵・砲兵隊の人数を定め、同年一〇月には、海軍には英式、陸軍には仏式を導入した。[*10]

一八七〇（明治三）年九月二九日、明治政府は各藩に対し、常備兵員の大幅削減を行い、「現石一万石に付、士官を除く之外兵員六〇人」とすることを命じ、さらに、その三日後には、陸軍の兵制を仏式に統一するという太政官布告が出された。[*11]

名古屋藩はこうして、明治政府の方針に沿う形で藩兵の大幅削減と仏式兵制移行に伴うラッパ手のみの採用という変更を行なった。その結果、少年政吉は太鼓役の職をわずか半年で失うことになったのである。

軍用ドラム

では、政吉が名古屋藩の鼓手としてどんな曲を練習していたのだろうか。

日本で初めて軍用ドラムを専門的に学んだのは、安政年間に長崎海軍伝習所にいた伝習生たちで、教師はオランダ人二等水夫だった。その一人、関口鉄之助は江戸に戻ってからドラムの教授に当たり、のちにドラムの楽譜（「鼓譜」）も出版している。面白いのは、「鼓譜」は伝統的な日本の太鼓の記譜法を参考に作られているのだが、その奏法は西洋式であることだ。慶応年間に入るとドラムの楽譜の点数は増え、イギリスやフランスからの情報も入って、ラッパと五線譜のラッパ譜も用いられるようになった。[*12]

当時の軍用ドラムには大きく分けて二つの役割があり、司令官の命令や指示を太鼓のリズムに変換して歩兵たちに伝えるための比較的短いリズムのものと、行進するときに使う長いものとがあった。たとえば、進め、止まれ、右へ向け、左へ向け、右翼前に、左翼前に、集合など、すべてドラムの音を聞いて、兵隊たちは動いたのである。こうして、半年ではあったが、政吉は軍用ドラムの練習を通じて西洋のリズムや西洋のドラム奏法に触れた。

ちなみに、幕末の少年鼓手を務めていた人物に、伊澤《いさわ》修二（一八五一―一九一七）がいる。伊澤は日本における音楽教育の創始者で、西洋音楽の普及に大きな貢献を果たし、東京音楽学校の初代校長となった人物だが、少年時代は信州高遠《たかとお》藩の鼓手であった。政吉よりも八歳年上の伊澤は、一八六六―六七（慶応二―三）年頃、高遠藩の鼓手に採用され、蘭式または英式の進軍曲を習い覚え、「食事に際しても箸を以て、茶碗を叩き廻す」ほど、練習し、その後、実戦にも従軍している。[*13] 政吉と同じく下級武士の家に生まれた伊澤にとって、鼓手は出世するための大きなチャンスであった。しかし、政吉が同じ道を歩むには、生まれた時期が少し遅すぎた。

3. 藩立名古屋洋学校

わずか半年で太鼓役を失業した政吉ではあったが、彼はその後、新設の藩の洋学校に入ることができた。名古屋藩は一八六九（明治二）年一一月の職制改革で、藩学「明倫堂《めいりんどう》」を「学校」と改称すると共に、皇学、漢学と並んで「洋学」の教授、助教を置き、この改革に基づいて、一八七〇（明治三）年六月、新たに七間町《しちけんちょう》の寺社奉行所、地方《じかた》御勘定所の跡に和洋折衷の木造校舎の名古屋洋学校を開設した。[*14] この学校はのちに名古屋県英語学校になり、さらに、愛知一中となった。洋学校は仏学と英学を教授し、藩士だけでなく農商の子弟にも入学の道を開いた。さらに、お雇い教師としてフランス人ムリエー（明治四年八月着任）とイギリス人インギリス（明治四年八月着任）がいたという。この学校には寄宿舎があり、特待生は食費から教科書まで一切を藩から支給され、政吉はこの特待生に選ばれた。[*15] 選抜されるだけの学力があったわけである。しかしそれもつかの間、一八七一（明治四）年七月、廃藩置県が行なわれ、洋学校が翌年、県に移管されると、制度が変わり、実費が徴収されるようになった。学費のめどが立たない政吉は退学せざるを得なかった。

政吉が洋学校で学んだのは二年余りだが、[*16] ここでも政吉は「西洋」と出会っていた。

家業を手伝う

藩の洋学校を中退した政吉は仕方なく父の店を手伝うことになった。父正春は廃藩のため秩禄を奉還し、内職の琴、三味線の製造を家業に鞍替えして店を開いていた。

正春が得た永世禄七石六斗という禄高は下級士族の約半数が受給していたものである。[*17] それが一八七五（明治八）年、公債証書の一時支給となり、一四ヵ月分五五五円の公債が与えられた。その利子は年七分で、公債の利子だけで生活するのは明らかに無理であったが、正春はこの一時金を元手に琴、三味線店を開いたのである。

明治二〇年頃までの名古屋の産業の黎明期を代表する事業は、公債を元手に設立された名古屋電灯、織物生産を行なった愛知県物産組、佐々絣の愛知県職工分場など、そのかなりが士族による殖産、というより失業対策であった。[*18]

三味線は、明治維新前には中野屋久助・浅田屋斧吉など一三戸に限って製作販売を許され、ほかは藩士が内職としてこれを営む程度にすぎなかったが、維新後この制限が解かれたため三味線製造者が増加した。[*19] 鈴木正春もその一人であった。正春は家禄を失ったが、代わりに、それまでの三味線製造に関する制限が解かれて特権制度が崩れたことにより、三味線を製造する生業《なりわい》の自由を得たわけである。しかし、三味線製造者が増加しても、それが三味線自体の需要が増えたことから生じたものではなかった以上、正春の三味線店の経営は楽ではない。息子の政吉を洋学校に通わせ続ける余裕もなかった。

4．東京浅草での奉公

そこに、政吉に親戚の浅草の塗物商で働かないかという話が持ち込まれた。政吉の腹違いの姉の従妹《いとこ》の嫁ぎ先の店の小僧にという話であった。こうして、一八七三（明治六）年、一四歳を迎える年に、政吉は東京へと旅立った。鉄道も新橋―横浜間しか開通していなかった当時のことで、東海道の宿場宿場を、草鞋《わらじ》ばきで歩いての上京であった。

政吉は浅草並木町の塗物商・飛驒屋《ひだや》に奉公することになった。しかし、親戚であることが災いして、普通の奉公人よりも厳しい扱いを受け、文字通りの丁稚《でっち》奉公をさせられた。「朝一番に飛び起きて、はき掃除は勿論のこと、店の飾り付け、雪隠《せっちん》〔トイレ〕の掃除等と内《うち》の用事をすますと、卸屋《おろしや》から得意先と、山なす膳椀を大風呂敷に背負って市中を駆け廻り、汗水流して奮闘をつづけ、夜遅くなって店に帰るのが毎日の日課」だったと当時を回顧している。[*20] 根が働き者である政吉が「この時分のことを後年に至り思い出すと、よくあれだけの事がやり切れたことと、自分ながら感慨に堪えぬものがある」と当時を回顧していることから、よほど酷使されたのだろう。たまたま上京した父がその様子を見て心配し、名古屋に戻るように再三言ってきたが、政吉はがんばって働き続けた。ところが、二年後、主人夫婦が三ヵ月のうちに相次いで亡くなり、飛驒屋は閉店してしまう。政吉はやむなく名古屋に戻り、父を助けて家業の琴、三味線作りに従事するようになった。

飛驒屋での経験から勤勉な習慣を身につけた政吉は、名古屋の両親のもとへ戻ってからも、朝は早くから夜は一二時まで働いた。やがて、一人前の三味線職人になり、一八七七（明治一〇）年、一八歳で家督を相続。鈴木家を支えることになった。

第2章　ヴァイオリン第一号製作まで

1．琴、三味線製造

三味線作りを始めた政吉は、親に勧められて、ひまを見つけては長唄の稽古《けいこ》に通った。長唄は歌舞伎の伴奏曲として発達した三味線音楽である。一九世紀に入ってからは、劇場と離れた鑑賞用の長唄も生まれ、明治以後広く普及した。政吉が長唄を稽古したのは、楽器を作るには楽音を聴き分ける耳の修練が必要であるという理由からで、およそ八年間稽古を続けた。政吉は、日々作り上げる三味線の出来栄えを一つひとつ研究し、深夜、人が寝静まってから忍び駒を入れ、音量を下げて、三味線の練習に励んだ。政吉自身は、この苦心が後年ヴァイオリンを創製するに当たり「独歩の境地を開拓する上に最大の要因をなしたものである」と述べている。[*1] 楽器の音色に対する独特の感性はヴァイオリン作りにも生かされることになった。長唄は政吉にとって、生涯もっとも親しい音楽であった。

政吉の店

政吉の店について、名古屋出身の著名な歴史学者、新見吉治《しんみきちじ》（一八七四―一九七四）が自身の思い出を書いている。新見が七、八歳の頃というから、政吉が二二、二三歳の頃のことになるが、新見は祖母に連れられて政吉の店に行ったという。当時の政吉は子供心にも「色白な女にして見たいような優男《やさおとこ》」で、張り替えのできた三味線を弾いて、その鳴り音を聞かせたその音締め（音の冴えや音色）の良さに祖母も感心していたという。[*2] 実際、政吉は色白の彫りの深い美男子で、若い頃は娘たちが用を作ってよく家に寄ってきたという記述もある。[*3]

その後、一八八四（明治一七）年一〇月七日、父正春が五七歳で亡くなる。七〇円の借金が残されたともいう。[*4] 二四歳の政吉は一人で店を背負って、朝から晩まで働いたが、三味線の仕事はますます不況になり、人一倍働いても生活は苦しかった。毎晩一二時まで働いて、風呂に行くと、掃除の三助（従業員）とぶつかって邪魔にされ、逃げ回りながらすませるといった生活だった。[*5]

当時、政吉は自分で作った楽器を店で売るだけでなく、御園《みその》筋にあった三味線の老舗ツルヤ（鶴屋という表記もある）に楽器を卸していた。政吉は三味線作りの名工として知られ、ツルヤの三味線といえば、全国にその名が知られていた。ツルヤの主人は政吉の腕を見込んで、「一生を見る」約束をし、政吉が他の店の注文には応じないように取り決めていたが、その主人が亡くなり、さらに、不景気で楽器の売れ行きが鈍ってくると、ツルヤはその約束を反故《ほご》にした。[*6]

一八八七（明治二〇）年、政吉は近藤乃婦《のぶ》と結婚する。所帯を持ったはいいが、生活は日に日に苦しくなっていく。苦境を逃れる道を探していた政吉が思い立ったのが、小学校の唱歌教師への転身であった。唱歌の先生になると、三〇円くらいの月給が取れると耳にしたのである。[*7]

2. 小学校唱歌教師を志す

政吉は一八八七(明治二〇)年、愛知県尋常師範学校の音楽教師、恒川鐐之助《つねかわりょうのすけ》(一八六八―一九〇六)の元に唱歌の勉強に通い始めた。一週間に二度のレッスンであった。

そもそも「唱歌」とは何だろう。学校も卒業していない政吉が唱歌の先生になれるものだったのだろうか。

唱歌教育

「唱歌」といえば、「兎追いしかの山」で始まる《故郷《ふるさと》》などの、いわゆるなつかしのメロディーが思い浮かぶ。この曲は今からおよそ一〇〇年前に文部省唱歌として発表されたもの。昔は小学校の音楽の授業は「唱歌」と言われていた。では、「唱歌」がいつから授業科目になったかといえば、一八七二(明治五)年、日本に近代的な教育制度が初めて敷かれたときに、すでに科目には入っていた。そこでは、小学校に「唱歌」、中学校に「奏楽」がそれぞれ教科の一つに置かれていたが、いずれも「当分之《これ》を欠く」というただし書きが付いていた。実際には唱歌を教える教師もいなければ教材もなかったからである。外国人宣教師によるミッションスクールでは、明治初期からオルガンを用いた賛美歌教育が始まってはいたものの、公教育の場ではどこの学校でも音楽は教えられていなかった。

ないないづくしの中で、一八七九(明治一二)年、文部省に音楽取調掛《おんがくとりしらべがかり》が作られた。のちに東京音楽学校になり、戦後、東京藝術大学音楽学部になる組織だが、これは単なる学校ではない。その名の通り西洋音楽を「取り調べ」て学ぶべきところは学び、新しい日本の音楽を創ろうとしていた。ここで唱歌は試行錯誤しながら作られていった。

こうして、一八八二（明治一五）年、音楽取調掛編の初の『小学唱歌集』が発行され、その後しだいに、各地の小学校で唱歌の授業が行なわれるようになった。

一八八六（明治一九）年五月の文部省令で小学校の唱歌が「単音唱歌複音唱歌」と指示されたことを受けて、全国の公立小学校で徐々に唱歌教育が開始された。そのため、唱歌教員の需要が高まり、多くの教員が必要となってきた。政吉はその唱歌教師の職をねらった。

政吉が入門した恒川鐐之助は、政吉の長唄の稽古仲間であった副田歌子の嫁ぎ先であった。歌子の父親の紹介で、政吉は恒川の知己を得たのである。

実は恒川鐐之助自身「促成栽培」された教師だった。

恒川鐐之助

恒川鐐之助重光は尾張藩が東照宮の舞楽のために召し抱えていた楽家《がくけ》の一つでリーダー格の恒川家の七世であった。尾張藩は名古屋城内に東照宮を設置し、一六三一（寛永八）年以来、藩士として楽人《がくにん》（雅楽の演奏家）を召し抱えていた。幕府は東照宮の祭礼のために紅葉山《もみじやま》楽人を置いたが、尾張藩はそれよりも早く楽人を置いていたのである。*8

幕末の尾張藩では雅楽《ががく》が盛んで門人も多かった。尾張における雅楽の普及に貢献したのは、国学者たちであるが、雅楽は教養の一つとみなされ、ある程度学ぶ必要があった。門人の層は厚く、藩士や国学者、画人、僧侶、神官、商人、豪農などが、詩会や楽会を催して広く交流していた。

明治初年、尾張藩の楽家は一五家、総数は一七人であった。その後、版籍奉還に伴って、一八七二（明治三）年六月、楽人の制が解かれたため、尾張家の楽人の中では転職するものが多かったが、鐐之助の父六世恒川弥太郎重富は音楽の道にとどまり、その後も門人を組織して東照宮や熱田神宮での舞楽を担当した。一八八四（明治一七）年三月、彼は息子鐐之助を東京に送り、音楽取調掛に入学させた。鐐之助は一八六八（明治元）年三月頃の生まれで、明治一三年上等六級卒業後、家芸の雅楽を修行していた。[*9]

鐐之助は当初、「一人一学級」式で授業を受けていたが、途中から府県派出伝習生となり、翌年卒業して、名古屋に戻った。府県派出伝習生は各府県の師範学校で音楽教育を行なう教師を養成するために設けられたもので、正規の学生とは異なるカリキュラムで授業を受け、およそ一年の修学で卒業した。

たった一年間で音楽教師の養成をしてしまおうというのであるから随分乱暴な話だが、府県派出伝習生は卒業後、各県の指導的な存在として活躍した。卒業生の四竈《し》仁邇《かまじんじ》の口述記録によれば次のように書かれている。

全国に対し少数者の就職の事とて、現時として見るならば売薬店さえ無い所に博士のお医者でも来られた様な有様で読方の講習、各種学校の兼務教授に寸暇もない。楽器はオルガンとヴァイオリンであった。[*10]

伝習を終えて名古屋に戻った鐐之助は、一八八六（明治一九）年九月二日、一九歳の若さで愛知県尋常師範学校へ助教諭として就職し、そのかたわら、唱歌教員の育成を行なった。翌一八八七（明治二〇）年、鐐之助の元に唱歌のレッスンに通い始めた門人の中に、二八歳を迎える三味線屋、鈴木政吉がいた。そこで、政吉とヴァイオリンとの運命的な出会いがあった。

3．ヴァイオリンとの出会い

政吉が恒川鐐之助のところに唱歌のレッスンに通い始めてひと月ほど経った頃、彼は門人仲間の甘利鉄吉《てつきち》が横浜で買ってきた日本製ヴァイオリンを初めて目にした。

この時期、日本ではすでにヴァイオリンが作られていた。最初にヴァイオリンを作ったのは一八八〇（明治一三）年八月、東京深川の松永定次郎だといわれている。当時三一歳だった和楽器職人の松永は東京神田駿河台のギリシャ正教の教会の楽師デミトリーを訪ね、そのヴァイオリンを実見して摸作したという。[*11]

また、一八八七（明治二〇）年の東京工芸博覧会には四人の出品者からヴァイオリンの出品があった。[*12] それを考えれば、甘利が横浜で国産ヴァイオリンを購入したとしても不思議ではない。甘利は師範学校の出身で小学校の教師をしており、家は旧藩士だった。先ほど名前を挙げた歴史学者の新見吉治は幼い頃、甘利がいつでもヴァイオリンを持って歩いていたのを見ている。[*13]

甘利は政吉が三味線を作っていることを知っているので、「鈴木さん、之《これ》をひとつ作ったらどうか」という。[*14] 政吉が見たところ、これなら朝飯前のような気がした。けれども、そんなことは言えないので、「出来た所で売れるのでしょうか」と聞くと「随分、欲しがり手があるから、作れば出ます」「そうでしょうか」「是《これ》は西洋では二百年も前から非常に尊敬されているので、それは出来るなら相当売れますよ」。

この甘利の言葉が決め手となった。「欲しがり手がある」ことと「西洋で二百年も前から非常に尊敬されている楽器」というフレーズは政吉にとって魔法の呪文のように響いたに違いない。三味線は、明治に入って花柳界《かりゅうかい》を連想させる下品な楽器とされ、販売も振るわず、政吉が汗水たらして、朝から晩まで働いても、生活は苦しかったのである。

政吉自身、ヴァイオリンの音を最初に聞いたときに、「その音が上品で、三味線などの比ではない。これは遠からず良家の子女が弄《もてあそ》ぶようになるに違いない」と感じたと一九〇九（明治四二）年に書いている。[*15] 楽器が「上品」とみなされるか「下品」とみなされるかということは政吉にとって死活問題だった。

三味線のイメージ

ここで、当時の三味線に対してどのようなイメージが持たれていたかを少し考えてみよう。三味線は当時、庶民的すぎて、時には遊郭を連想させたため、上流階級や知識人には鄭声《ていせい》（野卑な音楽）として軽蔑されていた。一八八五（明治一八）年三月、国語学者として名高い大槻文彦（一八四七―一九二八）は三味線について研究した『三味線志』を音楽取調掛でまとめ、その中で、三味線音楽は「その根元決して鄭声なるものにはあらず、ただそのもの初め我が国に入りしより、しだいに民間に流伝して、いつしかその本分の雅調を失わしめ、ついに穢褻《あいせつ》なる〔けがらわしい〕歌詞に上せ随いて、曲調も淫靡《いんび》〔みだら〕に移りしならん」と書いている。[*16] つまり、三味線音楽はその根本は野卑ではないが、しだいに雅さが失われ、けがらわしい歌詞がつけられ、曲調もみだらなものになったというのである。

また、宮内省楽師で、早稲田大学校歌《都の西北》の作曲でも知られる東儀鉄笛《とうぎてってき》（一八六九―一九二五）は、一九一〇（明治四三）年、「従来の代表的楽器たる三味線は邦楽器中の花とも言うべきものであるが、その形状の雅ならざるとその音色卑しきと、それから断言〔原文ママ〕のみて続音の具わらぬところから遺憾《いかん》ながらヴァイオリンに比して数等劣っているといわねばなら（ぬ）」と述べている。[*17] 三味線は、形が悪い、音色がいやしい、音が切れてしまって続かない、と踏んだり蹴ったりで、一方、ヴァイオリンを持ち上げている。


このように、三味線に対する非難は明治時代、激しかった。三味線職人だった政吉にとって、こうした批判は身にこたえたことだろう。

ちなみに、政吉の父、正春の内職、また、その後の鈴木家の商売に関して、「琴、三味線」作りだったのか、それとも「三味線」作りだったのか、政吉自身、両方の言い方をしている。一九〇九（明治四二）年につづった文章には、何度も「琴や、三味線」と繰り返しているし、一九一〇（明治四三）年の雑誌記事の中でも、「琴三味線」と紹介されている。それに対して、一九二七（昭和二）年の略伝では、政吉は明確に「本業たる三味線」と書いていて、琴の文字は一ヵ所も出てこない。和楽器店に三味線と琴の両方が置かれることは不思議ではないが、政吉の場合、三味線作りが主であったことは確実である。しかし、明治の段階では、上品な楽器とされた琴を追加する必要性を感じたのではないか。

「上品か下品か」という基準はこの後の政吉の楽器作りの中で、通奏低音のように響き続けることになる。

4．第一号製作

それにしても、甘利が持ってきたヴァイオリンを見て、「これなら〔作るのは〕朝飯前のような気がした」と言ってのけるあたり、政吉はただ者ではない。

政吉はがぜんヴァイオリンを作ってみたくなった。

そこで甘利に貸してほしいと頼んだが、甘利はそのヴァイオリンを虎の子のように大切にしていて、昼は授業用、夜は研究に使用しているからと言って、なかなか首を縦に振らない。そこで政吉は一夜だけ、それも甘利の寝ている間で良いのでと交渉して、ようやくヴァイオリンを貸してもらった。

ある夜一〇時頃、政吉は甘利宅を訪問して楽器を借り受けた。自宅に持ち帰って、ヴァイオリンの型、幅、駒、緒止め、棹など、一切の寸法を図に取り、書けない個所は記憶に留めて、夜明けまでに図を仕上げた。こうして、いよいよ政吉はヴァイオリンの試作に取りかかった。

第一号の試作に関してのエピソードはなかば伝説化しており、さまざまなバージョンがあるのだが、本人の談話を基にして再構成してみよう。[*18]

ヴァイオリンを作るのに当たって、政吉が最初にぶつかった難問は用材であった。色々考えた末に、政吉は材木屋に行って、適当な木を物色することにしたが、いざ行ってみても、それまで手がけていた三味線の用材と違って、ヴァイオリンには軟質の木が必要なのに、その木の名前さえわからない。

結局、借用したヴァイオリンの用材にはカツラが一番似ていると考え、三尺(約九一センチ)ばかりのものを一枚買って帰り、三味線製造用の道具を使って作り始めた。ところが、一晩の間に書いた図であったため、不備な個所があり、胴(側面)がどんな木でできていたかを失念してしまった。仕方なく、材木屋に再び行き、杉の剝ぎ板を一枚買い、それを曲げることにしたが、どうやって曲げたらよいか迷い、まず胴型を作っておいて、その型に合わせて曲げるしかないと考え、一枚板を折り曲げて仕上げた。一般にはヴァイオリンの胴は六枚の板で出来ているが、政吉の試作品は杉を剝いだ一枚板を使っていたのである。

第一号の外形ができて、次の難問が楽器に塗る塗料であった。いったい何を塗ったらよいのか政吉は悩んだ。そこに、たまたま友人が訪れ、西洋の器物はラックを塗料としていること、しかもそれはシケイラックと言って本町の澤重(大澤重右衛門)で売っていると教えてくれた。これは今で言うシエラック、動物性天然樹脂のことである。政吉はさっそく澤重からシェラックを少量買ってきて、アルコールで溶かし始めた。

この時、政吉は二八歳。ちょうど一八八七(明治二〇)年の暮れで、政吉の家でも出入りの者を一人雇って迎春のもちつきをするところだった。政吉はもちを伸ばす係だった。ところが、待望のシェラックも徐々に溶解して塗り頃になったので、もちの方はそっちのけで政吉は楽器にシェラックニスを塗り始めた。ひと臼《うす》目が搗《つ》きあがっても、政吉はシェラックを溶かすのに夢中で、もちは固くなってしまって呼び返されるという風で、目の回るような忙しさであったという。

ニスを塗りあげた後、糸巻き(ペグ)を作り、緒止め(テールピース)をこしらえ、糸をかけて楽器は完成した。楽器を分解もせず、外側だけを見て、しかも手元に現物がないまま、ヴァイオリンのような複雑な形の楽器を作れるものだろうかと思ってしまうが、実際に政吉は一八八八（明治二一）年二月、第一号を完成させた。[*19]

この第一号を恒川に見せたところ大いに褒められ、恒川自ら弾いても見たが、買おうとは言ってくれなかった。甘利も激賞したが、こちらも買おうとは言わなかった。恒川も甘利も褒めてはくれたものの、買ってはくれなかったというこのくだりは、政吉が七四歳になって語った中で初めて出てくるエピソードである。

しかし、恒川や甘利がこの楽器を買わなかったのも無理はない。手本とすべき楽器もなく、楽器に対する知識もなく、ただ単に一夜づくりの見取り図を頼りに製作した第一号には、問題点が多かった。

政吉の三男の鈴木鎮一《しんいち》（一八九八―一九九八）はヴァイオリン奏者・教育者で、音楽教育システム「スズキ・メソード」を創始して世界的に評価されているが、その彼は政吉が作った第一号について、次のように書いている。[*20]

この楽器は側面が一枚板でできていることに加え、扁平に近い指板はヴァイオリンの表板に密着してしまっており、駒のすぐ右下にあるべき魂柱ははるか上方の指板の真下に太い八角の棒で上下の甲に膠《にかわ》づけしてある。魂柱は本来、柱状のパーツで、弦から駒、駒から表板に伝わる振動を裏板へ効果的に伝える重要な役割をもっているのだが、それを膠づけしてしまったために、音量は小さかったという。

結局、買い手がつかなかったこの第一号は鈴木家に家宝として現在でも保存されている。

その後、唱歌の師、恒川鐐之助は自分もヴァイオリンが欲しくなり、東京か横浜からヴァイオリンを取り寄せた。ところが運送中、ヴァイオリンの棹（ネック）が少し離れてしまったため、政吉はそ

政吉作　第１号ヴァイオリン（1887－88年）

の修繕を頼まれた。政吉はこれをもっけの幸いとして、一日で済む修繕の破損個所を三日もかけて、その間に現品を手本として新しくヴァイオリンを作った。第二号である。今度は初回と異なり、現品を見本として十分吟味して作る余裕があったので、他人に買ってもらえるようなヴァイオリンに仕上がった。これをほしがる人が続出し、二〇個くらいはたちまち売れた。

このあたりの話の別バージョンとしては、第二号はトチの木を使って製作し、これは実際に売れたが、今回は音は出るものの音色が悪かった。ニスと材質に問題があることに思い至った政吉は、また甘利のヴァイオリンを使ってニスの製法を研究するかたわら、名古屋の銘木屋を甘利の家に連れて行っては調べてもらった。ある日、飛驒《ひだ》の高山から来た木地屋（椀や盆など木地のままの器物を作る職人）が甘利のヴァイオリンを見て、裏がカエデで、表板がエゾマツであることを教えてくれた。これまで三味線作りをしてきた政吉は、ネコの皮を使った三味線の方がイヌの皮よりも高級だとされているが、本当に良い音色を出すためには、表裏ともネコの皮を使うのではなく、表がネコの皮、裏はイヌの皮でなければならないと確信していた。ヴァイオリンの表と裏が異なった材質を使っていることに政吉は理屈が同じだと得心し、第三号、第四号と自信を持ってヴァイオリンを作ったという。[*21]

第三号ヴァイオリンは今も鈴木家に保存されている。鎮一によれば、第一号と比較して第三号ははるかに進歩しており、第一号の倍ほど音量があるという。

こうして政吉はヴァイオリン製作にのめりこんでいった。

第3章　ヴァイオリン作りを本業に

1. 初期の苦労

政吉が名古屋で初めてヴァイオリンを目にした一八八七（明治二〇）年、東京・上野で開かれた東京府工芸共進会にヴァイオリンを出品した者は四人いた。[*1] うち三人は和楽器製造業者で、松永定次郎、神田重助、頼母木《たのもぎ》源七であり、残る一人は四竈訥治《しかまとつじ》（一八五九—一九二八）であった。四竈は一八九〇（明治二三）年に日本初の音楽専門誌『音楽雑誌』を発行し始めたことで知られる人物である。この時期、ヴァイオリン製作のブームが起こりかけていたことがわかる。

東京や横浜では、当時、ヴァイオリンの演奏に接する機会は、東京音楽学校のコンサートをはじめ、それなりに存在していたが、名古屋にいた政吉が耳にした演奏といえば、唱歌の師であった恒川鐐之助や、恒川の門人で政吉にヴァイオリンを最初に貸した甘利鉄吉など、ほぼ素人の演奏以外にはほとんどなかったはずである。

その中で、ヴァイオリン本来の音色も音楽も知らなかったはずの政吉が、なぜ独力ですぐれた楽器を作ることができたのだろうか。そこには不断の努力があった。

岐阜県尋常師範学校の楽器との競争

一八八八（明治二一）年、自作のヴァイオリンが恒川の門人たちに売れるようになった政吉は自信を深め、数ヵ月後、岐阜県尋常師範学校に自作を抱えて乗り込んだ。師範学校に舶来のヴァイオリンが入ったと聞いたので、自作と比較しようとしたのである。

このエピソードもいかにも政吉らしい。彼はモデルにした甘利や恒川の国産ヴァイオリンよりも、自分のヴァイオリンの方がすぐれていると確信していた。そこで、舶来ヴァイオリンとの一騎打ちに出かけたのである。おそらくドイツ製の楽器だったろう。

結果は見事な惨敗であった。月とスッポンということがあるが、実際にはそれ以上の違いだったと本人は語っている。[*2] 政吉は落胆し、一時はヴァイオリン作りをあきらめようとさえした。輸入ヴァイオリンに使われている木材が日本にはないようなものだったからである。腹板（表板）が松で、背板（裏板）と横板と棹（ネック）がカエデであることはわかったが、それが日本にありそうなマツやカエデではない。肝心なこの木材が見当たらない以上、ヴァイオリンを作ることは到底無理だと政吉は思った。

木材探し

しかし、西洋楽器の流行は月日を追って盛んになってくる。政吉はヴァイオリンの音色を聞くたびに残念でたまらない。ついに政吉はヴァイオリンの製造を自分の天職としなければならない、と一大決心をして、三味線店を廃業する決意を固めた。三味線の商品や製造のための道具など一切を二七円で売り払い、背水の陣を敷いた。一八八八（明治二一）年のことだったと思われる。

各地でヴァイオリンを手がけていた和楽器職人の中で、これほど思い切って、和楽器製造と縁を切った人物は見当たらない。みな、和楽器製造のかたわら、副業でヴァイオリンを作っていた。ヴァイオリン一筋に賭けた政吉と、太刀打ちできるはずがなかった。

舶来類似の木材を得るということが一番重要なことだと考えた政吉は、材木屋という材木屋はことごとく当たってみた。すると、ある材木屋にあったマツ材が、どうやら舶来のものに似ている。早速購入して鉋《かんな》で削ってみると、木目といい鳴りといい、舶来のものに酷似するものがある。産地がどこか尋ねると、北海道から来たとのこと。そこで、表板はマツ、裏板と横板とネックにはトチの木を使って作ってみた。うまくいきそうだ。

そうなると、第一に要るものは資金だが、それがない。親戚や知り合いに金の相談をしても誰一人融通してくれる者がいない。そればかりか、知人や親戚はもとより、家族までが、せっかくの家業をやめて、くだらないヴァイオリンなどの製作に憂き身をやつすとは気がしれない、と政吉を責め、大反対した。

しかし、政吉はあきらめない。「私は一たん恁《こ》うと決心したものを、資本の欠乏によって素志の貫徹が出来ぬとあっては、末代までの恥辱であると思って」家にあるものをすべて質に入れて、寝食を忘れて研究を重ねた。*3 頑固一徹、「自分が正しいと思い納得できる道は誰が何といおうと猛進する、そうしなければ承知できないという強さ」が政吉にはあった。*4

最初の経営危機

政吉は三〇ばかりヴァイオリンを作ったところで職工を入れて、生産数を上げることにした。当初から政吉は楽器の大量生産を目指したわけである。東京のヴァイオリンを作っていた楽器職人たちとは、ここでも、取り組む姿勢が異なっていた。

製造を始めた当初、ヴァイオリンの値段は、一つを作るのに、職工七、八人、この日給が三〇銭ぐらいであったので、労賃だけで原価は二円二〇―三〇銭になり、そのほかに、原料代がいるので、五円、七円、一〇円、一五円などの値段では、当時としては相当高価であったとはいえ、手取り純益はたいしたものではなかった。*5

したがって相変わらずの貧乏暮らしで、雑炊に入れる油揚げを買うのが不経済だというので、代用として、ごま油を入れていたという話も残っている。*6 政吉は後年、財をなしてからも、口ぐせのように「ぜいたくをするな、無駄をするな」と言っていた。*7 けれども、生活費は極端に節約したが、職工に支払う賃金や仕入れた材料の支払いは延期したことがなかった。

一八八九（明治二二）年頃、資金難に苦しんでいた政吉に出資者が現れた。政吉はその林という人物から少しずつ金を借りたが、借金が五〇〇円くらいに膨らんだ頃、林は政吉に名儀を「鈴木ヴァイオリンでなく林ヴァイオリン」にしてほしいと言って来た。政吉は、自分の一生の事業として一切を投げ打って始めた事業であり、それは断じてできないと突っぱねた。すると、林はまもなく金を返せと言ってきた。

政吉は頭を抱えたが、どうにもしようがない。職工を解雇し、工場を閉鎖するしか道が無くなってしまった。職工たちにその旨を告げると、しばらくして職工の代表が現れ、政吉に、なぜ工場を閉鎖しなければならないか、わけを尋ねた。政吉の話を聞くと、それならば、賃金が出なくても、払えるようになってから払ってもらえばよい、と提案してくれた。政吉はその好意に甘え、出資者には年一割二分で三年かけて返済するということで納得してもらい、職工の賃金は三ヵ月間凍結し、製品を作ってはそれを売った。約半年後、未払いだった賃金はすべて払うことができた。

四〇年後の一九二六（大正一五）年、このエピソードを聴き手に向かって涙ながらに語り終えた政吉は、なお言葉を継いでこう言った。

今までの生がいに、私が死生の境をさまようような難関に立ったことは幾たびあるか知れません。けれども、この時ほど苦しんだ事もなく、またこの時ほど人の情のうるわしさに感動した事もありません。全くこの時は職工の美挙〔立派な行ない〕によって助けられたのです。その職工たちの善行を表彰する意味で姓名だけでも記して置いて頂きたい。すなわち、木村安蔵、後藤善内、蜂須賀光行、日比野治兵衛、田村信行、岩田金松、中島貞蔵らで、殆《ほとん》ど全部が今は故人になっていますが、岩田だけは当時若かったので現存して、今も工場に重く用いております。[*8]

2. 東京音楽学校での楽器鑑定

ヴァイオリン製作に身を転じて一年余り、ようやく、自信のある作品ができるようになったところで、政吉は貧しい中から旅費を工面して、一八八九（明治二二）年五月、久しぶりに上京した。目的は、自作の楽器を音楽学校の教師に鑑定してもらうこと、そして楽器の販路を確立することであった。政吉のヴァイオリンは品質において確かにすぐれていたが、それに加えて、当時の一般の楽器職人とはまったく違う発想法を持っていた。それを企業家精神と呼ぶこともできるだろう。政吉には近代的なマーケティングの思考法とでもいえるようなものが備わっていた。

政吉にとって、上京は一〇年ぶりになる。今回は新しくできた東海道線を使っての鉄道の旅である。新橋―神戸間を結ぶ東海道線の全線開通はこの年の七月一日だが、政吉が上京した五月の時点ですでに新橋―名古屋間は開通していた。笹島の停車場《ステンショ》とも呼ばれた名古屋駅は、南北に長い木造平屋建ての建物。ホームは壁面が板張りで屋根はなかった。東海道全通の時点でも、新橋―神戸間の直通列車は日に往復四本。客車が三両、前後に荷物車が一両ずつの五両編成で運行されていた。当時、名古屋を朝六時に出ると新橋に午後七時二五分に着いた。一三時間以上かかったが、東京と名古屋間は鉄道の開通によって飛躍的に近くなった。

国産楽器の「試験」

政吉が自作のヴァイオリンを携えて向かった先は、上野の東京音楽学校。音楽取調掛を母体として一八八七（明治二〇）年に発足した官立の音楽学校である。政吉は校長の伊澤修二に面会した。紹介してくれたのは、愛知県尋常師範学校の新任の唱歌教師、岩城寛である。岩城は一八八八（明治二一）年七月に東京音楽学校を卒業し、三重県尋常師範学校へ転勤した恒川鐐之助に代わって尋常師範学校の唱歌担当の教師になった人物であった。

するとと伊澤は外国人教師のディットリヒに政吉の楽器を弾いてみるように頼んでくれた。伊澤は日本に唱歌教育を普及させるために、国産楽器が一日も早く製造されることを望んでいたため、音楽学校に持ち込まれた楽器を「試験」することをそれまでにも行なっていた。たとえば、オルガンについては、一八八四（明治一七）年、松阪長尾オルガンが音楽取調掛の「試験」に合格していた。[*9]一八八七（明治二〇）年一二月には浜松の山葉寅楠《やまはとらくす》（一八五一―一九一六、ヤマハの創始者）が三台のオルガンの試作品をかかえて上京し、東京音楽学校に持ち込んでいる。このときのことを、当時学生で試弾に参加した鈴木米次郎（一八六八―一九四〇、東洋音楽学校〈現東京音楽大学〉の創始者）は次のように書いている。

日本でオルガンが出来たと云うので、見た所が、立派なものが出来て居た。（……）総ての塗りが漆《うるし》の黒塗りで中に金の蒔絵があって鳳凰《ほうおう》の絵なんか描いてある。よく見るとオルガンが仏壇のような気がした。白鍵が象牙で出来ていて黒鍵が黒くなって鼈甲《べっこう》が張ってある。（……）体裁《ていさい》は非常に好《よ》いのですが、弾いて見ると音色が笙《しょう》の音と同じ様です。（……）私共書生のことですから四五人も居りましたが寄ってたかっていろいろな酷評を致しました。[*10]

うるしの黒塗りに金の蒔絵、音色は雅楽で使う笙に似た、仏壇のようなオルガンだったのである。山葉はそのときは合格しなかったものの、音色の改良を重ね、翌一八八八（明治二一）年二月に再び試作品を携えて上京し、こんどは首尾よく伊澤から注文を受けることができた。山葉はこののち、うるし塗りで蒔絵をほどこしたピアノを作り、博覧会で評価されることになるが、そのアイデアは最初にオルガンを作ったときから使われていたわけである。

東京音楽学校での試弾の際に鈴木米次郎と知り合いになった山葉は、鈴木から銀座の共益商社社長の白井練一（一八六四―一九二四）を紹介してもらい、オルガンの販売契約を結んだ（伊澤がかねて昵《じっ》懇《こん》であった白井に山葉を紹介したという説もある）。共益商社は教科書会社の大手で、一八八七（明治二〇）年から銀座に三階建ての社屋をかまえ、楽器の販売をしていた。当時の共益商社の扱い商品は輸入の高価な楽器のみで、白井練一は低価格の国産品の出現を待望していた。オルガンやピアノについては、すでに横浜の西川虎吉が製造に成功していたが、西川の製品は銀座二丁目の博聞本社という代理店があり、博聞本社を通じて全数が販売され、共益商社の手にはまったく入らなかった。したがって、山葉が訪ねてきたことは、共益商社にとって渡りに船であった。

このように伊澤修二は、当時、黎明期にあった国産楽器メーカーを積極的に手助けしていた。山葉の翌年、鈴木政吉は伊澤の元を訪ねたわけだが、政吉はおそらく音楽教師の岩城から、東京音楽学校で楽器の鑑定を実施していることを聞いて、自分も鑑定してもらうことを思い立ったのであろう。岩城と鈴木米次郎は同級生であった。岩城が山葉のオルガンの試弾の場に居合わせた書生の一人だったとしても不思議ではない。

政吉のヴァイオリンも、こうした流れの中で、ディットリヒに試奏してもらったのである。ルードルフ・ディットリヒ（一八六七―一九一九）は、一八八八（明治二一）年一一月に着任してから一八九四（明治二七）年の七月に帰国するまで、東京音楽学校で教えたお雇い外国人教師であった。

さて、政吉の楽器を弾いたディットリヒは、「東京市内にも二、三ヶ所で製作して居るがこの品には到底及ばない。和製品としては今日第一位を占むるものである」と賞賛した。[*11]このときに名前が挙がった東京のヴァイオリン製作者は、先述した松永定次郎、神田重助、頼母木源七あたりであったと思われるが、この時点ですでにディットリヒは東京のヴァイオリン製作者たちよりも政吉の楽器がすぐれていると判定したわけである。

鈴木米次郎によれば、当時、唱歌を教授するのにいろいろな楽器が不足しているので、東京音楽学校で、ヴァイオリンについても方々へ命じてこしらえさせた。自分もそのヴァイオリンを使わされたことがある。「まるで木の音のする様なヴァイオリンでありました」という。[*12] 木の音のするようなヴァイオリンとはちょっと見当がつかないが、ともあれ、「鈴木さんの方からは大変いいものが出来まして」、弦も初めは針のように堅いものであったものが、段々に良くなっていったという。[*13]

ルードルフ・ディットリヒ

一八八七（明治二〇）年一〇月五日、音楽取調掛は東京音楽学校と改称されて新たに発足した。東京音楽学校は、音楽の専門教育機関として音楽教員と共に音楽家を養成することを目的とし、カリキュラムも洋楽系統の科目が目立って増えた。取調掛時代には、相当重きを置かれていた邦楽はほとんど廃止されてしまい、卒業年度で箏《そう》（琴）だけが選択科目として残った。

こうして、芸術としての洋楽教育に重点が置かれるようになった東京音楽学校では、明治二一年三月、ウィーンに在住した日本公使戸田氏共《うじたか》伯爵に、オーストリア人の音楽教師一名を月給銀貨三〇〇円以上三五〇円以下で向う三年間雇いたいので、紹介してほしいと依頼した。[*14]

これに対して、約六ヵ月後、戸田公使からようやく適当と思われる人物が見つかったという返事が外務省宛てに来ている。それによれば、依頼を受けて、早速当時のウィーン音楽院院長ヘルメスベルガーに照会したが、ふさわしい音楽教師で英語ができる者が少ないため、今になってしまった。ようやくこのほど「音楽教師ヂットリヒと申し、当国にても随分著名の音楽師にして、かつ英語にも一通り相通じ、高尚の人物にこれあり、同人なればコンサルバトリー長においてもその技術及び理論の優絶なるを充分に保証すべき旨申し出で候」とある。*15

こうして、ディットリヒは一八八八（明治二一）年一一月一日から一八九一（明治二四）年九月一日まで東京音楽学校の技術監督者として雇用され、その間、ヴァイオリン、和声学、作曲法並びに一般唱歌を生徒に教授することになり、一八八八（明治二一）年一一月四日に日本に着任したのである。

ディットリヒはオーストリア・ハンガリー帝国のガリチア地方の出身で、ウィーン音楽院に学び、ヴァイオリンを校長ヘルメスベルガー、オルガン、和声、対位法、作曲をブルックナーおよびクレンに、ピアノをシェンネリーに師事し、ヴァイオリンとオルガンの一等賞を得て、卒業に際しては成績優等により大銀牌を得た優秀な音楽家だった。オルガン、ヴァイオリン、ピアノにすぐれ、合唱や管弦楽指導などもできる万能選手で、人格者であり、学識豊かで教育熱心。東京音楽学校にとってはまたとない人材であった。

ディットリヒはオーストリアに帰国後は王室専属オルガニストとなり、また、ヘルメスベルガー四重奏団のヴィオラ奏者としても活躍した。一九〇六年にはウィーン音楽院教授に就任し、一九一九年五八歳で病没した。

日本に到着したときのディットリヒはまだ二八歳で、同い年の夫人ペリーネも同道してきたが、妻は病弱で、一八九一（明治二四）年一月四日慢性の心臓と肺臓の病気で三〇歳の若さで死去。しかし、悲嘆にくれながらもディットリヒはその後も日本に残り、一八九四（明治二七）年七月まで日本に滞在して、東京音楽学校を中心として、多方面に活躍した。

彼が東京音楽学校在職中に育てた生徒からは、幸田延《こうだのぶ》をはじめとして、橘糸重《いとえ》、頼母木《たのもぎ》こま、山田源一郎、島崎赤太郎、北村季晴、田村虎蔵、幸田（のちの安藤）幸、永井幸次など、日本の音楽界をリードする逸材を輩出した。

文豪、幸田露伴《ろはん》の妹であった幸田延（一八七〇―一九四六）はディットリヒの推薦で一八八九（明治二二）年、最初の東京音楽学校留学生として海外に赴いている。延はアメリカのボストンに一年滞在したのち、ディットリヒの指示に従ってウィーンへ行き、そこに五年間滞在し、その間、ヴァイオリンをディットリヒの師ヘルメスベルガーから、ピアノをジンガーから、さらに和声と対位法をフックスに師事し、一八九五（明治二八）年帰国、東京音楽学校のピアノ科教授に就任した。幸田幸は延の妹で、妹の幸は東京音楽学校のヴァイオリン科教授として活躍した。

優秀なヴァイオリニストであったディットリヒは、自身独奏したり、あるいはコンサートの指揮をしたりして、積極的に演奏活動を行なった。一八八八（明治二一）年一一月着任以来、帰国するまで約六年間に彼が催したリサイタルは三七回に及び、その他オーケストラを指揮したコンサートを入れると五〇回以上に上った。

こうしてみると、鈴木政吉にとって、ディットリヒに自作の楽器を試奏してもらい、助言を受けられたことは非常に幸運であったことがわかる。それまでにも、たとえば明治一五年度の音楽取調掛の報告には、ベテランの楽器職人がヴァイオリンを試製し、初代のお雇い外国人教師であったルーサー・ホワイティング・メーソンも木材の使い方その他、こまごまと教示したことが書かれているが、[※16]音楽教育が専門であったメーソンと、ヴァイオリン奏者であったディットリヒとでは、助言の質がまったく異なっていたに違いない。

この後も政吉は、ディットリヒに前後十数回に及ぶ試奏を依頼し、楽器の性能向上に努めた。試奏のたびに政吉は東京までヴァイオリンを抱えて出てきたわけである。鉄道がなければ到底無理な話だった。名古屋が近代都市として一歩を踏み出したのは鉄道の開通によるところが大きかったが、政吉もその恩恵を受けた一人だった。

ディットリヒの「証明書」

ディットリヒは一八九三（明治二六）年七月六日に推薦文を書き、その邦訳は翌月の『音楽雑誌』（明治二六年八月号）に早速掲載された。

その推薦文の英語原文が鈴木ヴァイオリンの戦前のカタログに掲載されている。英語はディットリヒの母語ではなかったが、東京音楽学校からウィーン音楽院に音楽教師募集の依頼に際して、「英語ができること」という条件が入っており、ディットリヒが「一通り英語にも通じていた」ことを考えれば、英語で書かれたのも納得がいく。ここでは、原文からの拙訳を載せておく。

証明書

私は数年来、名古屋の鈴木氏が作ったヴァイオリンを審査し、鑑別する機会を得てきた。私の判断では、彼は年々、完成の域に近づいた楽器を持ってきていると断言できる。製作技術は細部においても全体においても著しい進歩を示し、音質においても同じことが言える。したがって、これらのヴァイオリンは学校やオーケストラで使用するのにぴったりである。

それらは比較的廉価なので、ほとんどすべての、音楽一般に興味がある人、特にヴァイオリンに興味がある人は、楽器を所有することができる。

鈴木氏は自分の経験に導かれて、やがてすぐれた楽器を生産することを期待されている。私は鈴木氏が、輸入ヴァイオリンと同様の音質をもち廉価であるという点で、輸入ヴァイオリンとの競争に打ち勝つことを、彼自身のためにも、日本の工業のためにも、心から願うものである。

ルードルフ・ディットリヒ

東京にて、一八九三年七月六日

この文章からわかるように、ディットリヒは、鈴木政吉のヴァイオリンが学校やオーケストラで使用するのに適していると書いている。しかし、プロの独奏楽器として演奏するのにふさわしいと書いているわけではない。そして政吉にまだめざすべき目標があるということをきちんと述べている。とはいえ、政吉にとって、ディットリヒの「証明書」は何よりも自信につながるものであった。

その後の推薦者

ディットリヒが鈴木政吉のヴァイオリンを鑑定した話はこれまでにも知られていたが、鈴木ヴァイオリンのカタログからは、ディットリヒの後に着任した東京音楽学校のお雇い外国人やその他の日本人教師からも鈴木ヴァイオリンは推薦を得ていたことがわかる。当時として積極的な宣伝戦略であった。

明治時代の外国人音楽教師の中では、一九〇七（明治四〇）年にユンケル、一九〇九（明治四二）

年にドヴォラヴィッチ、一九一三（大正二）年にクローンがそれぞれ鈴木ヴァイオリンの推薦状を書いている。このうち、アウグスト・ユンケル（一八六八―一九四四）は一八九九（明治三二）年から一九一二（明治四五）年まで東京音楽学校で教鞭をとり、管弦楽の技術向上に献身し、日本のオーケストラの父とも呼ばれた人物だが、もともとベルリンフィルハーモニー管弦楽団をはじめ、さまざまなオーケストラのコンサートマスターを務めていたこともあった。グリエルモ・ドヴォラヴィッチ（―一九二五）はイタリア系の家に生まれたオーストリアのヴァイオリニスト・指揮者で、宮内省の外国人音楽教師であった。また、グスタフ・クローン（一八七四―?）はドイツ人で、一九一三（大正二）年に東京音楽学校の外国人教師になり、ベートーヴェンの演奏に力を入れたことで知られる。

一方、日本人音楽教師としては、幸田延と妹の安藤幸（一八七八―一九六三）が一九〇八（明治四一）年にそれぞれ鈴木政吉にヴァイオリンの推薦文を寄せている。政吉と幸田姉妹とは、この後も、さまざまなつながりを持つことになった。

3．販路の確立

共益商社へ売り込み

さて、東京音楽学校でディットリヒに褒めてもらい、大いに勇気づけられた政吉は、「どうしても東京で売ってもらわなければ」と思い、山葉寅楠も訪ねた銀座竹川町の共益商社（現在の銀座七丁目、ヤマハ銀座店）の楽器部に足を運んだ。

まずは、敵情視察である。東京でできているヴァイオリンはどんなものだろうか。店に入って、いろいろ見せてもらった。

「もちろん、買う気がないのですが、見た所がどうにかこうにか自分の方が――欲目でもありましょうが――いいように見たものですから、その日は教科書を一冊買って帰りました」[17]

翌日、意を決した政吉は共益商社を再び訪れた。こんどは自分のヴァイオリンを提げていくということで気が重かったが、とにかく売り込みである。二階に通されると、驚いたことに交渉相手の白井社長は、前日、自分が買い手を装って店を訪れたときに応対した人物だった。[18]政吉は恥ずかしさをこらえて、「昨日はヴァイオリン見せていただきましたけれども、実は私は作っているのです」と言って、楽器を見せた。すると白井は「あなたの方で幾種できますか」という。問われた政吉は、実際には一種類しか作っていなかったのだが、そうは言えないので、「三種拵《こしら》えておりますが、段々いいものを作るつもりです」と返答。「それじゃまあひとつ三種送っていただきましょう」ということになった。政吉は名古屋に帰って、さっそく三種の見本を作り、共益商社に送った。その結果、関東は共益商社が一手販売を引き受け、「毎月一〇個ほど」楽器を供給することになった。[19]

さらに、政吉は白井の紹介で、同年（明治二二年）八月三一日には大阪の大手書籍商三木佐助とも同じ契約を結んだ。[20]三木佐助の大阪開成館はのちに三木楽器店となり、現在は三木楽器株式会社として続いている。

白井と三木は全国の教科書専売を二分する東西の元締めだった。したがって、両者が握る全国の販売ルートはそのまま鈴木ヴァイオリンの販売ルートとなり、また、政吉は彼らの前貸しを受けつつ、生産に専念できる体制を早くに確立することができた。

この白井、三木、鈴木政吉による「三者協約」によれば、東（加賀、越前、美濃、伊勢国以東）は白井練一、それよりも西は三木佐助が販売し、政吉は愛知県内に限り直接販売ができるという内容だった。[*21] 一手販売の関東、関西の分け方が、加賀、越前、など県名でないところが時代を感じさせる。

販路が確保できたことは、その後の政吉の事業の展開に、何よりも大きな支えとなった。販路の確保に成功したのは、「品質保証の提示」にあったからだと大野木は述べているが、[*22] その裏に、インフラ面での整備が進み、一八八九（明治二二）年東海道線が全通したことが挙げられるだろう。これによって、名古屋というハンディが、逆に、顧客の多い、東京と大阪の中間に位置するという立地へと変わったのである。

第4章　本格生産開始

1．鈴木ヴァイオリン工場

政吉は一八八五（明治一八）年東門前町三丁目の大鐘氏の貸家（南側）に移る。彼がヴァイオリン製造を始めたのはこの家だった[*1]（現在の名古屋市昭和区御器所町三丁目）。一八八九（明治二二）年一二月九日、長男梅雄誕生。梅雄は一九〇三（明治三六）年三月、名古屋第二高等小学校卒業後、父の意思に従って進学を断念し、満一三歳で工場に入る。[*2]

一八九〇（明治二三）年、政吉は、東門前町三丁目五三番戸の北側の家を三〇〇円を投じて購入し、これをヴァイオリンの工場に仕立てて本格的な生産にとりかかった。

梅雄によれば、幼い頃の記憶として、生家の裏庭に二間《けん》半に八間《けん》くらい（約四・五メートル×一四・五メートル）の一棟があり、それを工場にしてヴァイオリン作りが行なわれており、住居の二階にも修理場があったという。七、八人の弟子がいたが、みな政吉の知人で、「お侍《さむらい》さん」ばかりだったという。[*3]士族出身者が多かったのである。

自然の特許

共益商社と販売契約を結んでようやく商売が軌道に乗りかけた頃、政吉は名古屋の尾張町に医師の松岡義贇を訪ねた。旧尾張藩の同じ熊谷組の出身で、その昔、政吉の手習い師匠（寺小屋の師匠）だった人物である。*4「ヴァイオリンをこしらえて、販売しようと思います」と報告したところ、「ひとつ専売特許かなんか取ったらどうだ」と言われた。イタリーで二百年も前からこしらえているので専売特許は分からないと答えると、「そうかそれじゃ一つ君自然の専売を取ったらいいだろう」。「自然の専売というとどういうことですか」と言ったら、「アメリカの方面ではまだ専売特許では喧《やかま》しく言っているが併《ただ》し、ドイツでは自然の専売に力を入れている。これはただいいものを安くこしらえて、誰も付いて来ることが出来ないということにするのが自然の専売だ」。「それはいいことを聴かしてもらいました。これは一つ私、実行してみます」と政吉は礼を言って帰って来た。*5

こうして、いいものを安くこしらえて売るということが、政吉の信条となった。

2．山葉寅楠との交遊

一八八九（明治二二）年に政吉は白井、三木との間で三者契約を結んだが、その雛形となったのは、その一年前に山葉寅楠が白井、三木との間に結んだ同種の契約であった。

同じ共益商社が関東以東の売りさばき所であったところから、政吉は山葉と東京で時々顔を合わせるようなり、親しくなっていった。

政吉の八歳年上だった山葉は、オルガンとヴァイオリンはほとんど兄弟同士であるところから、「お前は俺の弟であると思っている」と言って政吉に親切にしてくれたという。政吉も「真の兄のような心持ちで、そうお目にはかからんけれども、随分親しく思っておつきあいをしておった次第でございます」と述懐している。[*6]

饅頭屋の秘密

政吉が山葉寅楠の思い出話を語ったのは、一九三六（昭和一一）年の座談会でのこと。この年七七歳を迎えた政吉だが、非常に明晰な語り口で、こんなエピソードを紹介している。[*7]
一八九一（明治二四）年か一八九二（明治二五）年頃、浜松の山葉の家を政吉が訪れたことがあった。よもやま話の中で、山葉が自分は和歌山の藩士で、維新後、何か商売を始めなければならないと思ったが、何をしたらよいのかわからない。商売は大阪に行って探してこなければならん、と思って一八の時に、大阪に商売を見つけに行った。すると、大阪の淀屋橋のきわに、饅頭《まんじゅう》屋があって、その店が非常にはやっている。饅頭屋は大阪に何十軒もあるが、これほどはやる饅頭屋はない。どうしてこうはやるのだろう。
何かこれには趣向があるのじゃないか。そう思って、その饅頭屋に行って、訳を話し「どういう風に売ると、こんなに売れるのか」と尋ねた。
はじめ主人はけげんな顔をしていたが、そのうち、「それなら申しましょう。私の所は饅頭は売りません。（……）まあ饅頭の形はさせるが、饅頭の皮とか砂糖はほとんど景物〔つけたし〕である。小豆を売るのです」という。

その意味を尋ねると、小豆が安そうなときに大量に仕入れて、小豆をつぶして、饅頭皮をつけて砂糖を入れてやっていると教えてくれた。つまり、皮や砂糖は元値で小豆でもうけるのだ、という。

「ありがとう。よく聴かしてくれた。厚く礼を云って、私は帰って来た。鈴木さん、だからお互い新事業をやる以上は、こういう薄利多売主義をどうしても十分に研究をし勉強もしなければならん。お互いに大いにその方針でやろうじゃないか」

こう山葉は言った。

政吉は、非常にいい教訓をいただいた、まことにありがとうございましたと、よく礼を言って帰って来た。

政吉は、山葉が一八歳の若さで大阪の饅頭屋の売れ方に目をつけて、その秘訣を尋ねて聞き出したその非凡さに敬服していた。

そして、自分自身は「儲かっても儲からんでも、とにかくいいものを安くこしらえて売るということで突進して参った次第であります。ちょうどこの自然の専売の話とさっきの饅頭屋の話が好一対で、これが私のモットーとする所です」と語った。[*8]

「いいものを安くこしらえて売る」というこのモットーは、今から見れば当たり前のようだが、当時は新しい考え方だった。山葉は「薄利多売主義を十分に研究し、勉強しなければならない」と政吉に勧めたのである。

政吉は、このモットーに従って「突進」し続けたために、昭和に入ると鈴木ヴァイオリンは過剰生産になって、経営が悪化してしまうのは皮肉だが、政吉も山葉も、明治時代、新しいビジネスモデルを積極的、意識的に取り入れて、西洋楽器産業を発展させようと努力したのだった。

山葉のアメリカ視察

山葉は弟分の政吉のために一肌脱いだことがあった。

一八八九（明治二二）年、山葉寅楠はアメリカに視察旅行に旅立ったが、そのときに、鈴木政吉からヴァイオリンを預かって赴いている。それが日記からわかる。[*9]

五月一三日、山葉は横浜港から出発し、二九日、サンフランシスコに到着する。

ところが、たちまち税関でひっかかってしまった。「予〔自分〕手荷物の内ヴヮイオリンは税金不明の為税関に預からるることとなり、預り証を受け取る」。ヴァイオリンの関税がいくらかわからないということで、止められてしまったのである。

六月二日の日記には、「本日北嶋君と同商会内□□氏と三名にて税関に至る。鈴木ヴヮイオリン請《うけ》取《とり》の為《ため》なり。無税に為さんと尽力せらる。その手続きに運びたれ共《ども》、請取りの場合に至らず。十二時となりたれば、二名を同道小川亭に昼食を餐す」とある。通訳の北嶋らと共に税関にヴァイオリンを引き取りに行ったものの、結局、ヴァイオリンは受け取れず、一二時になったので、小川亭に行って昼食を食べたわけである。アメリカの税関に止められてからすでに五日目になっていたが、まだヴァイオリンは戻してもらえなかった。

山葉はその後、ようやくヴァイオリンを受け取り、すぐにそれをニューヨークに送った。山葉自身は汽車でニューヨークに行った。六月二八日の日記には、「水谷君より書状着有之、請取り披見すれば（……）バイオリン桑港《サンフランシスコ》より着、請取り、運賃七弗《ドル》五十仙《セント》立替払いたる趣きなり。実に驚愕せり」とあり、高い運賃と時間がかかったことに驚いている。サンフランシスコに上陸してから、すでに一カ月が過ぎようとしていた。

山葉はアメリカ滞在中、寸暇を惜しんで視察に励んだが、政吉から預かったヴァイオリンのために振り回されることになったわけである。このエピソードからは創業およそ一〇年にして、政吉がすでにヴァイオリンの海外輸出の方法を模索していたことがわかる。

3．第三回内国博覧会での快挙

市制施行

一八八九（明治二二）年一〇月一日、名古屋に市制が敷かれ、新しい時代が始まった。当時の戸数四八〇四九戸、人口一五万七四九六人、馬車三六台、人力車二一七四台。汽車は東海道線がすでに開通し、大須仁王門から本町筋熱田西門前まで馬車が往復していた。*10

市制施行当時、名古屋の主な工産物は、搾油（植物の種子や果実をしぼって油をとること）、七宝《しっぽう》（金属工芸の一種）、漆器《しっき》、繍箔《しゅうはく》（刺繍と摺箔《すりはく》の技法を使ったもの）、扇子《せんす》であった。*11 産業と呼べるものはなく、まだ近代化されていないことがわかる。政吉がヴァイオリン作りを始めた当時の名古屋はこういう状態だったのである。

政吉は共益商社から入手した舶来品を手本にさまざまな工夫をこらし、品質の向上に努めた。それが最初に形となって現れたのが、一八九〇（明治二三）年に開かれた第三回内国勧業博覧会である。

明治政府の博覧会事業

明治政府は欧米列強の脅威に対抗するために、富国強兵を国の基本方針として殖産興業政策（産業と資本主義育成により国家の近代化を推進した経済政策）を展開し、欧米から技術を摂取して急ピッチで工業化を推進しようとした。そこで採用されたのが博覧会事業である。

明治政府は一八七三（明治六）年のウィーン万国博覧会と一八七六（明治九）年のフィラデルフィア万博に参加して、博覧会の有用性を実感し、日本でも博覧会を開催することにした。それが内国勧業博覧会である。万博を日本向けにアレンジし、国内規模に縮小したものであった。早速、一八七七（明治一〇）年、西南戦争のさなかにもかかわらず、上野公園で第一回の内国勧業博覧会が開かれ、その後、さまざまな博覧会や共進会が行なわれるようになった。[*12]

第三回内国勧業博覧会

第三回内国勧業博覧会は、一八九〇（明治二三）年三月二六日、上野公園で開会式が行われ、七月三一日の閉会までの一二二日間の会期中に、一〇二万人あまりの入場者を集めた。この博覧会の審査方法や審査基準はそれまでに比べて格段に進歩し、細かくなった。審査は審査項目それぞれにつき一〇〇点満点で採点し、その平均点を割り出し、九一点以上が一等、七六点以上が二等、六一点以上が三等、三一点以上が褒状と定められた。また、褒賞の種類として、名誉賞は出品中卓絶した（すぐれていて他に比べるものがない）ものに与えられ、その他、進歩・妙技・有功・協賛賞の四つの賞がそれぞれ一等から三等まで設定された。審査官の数は三名以上と決められた。

楽器の審査

この博覧会で、楽器部門で審査に当たったのは、上原六四郎、辻則承《のりつぐ》、そして鳥居忱《まこと》の三名で、そのほかに、審査を補助する「品評人」と呼ばれるスタッフやその助手も配置されていた。審査員の上原六四郎（一八四八―一九一三）は日本伝統音楽の重要な研究書『俗楽旋律考』で知られるが、物理学者で東京音楽学校では音響学を教え、自身は尺八の演奏家であった。辻則承（一八五六―一九一二）は宮内省の楽人《がくにん》で、洋楽も修め、唱歌の作曲を数多く手がけていた。一方、鳥居忱（一八五三―一九一六）は滝廉太郎が曲をつけた《箱根八里》の作詞家として知られるが、音楽取調掛の第一回伝習生であり、東京音楽学校で国語と音楽理論を教えていた。

洋楽器の出品

この博覧会は明治日本の洋楽器製造業にとって画期的なイベントとなり、全国の業者が一斉に出品した観があった。

オルガンの出品は合わせて二〇台以上にのぼった。[*13] 北は宮城県宮城郡塩竈町《しおがま》（現在の塩竈市）から、南は大阪市西区に至るまで、一六人がオルガンを出品したのである。これはオルガンが全国的に普及したことと関係していた。オルガンの受賞者のうち、最高の二等有功賞を得たのは浜松の山葉寅楠であり、三等有功賞に横浜の西川寅吉と浜松の河合喜三郎が入っている。山葉寅楠はこの受賞によって、先行していた西川を逆転して全国のオルガン製造業者に対して優位に立った。

ピアノで受賞したのは西川と山葉で、西川のピアノが二等有功賞、山葉は三等有功賞である。ピアノではオルガンと逆の結果になった。実は、山葉のピアノはこの博覧会に合わせて、内部一式の部品を輸入して、木工による外部の箱の部分は自社で作り、それを組み立てて、山葉ピアノとして出品したものだった。山葉に勝った西川のピアノにしても、「主要部品の多くが外国からの輸入品」であった。[*14] 純粋に国産といえるピアノが誕生するまでにはまだ時間を要したのである。

一方、ヴァイオリンは一一人から出品があった。[*15] 大半は邦楽器製作者の多く住む東京の深川や浅草の業者である。深川区富岡門前町の松永定之助、深川区富吉町の斎藤惣七、同菊岡藤吉、同花井金蔵、須賀町の蓮沼源吉、同区蔵前片町の頼母木《たのもぎ》源七、同石井鎰太郎、四谷区市谷片町の要吉五郎、日本橋区本石町の林才平の名が挙がっている。東京以外では、浜松の山葉もオルガン、ピアノと並んでヴァイオリンを出品している。そのほかに京都市上京区南大津町の福井吉之助の名前が見える。

このうち、浅草区蔵前片町の頼母木源七は、ヴァイオリン、ヴィオラ、チェロ、コントラバスと並んで、明清《みんしん》楽器の月琴《げっきん》、琵琶《びわ》、提琴、携琴、胡琴、阮咸《げんかん》、清笛、木琴、揺琴を出品している。ちなみに源七の二女、頼母木こま（別称駒子、一八七四―一九三六）は一八九三（明治二六）年、東京音楽学校専修部を卒業し、ヴァイオリンの教授として活躍することになる。

これらの競争相手を押しのけて、名古屋の政吉のヴァイオリンが最高位の三等有功賞を受賞する。ヴァイオリン製造を始めてからわずか二年後の快挙であった。

博覧会での評価

博覧会の審査報告には、西洋楽器について、ピアノ、オルガン、ヴァイオリンの三種が多く出展されたこと、西洋楽器製作は日本において明治一七年から開始されたので、出品者の数も多いとはいえないが、その割には、良好のものができていると評され、山葉寅楠のオルガン、西川寅吉のピアノはその代表だとされている。[*16]

しかし、同時に審査報告は次のような苦言を呈してもいる。それは、「西洋楽器は西洋で製作された物と比較せざるを得ないが、西洋の中等品と比べてなお劣るところがあるのは遺憾《いかん》である。外形は西洋の上等品に引けを取らないが、実際に使用すると西洋の中等品よりも劣る。要点を理解していないため、外形だけをまねしている。実業教育を進め、学力知識を増やさなければ、とても上等品の学術品は作れない」というもので、外形だけ真似できても、中身がともなっていないということだった。

報告書から見る限り、第三回内国勧業博覧会の楽器の審査は、当時としては高い水準にあったといえる。実際、博覧会での受賞は価値あるものだった。特約店である共益商社はこの受賞をでかでかと宣伝し、山葉オルガンや鈴木ヴァイオリンの販売促進につなげた。

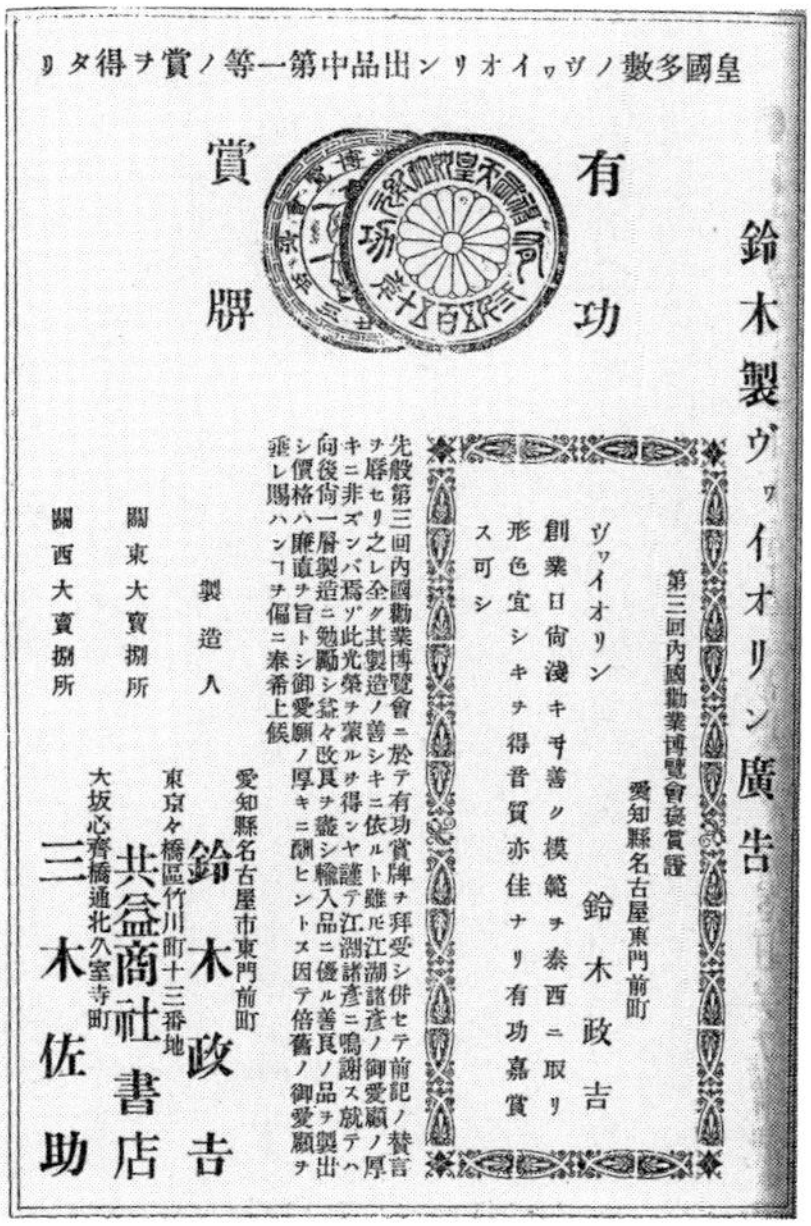

『音楽雑誌』1891年2月号広告

一方、鈴木政吉にとって、博覧会での評価は大きな励みになったが、ここで注目したいのが、審査の際に、評価されたポイントである。第三回内国万国博覧会の楽器の審査基準は、性質、考按（考え工夫すること）、構造、形色・形状、装飾、適用、価値、製額、販額であった。[*17] 審査は鑑定と調査の二つの部分からなっていた。調査とは、出品者が提出する申告書に基づいて、生産量や需要条件への適否、あるいは発明・普及への貢献度などを評価するもので、とりわけ発明・普及の項目に対する配点は大きかった。[*18] 政吉は、まさしく、こうした博覧会の評価基準に呼応する形で、ヴァイオリン製造という事業を展開していった。

4. シカゴ・コロンブス万国博覧会での受賞

政吉の次の飛躍は、国際博覧会であるシカゴ・コロンブス博覧会であった。この博覧会は、「コロンブスのアメリカ大陸発見四〇〇年」を記念して一八九三（明治二六）年五月一日から一〇月三〇日まで開催されたもので、入場者数が二七〇〇万人を超える大規模な万国博覧会だった。アメリカ合衆国から正式な参加要請を受けた日本政府は、当時アメリカ合衆国が日本の輸出の三分の一以上を占めていたことから、多数の出品物を展示することで輸出の増加をはかろうと、参加を決定した。

日本では、シカゴ・コロンブス万博に、東京音楽学校から楽器が出品されることが話題になっていた。博覧会が始まるおよそ半年前、一八九二（明治二五）年一〇月号の『音楽雑誌』には、東京音楽学校から、鈴木ヴァイオリンと山葉のオルガンが出品されること、ヴァイオリンもオルガンも廉価でかつ輸入品にも劣らないほどの品質であること、また、山葉のオルガンは大中小の三台出品される予定であり、それらは用材に花鳥の彫刻や蒔絵を施したものであると報じられている。

一方、シカゴ・コロンブス博覧会の終了後、一八九四（明治二七）年四月号の『音楽雑誌』に、日本から出品された楽器の評価に関して掲載された記事には、楽器で賞を受けたのが、東京音楽学校出品、鈴木政吉のヴァイオリン、大阪の楽器、太鼓、絃とあり、東京音楽学校出品の楽器類と鈴木政吉のヴァイオリンは別に述べられ、一方、山葉オルガンに関しては何も書かれていない。

実は東京音楽学校の出品物のなかに山葉オルガンは入らなかったのである。当初三台の出品が予定されていた山葉オルガンであるが、その後二台に減らされ、さらに、それも輸送が困難であるとして、文部省から返送されてしまった。山葉は運送料を自費で賄うので何とか出品してほしいと申し入れたものの、博覧会協会に拒絶されてしまった。[*19]

この時期、日本は軍備の拡張と国費の節約という名目で、不要不急の文教施設の廃止、併合を進めていた。音楽学校はそのやり玉に挙げられ、その結果、シカゴ・コロンブス万博開催中の一八九三（明治二六）年六月、高等師範学校附属に格下げされることが決定する。再び東京音楽学校として独立するのは一八九九（明治三二）年六月のことである。したがって、万博への出品準備の時期に、音楽学校の存在の是非が問われていたことと、音楽学校から出品されるものが削減されたこととは関係がありそうだ。少なくとも、政府の側にオルガンなどの洋楽器が日本を代表する産業になり得るという意識はまったくなかった。

ヴァイオリンに関しては、軽くて小さいこともあって、音楽学校からの出品にも入ったばかりでなく、鈴木政吉自身が、愛知県からの出品としてシカゴの博覧会に送っていた。政吉は、名古屋商業会議所のメンバーとして活躍しており、この博覧会に向けての愛知県出品同盟会幹事を務める立場にあった。[*20]こうした地位にあったため、東京音楽学校からの出品とは別に、愛知県からの出品として、個人的にも出品の手続きを進めていたのである。東京の和楽器職人たちとは、すでに住む次元が異なっていた。

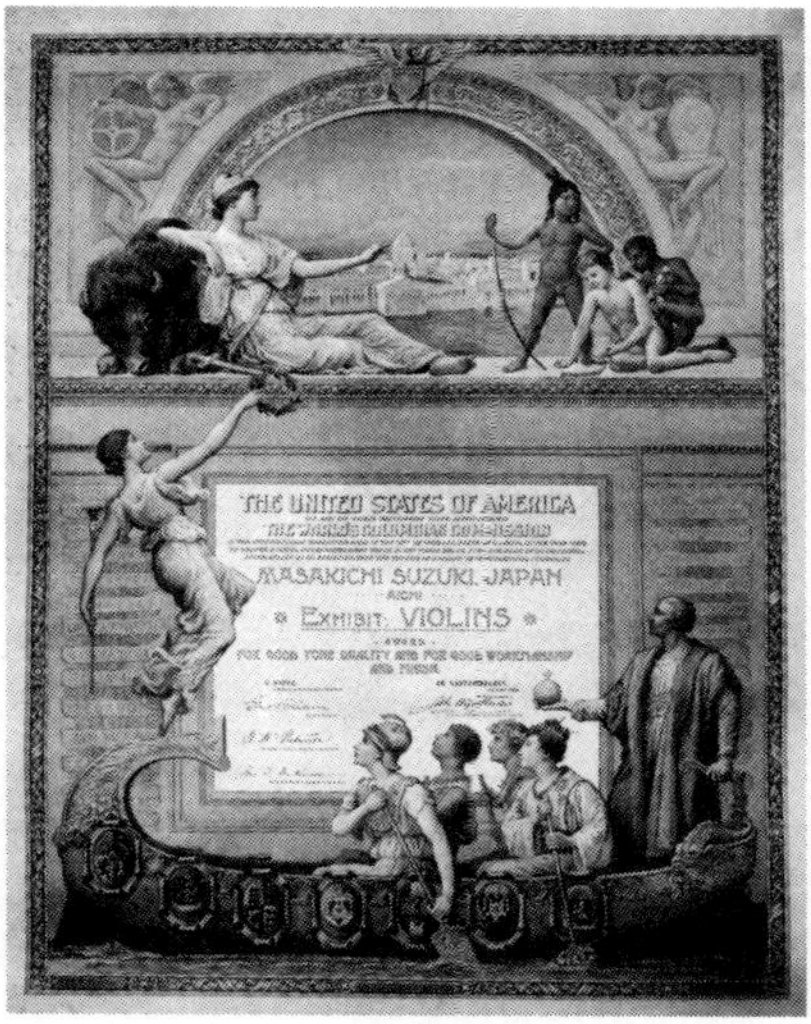

シカゴ・コロンブス万国博覧会賞状（1893年）

今回の万国博覧会では褒賞に金、銀、銅のようなランクづけはされず、単一ランクの褒賞が与えられた。

東京音楽学校出品物は、楽器部門としてではなく教育部門で審査されたのに対して、愛知県から出品した鈴木ヴァイオリンは、きちんと楽器セクションで審査され、褒賞を受けた。快挙であった。

このとき、鈴木政吉が受賞した賞状の写真があるが、そこでは、「すぐれた音質およびすぐれた技術と仕上がり」が評価されている。[*21]

こうして鈴木政吉は、ヴァイオリンの製作を始めてからわずか数年で国際舞台に登場した。

第5章　明治期のヴァイオリン

第三回内国博覧会（一八九〇）と、シカゴ・コロンブス万国博覧会（一八九三）で相次いで賞を得たことにより、鈴木工場のヴァイオリンは製造開始から数年のうちに、山葉のオルガンと並んで国内洋楽器生産のトップメーカーとしての地位を確立した。

こののち、政吉は大量生産へと舵を切り、技術革新と工場の拡張を続けるが、楽器製造のハード面の話を続ける前に、ここでソフト面、つまり明治の日本でヴァイオリンがどのように使われていたかに目を向けてみよう。

というのも、楽器そのものの形は変わらないので見過ごされがちだが、現在の私たちがヴァイオリンに対して抱いている一般的なイメージやヴァイオリンを使って演奏している音楽と、当時のものとは、まったく異なっていたからである。

1. 唱歌教育とヴァイオリン

唱歌が日本各地の学校でしだいに教えられるようになった明治二〇年代、唱歌を教えるのにヴァイオリンが用いられることも少なくなかった。

政吉がヴァイオリンを借りた甘利鉄吉は小学校の教員で、学校ではヴァイオリンを使って唱歌を教えていた。政吉の師であった恒川鐐之助もまた、学校でヴァイオリンを使って授業していた。

恒川鐐之助は愛知県尋常師範学校助教諭時代、愛知県中学校でも教えていた。当時の鐐之助の授業について教え子の新見は次のように語っている。

〔著者は明治二〇年九月中学入学〕中学の唱歌の先生は恒川先生（？）といった。亡父はその苗字によって元御楽人の家の人であろうといっていたことを思い出す……さて廿一年四月から中学校が規則改正で尋常小学校となり先生もだいぶ代わった。唱歌の先生は音楽学校の卒業の若い先生が来られ、音譜を書き読むことから教えられた。その頃唱歌の特別教室というはなかったので、各教室で唱歌を習った。オルガンも無かった。私は恒川先生も既にヴァイオリンを音楽の先生はヴァイオリンを伴奏して〔原文ママ〕「三千篠万あにおとどもよ守りに守れ」などという愛国唱歌を教えて下さったと記憶するが[*1]……

少々わかりにくいが、愛知県中学校では、明治二〇年の段階でオルガンもなく、教師はヴァイオリンで伴奏して唱歌を教えていたこと、規則が改正されて中学校が尋常小学校となった一八八八（明治二一）年以降、「音楽学校の卒業の若い先生」、つまり、前述した岩城寛から五線譜を読み書きすることを習ったことがわかる。

名古屋が遅れていたのかといえば、そうではない。

岩城寛と同じ時に東京音楽学校を卒業した鈴木米次郎はのちに東洋音楽学校（現在の東京音楽大学）を創設した人物だが、一八八八（明治二一）年、「恩師の鳥居忱《まこと》から依頼されて、卒業直後に下総国《しもうさ》埴生郡成田の教育会に唱歌の講習の講師として一週間派遣された」。現在の千葉県の成田である。このときに米次郎と同行したのは、当時在学中であった山田源一郎（一八六九―一九二七）である。山田はのちに母校で教えるかたわら、唱歌や軍歌の作曲と編集を行なった。この二人がなぜ選ばれたのかといえば、「オルガンの無いところで講習するに当たって、ヴァイオリンの弾ける人間が望ましいというわけであった」。

「当時、成田へは朝八時頃両国橋を出発してガタ馬車で約半日」揺られて、午後三時頃到着した。受講生は年上の人ばかりで、相当なおじいさんもいた。講習では『小学唱歌集』を教材として使ったが、ごく簡単な短い曲ばかりなのに、なかなか歌えない。数日たつと、いくらかの人は歌えるようになったが、詩吟調でどなっている人もいて、大変だったという。わずか一週間で見たことも聞いたこともない「唱歌」をつめこんで、その後は子どもたちに先生として教えようというのである。[*2] ずいぶん乱暴な話であったが、鈴木政吉も、もし、ヴァイオリンと出会わなければ、名古屋で唱歌の先生になっていたところだった。

このように、オルガンが各地の小学校に備え付けられていなかった間は、持ち運びができるヴァイオリンは唱歌の伴奏に使われていたのである。一八九一（明治二四）年に恒川鐐之助が著した『ヴァイオリン教科書』の広告文にもヴァイオリンは「学校唱歌に最も適当の楽器なり」とある。[*3] この教本は後で述べるように、実際に出版されたどうかは不明であるが、いずれにしても、恒川はヴァイオリンが適すると考えていたのである。

東洋音楽学者として大きな業績を残した田辺尚雄（一八八三―一九八四）は一八九五（明治二八）年

から一九〇〇（明治三三）年まで大阪の第一中学校に通っていたが、その間、音楽の先生であった多《おお》梅稚《うめわか》（一八六九―一九二〇）は、オルガンでなくヴァイオリンを弾きながら唱歌を教えていたと述懐している。[*4] 多梅稚は宮内省楽師の出で、「汽笛一声《いっせい》新橋を　はや我《わが》汽車は離れたり」で知られる《鉄道唱歌》（一九〇〇）の作曲者である。多は大阪の師範学校と第一中学校を兼任していた。生徒が少しなまけていると、その生徒のそばまできて、ヴァイオリンの弓で生徒を打ったというから、現在であれば体罰として問題になるところである。

一方、一九〇六（明治三九）年に書かれた石川啄木の処女小説『雲は天才である』には田舎の小学校で代用教員をしている新田耕助という若者が、自作の唱歌をヴァイオリンで伴奏しながら生徒たちに歌ってきかせるという場面がある。明治末年には、全国で小学校三万二、三〇〇〇校のうち、オルガンがないのは一割五分ほど、というまでにオルガンは普及したが、それでも、まだ入っていない学校もあったのである。[*5]

しかし、唱歌教育の元締めであった音楽取調掛《とりしらべがかり》は、ヴァイオリンを唱歌教育に使うことには賛成していなかった。

2. 音楽取調掛《とりしらべがかり》による洋楽器の試作

音楽取調掛はオルガンの試作は熱心に行ったが、ヴァイオリンの試作については、それほど熱心ではなかった。ヴァイオリンのすぐれた点は認めながらも、その演奏のむずかしさから、取調掛はこれを学校用に使うことに反対していた。[*6]

音楽取調掛が一番に勧めたのは、オルガンである。オルガン（風琴）は「音調の狂い極めて少なく、学校唱歌の教授には最も適当にして、かつ習いやすいもの」という評価であった。[*7]

音楽取調掛はオルガンやピアノがない場合には、代用楽器として、むしろ、箏（琴）と胡弓を使うように地方に指示し、実際に、唱歌教育用に、箏と胡弓の改造楽器も試製している。長野県に赴任した教員から、長野県はすでにヴァイオリンを作り上げ、それを授業に使いたがっているという知らせを受けたとき、取調掛はそれを認めず、すでに決まったことであるから胡弓と箏を使うようにと返事を出したほどであった。[*8]

しかし、音楽取調掛の努力にもかかわらず、地方からの改造胡弓に対する注文はオルガンに比べずっと少なかった。そのうち、オルガン製造が軌道に乗ると、箏や胡弓のことはまったく話題に上らなくなった。

やがて、音楽取調掛は東京音楽学校となり、一層洋楽に軸足を移すようになる。先に述べたように、一八九〇（明治二三）年に第三回内国勧業博覧会が開かれた前後には二〇以上の業者が入り乱れ、オルガン製造・販売事業をめぐって激しい生き残り競争が始まっていた。そのなかから浮かび上がったのが山葉寅楠であった。

3. ヴァイオリンブーム

山葉がオルガンという教育制度に食い込んだ種目で地盤を固めたのに対して、政吉の方は、別の方法を考えなければならなかった。その結果、政吉はヴァイオリンのコストダウンを図り大量生産を始めた。こうして、ピアノやオルガンよりも小さくて安価なヴァイオリンが当時の人々にとって手軽に始められる親しみやすい楽器となったのである。

明治三〇年代後半以降になると、文学作品にヴァイオリンがたびたび登場する。啄木の『雲は天才である』もその一つであるが、夏目漱石の『吾輩は猫である』に出てくる水島寒月はヴァイオリンを弾く帝大卒のエリートとして設定されている。寒月は、(若い男子が)ヴァイオリンを買っているのを見つかると生意気だと制裁を加えられるので、楽器店の閉店まぎわまで、五円二〇銭のヴァイオリンを買うのに苦労する。寒月のモデルになったのが物理学者の寺田寅彦(一八七八―一九三五)であったことはよく知られているが、実際に寺田寅彦が熊本第五高等学校時代、一八九八(明治三一)年に購入した鈴木ヴァイオリンは八円八〇銭であった。[*9]

このように、一九世紀末、日本各地にヴァイオリンを弾く若者が増えていた。

当時、ヴァイオリンは、どのように使われたのであろうか。一般には、いわゆる和洋合奏に用いられたようで、和楽器の中では明治期になって一番盛んになっていた箏(琴)と合奏することが盛んに行なわれた。[*10]

一八九六(明治二九)年四月二六日に名古屋の金城館で開かれた「名古屋音楽連合会」第二回演奏会は『音楽雑誌』によれば「ほとんど千名」の聴衆を集めたという。[*11]そこには、恒川鐐之助も鈴木政吉もヴァイオリンの演奏者として名前を連ねているのだが、そのプログラムの内容が興味深い。

演奏は、「君が代(一同敬礼)」から始まり、八雲琴、雅楽、囃子、土唄、オルガン、清楽、尺八、吹奏楽、箏（琴）曲、六段、長唄、上唄、とさまざまなジャンルが入り乱れているのだが、恒川鐐之助はヴァイオリンで箏（琴）と《六段》を合奏し、鈴木政吉はヴァイオリンで歌と二人の三絃と共に長唄《雨乞小町》を合奏している。興味深いことに、松本は「恒川も鈴木もステージに座ってヴァイオリンを弾いたに違いない」と述べている。*12

実際、田辺尚雄によれば、一八九七（明治三〇）年頃、「大阪ではお嬢さん方のヴァイオリンは和服でキチンと正座して奏するのが一般の作法」で、その一方、「東京では女の子でもステージで立ってヴァイオリンを弾いていた」という。*13

当時、大阪でヴァイオリンのけいこは三味線のけいこと同じで、「師匠と向かい合わせに正座し、師匠が弾くのを見ながらそれをまねて」弾いたと田辺は述べている。「別に教則本《エチュード》というものは無く、初めは『宵は待ち』や『黒髪』『春雨』などの手ほどきものから始め、追々進んで『千鳥の曲』や『越後獅子』などに進む」。

これらの曲を教えてもらうには「一曲で何円というお許し金を出して、伝授免状をもらうのである。およそ西洋音楽の教え方とは雲泥の差があった。ただ楽器が西洋の楽器と言うだけで、その教え方は全く箏や三味線の教え方と同じことであった。しかし譜本だけは洋式五線譜を用いた。そのために〝ヴァイオリン楽譜〟と銘打って一曲ずつ『千鳥の曲』とか『越後獅子』などの楽譜が売り出されていた」という。

こうした和洋折衷の教授法には、のちに述べる大正年間に躍進した通信教育のメソードとも共通する要素があった。

渡辺裕は、明治末から昭和初期までの大阪の洋楽受容は、東京とは異なり、地場の文化に根ざしつつ、「直輸入」とは違った形で西洋音楽文化の独自な展開を目指そうとしていたと論じているが、[*14]それは程度の差こそあれ、大阪だけではなく、日本各地で同じであった。日本人はヴァイオリンを、従来の音楽と折衷させながら取り入れていったのである。

4. 政吉の書いたヴァイオリン教則本

日本でヴァイオリンの初級教科書として広く用いられていたのはホーマンと呼ばれる教本であった。これはクリスチャン・ハインリッヒ・ホーマン（一八一一―一八六一）が著した『実用ヴァイオリン教程』（一八四九）の一巻で、世界的にホーマン教本として名高い。

日本にはいつ入ってきたのか不明だが、一八八八年に鈴木米次郎がホーマンの二巻までやって卒業したと述べていることから、[*15]それ以前に東京音楽学校で使われていたことは確かである。

一巻から三巻までのホーマンはすべて左手の第一ポジションだけで弾くもので、曲想豊かなメロディーを弓の技術練習も折りこみながら、第二ヴァイオリン（先生）と一緒に演奏することで、多角的な面から演奏法を学習できるエチュードとなっている。この二巻を弾いて卒業したということから、当時の音楽学校の技術水準がうかがえる。ディットリヒについて、より難しいクロイツァー教則本を習った幸田延は例外的な存在であった。

ヴァイオリンのホーマンはピアノのバイエルと並ぶ入門書であったが、そののち、しだいに日本独自のヴァイオリンの教則本が作られるようになった。

最初に出版されたのは、一八八八（明治二一）年に四竃訥治が出版した『楽器使用法』の中のヴァイオリンの項目だが、ヴァイオリンだけの教則本は、一八九一（明治二四）年に恒川鐐之助の『ヴァイオリン教科書』が初である。もっとも、この教本は、出版広告が『音楽雑誌』に掲載されているだけで、その実物は見つかっていないので、実際に出版されたのか、それとも出版されずじまいになったのか定かではない。

初学者用の国産ヴァイオリン教科書としては、一八九二（明治二五）年に山田源一郎が大阪の三木佐助書店から『図解ヴヮイヲリン指南』、翌一八九三（明治二六）年に鈴木米次郎が東京の共益商社書店から『バイオリン教科書　巻之壱』、一八九九（明治三二）年に多梅稚が大阪の三木佐助書店から『ヴヮイオリン初歩』を刊行している。三木佐助書店も共益商社書店も鈴木政吉と特約を結んでいた会社なので、政吉もこれらのヴァイオリン教科書に目を通していたことだろう。この中で、鈴木米次郎のものは数字譜で書かれており、少し毛色が違っている。

ヴァイオリンの普及は、教則本や独習書の出版の増加とも結びついており、日露戦争以降はさらに目立った増加が見られ、特に独習書が多く出されているのがわかる。ヴァイオリン人口の増加が影響していたわけだが、驚くべきことに、鈴木政吉自身、ヴァイオリン独習書を発行している。

政吉の『ヴヮイオリン独習書』（一九〇二）

政吉はまったくの我流だったが、結構上手にヴァイオリンを弾いた。名古屋音楽連合会のコンサートでヴァイオリンを弾いたことは先に述べたが、演芸会で三味線に合わせてヴァイオリンで長唄を弾くこともあった。[*16]

その政吉は一九〇二（明治三五）年に『ヴヮイオリン独習書』を出版している。[*17] 著者は鈴木政吉、

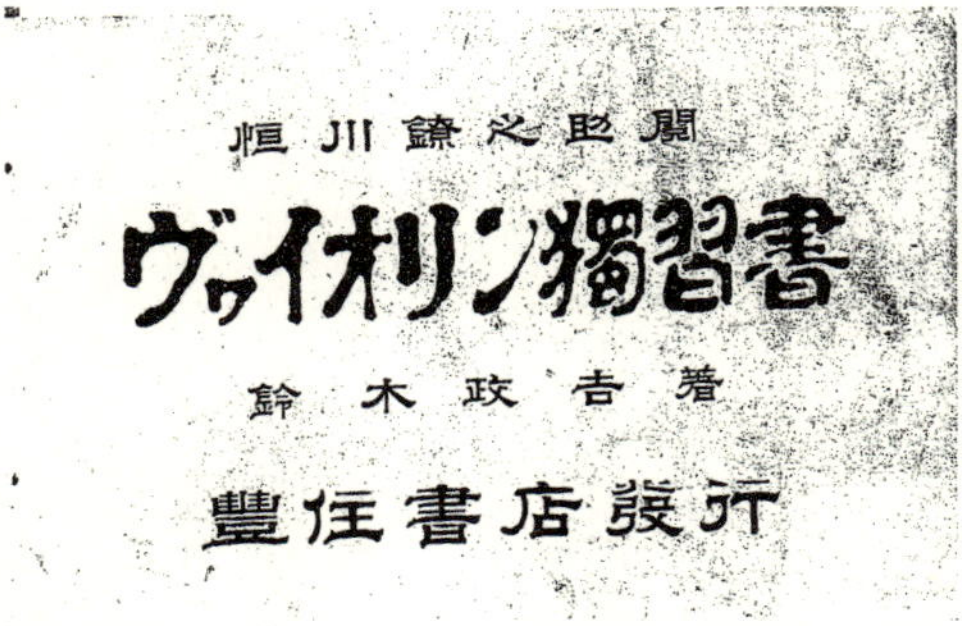

鈴木政吉著　『ヴァイオリン独習書』表紙（1902年）

出版元は三重県津市の豊住書店、発行者は豊住謹次郎、定価は二五銭である。閲者《えつしゃ》、つまり目を通す人として、恒川鐐之助が名を連ねている。発行元が、大阪の三木佐助書店でも東京の共益商社書店でもなく、恒川の幻の『ヴァイオリン教科書』と同じ、三重の豊住謹次郎であることは注目される。

　恒川の著作と政吉の『ヴァイオリン独習書』との間に何らかの関係があったのかもしれない。当時、恒川は三重県尋常師範学校に転勤して、唱歌科教師として津市で活躍していた。その縁で豊住書店からこの独習書が刊行されたのだろう。いずれにしても、政吉のこの独習書は初心者用の国産ヴァイオリン教本としては初期のものであった。

　政吉がヴァイオリン演奏に関して素人ならば、閲者である恒川鐐之助も、ヴァイオリンはオルガンと共に音楽取調掛の愛知県派出伝習生の時に短期間習ったことがあるだけだったが、三重に転勤になってから立ち上げた音楽のサークルでは、唱歌、オルガン、ヴァイオリン、雅楽などを教授していた。

　では、政吉の『ヴァイオリン独習書』を開いてみよう。画像は国立国会図書館の近代デジタルライブラリーで一般公開されている。

　縦一二センチ横一九センチ、四四ページの横長の小冊子である。定価の二五銭はほかの別本に比べて安い部類である。山田源一郎や多梅稚の教科書のような序文や目次はなく、いきなり楽器の構え方と弓の持ち方から始まり、調弦の仕方を述べた後で、どこも押さえずに弾く開放弦の練習へと入るという、実践的なスタイルである。記譜には五線譜が使われている。

次にイ長調の音階練習とニ長調の音階練習があり、それを済ませると、早速楽曲が登場する。ニ長調による《一月一日》である。「年のはじめのためしとて」と始まる、千家尊福《せんげたかとみ》作詞、上眞行《うえさねみち》作曲による小学唱歌である。

次いでト長調、ハ長調の音階練習へと進み、《君が代》が出てくる。さらに、リズムやスタッカートなどの奏法の練習がさまざまな音階練習に加わって、その間に、《埴生の宿》や《楽しき我が家》という名前でも知られる唱歌《愉快なる家》や英国国歌などが入り、最後は二人で演奏する《進行曲》、すなわちマーチが四曲収められている。

政吉に先だってヴァイオリン教本を出版した山田、鈴木、多はいずれも東京音楽学校の卒業生であり、ヴァイオリンの演奏も音楽学校で正規に習っていた。山田や多の教本では、楽曲の部は最後にまとめて置かれていたのに対し、政吉の教本では、基礎的な奏法を学ぶ途中に有名な唱歌や国歌が入っている。

まったくの独学であった政吉がどこまで自分の力でこの教本を書いたのかは不明だが、政吉はヴァイオリンのビギナーが手軽に演奏を楽しめるように工夫したのであろう。とはいえ、政吉の教本が広まった様子はない。

その後、ヴァイオリンの教本は、東京音楽学校の外国人教師ユンケルが校訂した『ヴァイオリン教科書』（一九〇五）をはじめ、独習本を含むさまざまなものが東京や関西で続々と発行されている。[*18]

こうした教則本を使って、ヴァイオリン人口は着実に増えていったのである。

第6章　日清・日露戦争期

1. 日清戦争勃発

政吉のヴァイオリン工場は、東京では共益商社、大阪では三木佐助の販売元と契約して、毎月安定した生産を続けていた。

政吉のヴァイオリンが国内はもとより外国でも評価され、事業が順調な発展を遂げているなか、日本は清国艦隊を韓国の仁川南西方、豊島の沖合で攻撃し、ここに日清戦争が始まった。シカゴ・コロンブス万博の翌年、一八九四（明治二七）年七月二五日のことである。

政吉はちょうどそのとき東京に来ていて、蔵前の国技館で相撲を観戦していた。開戦の報を聞いた政吉は「これは大変なことになった」と名古屋に飛んで帰った。[*1] 戦争でヴァイオリンが売れなくなると思ったのである。

ところが、政吉の思惑はみごとに外れ、ヴァイオリンが売れ出した。それは、軍歌の流行と関係があった。

日清戦争以前に、すでに軍歌は流行していたが、戦争が始まると、これに拍車がかかった。続々と出る軍歌集・唱歌集は全国の小学校の教材に用いられた。文部省は国民の戦意を高めるためにこれを奨励し、世間一般にも軍歌が広がった。それまでの唱歌は、道徳を説いたり、花鳥風月を歌ったりするものが多く、内容が抽象的だったが、日清戦争の歌はほとんどどれも一貫した物語を述べており、ニュース的・叙事詩的な内容が共感を呼び起こしたという。[*2]

日清戦争中に兵隊の間でも一般国民の間でも特によく歌われたのは《元寇《げんこう》》という軍歌である。[*3]当時、陸軍軍楽隊隊員だった永井建子《けんし》（一八六五―一九四〇）が開戦の気配が高まってきた一八九二（明治二五）年に作詞作曲したものだった。「四百余州《しひゃくよしゅう》を挙《こぞ》る」と始まるこの曲は西洋風の勇壮な軍歌で広く歌われた。平壌の戦いでは苦境に陥った部隊がこの歌を歌って士気を盛り返し、勝利を収めたといわれる。

このほか、戦争が始まってからは、《討清軍歌》《婦人従軍歌》《勇敢なる水兵》をはじめ、多くの歌が作られ、歌われた。さらに、これらの軍歌を集めた曲集の数々が、東京音楽学校助教授だった山田源一郎や、東京音楽学校教授の鳥居忱らによって編まれ、日露戦争まで学校で教えられて普及した。軍歌はリズミカルで、多くは西洋の音階の第四音と第七音を省略した、いわゆる「ヨナ抜き音階」で作られ、当時の日本人に親しみやすく、たちまち巷《ちまた》に広がった（もっとも《元寇》はヨナ抜きではなく長調）。このとき、にわかに脚光を浴びたのが洋楽器で、中でも手軽なヴァイオリンの需要が高まったのである。

明清楽《みんしんがく》

実は日清戦争前、一八七七（明治一〇）年頃から二〇年間弱、家庭音楽として広く流行していたのは明清楽だった。明清楽は、明代末期、つまり江戸中期以降、日本に伝えられた中国の民間音楽である。元来、明楽と清楽は別種の音楽であり、伝来の時代も経緯も異なるが、日本では両者を合わせて「明清楽」と称している。

明清楽の中でも、月琴《げっきん》（丸い胴に短いネックがつき、ピックで弦を弾いて演奏する楽器）は独奏楽器、あるいは合奏楽器として使われ、明治一〇年代、全国的規模で急速に広まった。月琴は幕末の志士、坂本龍馬の妻、お龍がつま弾いた楽器としても知られる。

月琴を弾く者は男女を問わなかった。明治初年から三味線音楽がやや一般家庭で敬遠されるようになったので、その代わりに入ったのが明清楽で、中流階級の女性が多く演奏したともいう。[*4] 花柳界でも月琴は三味線をしのぐ勢いであった。

中国曲でも《九連環》をはじめ、中国式のままの文字譜が用いられて多く出版されていた。この中国式の譜に日本の俗曲が採譜され、月琴や明笛《みんてき》を使用して、日本の俗曲を演奏することも行なわれていた。

ところが、日清戦争開始と共に明清楽はぴたりと止まり、月琴は亡国《ぼうこく》（ほろびようとする国）の楽器と呼ばれるようになってしまう。日清戦争に際しての西洋楽器、ヴァイオリンの流行は、この月琴の後を継いだ面もあった。中国から西洋に乗り換えたわけである。

2. 第四回内国勧業博覧会

一八九五（明治二八）年三月三〇日、日清休戦条約が結ばれ、その二日後の四月一日、第四回内国勧業博覧会が京都岡崎公園で開幕した。この博覧会は平安遷都千百年紀念祭の一環として開催されたもので、第一回内国博以来、初めての東京外での開催となった。

今回、楽器部門で、進歩一等賞に選ばれたものはなく、進歩二等賞に選ばれた唯一のものが、静岡県の山葉寅楠のオルガンだった。一方、進歩三等賞に選ばれたのは、神奈川県の西川寅吉のオルガンと愛知県の鈴木政吉のヴァイオリンだった。楽器全体に関する審査報告はかなり充実している。西洋楽器については、前回に比べて一段と進歩し、特にオルガンがそうである、と賞賛している。鈴木ヴァイオリンについては、製作は比較的良いが、価格が安くない。もっと価格が安かったならば、一等賞にしても異論は出なかったであろうに、と述べられていることが注目される。[*5]

鈴木ヴァイオリンは当時、一番安いもので五円だった。小学校の先生の初任給の半額ぐらいだが、これを高いと評されたのである。政吉は悔しかったに違いない。彼はさらに大量生産による売価引き下げの方向に舵を切り、機械化を進め、こののち最低五円だった値を二円にまで引き下げることになる。

3. 第五回パリ万国博覧会

第四回内国博覧会が終わって年が明けた一八九六（明治二九）年一月、日本政府はフランスから一九〇〇年のパリ万博への参加要請を正式に受けた。日本は日清戦争に勝った勢いで、多額の予算を組んで、パリ万博に臨んだ。一三二万円の予算は、前回のシカゴ・コロンブス万博に比べて倍近くに膨らんでいた。当初日本の博覧会協会の事務局長であった金子堅太郎（一八五三―一九四二）は、この博覧会が、戦勝国日本の生産力の実力を示して、将来の貿易の発展に役立てるための良い機会になると考え、国民に万博への出品を奨励した。その結果、出品物総数、出品者総数共に多くなりすぎ、逆に、出品物の絞り込みが行なわれることになった。

こうして開かれた一九〇〇（明治三三）年の第五回パリ万博は、「一世紀の総決算」を総合テーマとした大規模な博覧会となり、入場者は延べ五一〇〇万人近くに達し、参加国は三七カ国を数えた。

楽器の出品

今回、楽器類に関しては、京都から楽器の弦、名古屋からは小林倫祥《ともよし》の雅楽の楽器と鈴木ヴァイオリンだけが出品され、小林倫祥に銅メダル、楽器弦出品協会と鈴木政吉に褒状が授与された。出品カタログには浜松から日本楽器製造のオルガンが出品物として掲載されているが、実際には出品された様子はない。シカゴ・コロンブス博覧会のときと同じように、オルガンは大きくて重いため輸送が困難であることから、博覧会協会が出品を許可しなかったのではないかと思われるが、その経緯を示す資料は残っていない。

一方、愛知県の万博出品関係の文書は残っているので、その間の経緯がわかる。それによれば、鈴木政吉、小林倫祥共に当初は多数の楽器を出品する予定であったが、出品協会からの再三の通達により、出品楽器も点数も大幅に絞り込まざるを得なかった。[*6]

最終的に、小林倫祥は雅楽の楽器三点（笙《しょう》、篳篥《ひちりき》、龍笛《りゅうてき》）、鈴木政吉はヴァイオリン六点を出品した。[*7]

しかし、今回の万博においても、鈴木政吉は、パリ万博愛知県出品同盟会幹事の役職に就いていたので、出品に関しては有利な立場にあったと思われる。[*8] というのも、事務局から「ヴァイオリンは最上等のものを一種一品ということで許可したのに、改正目録には七個ある。これを二個に訂正して、至急目録を提出せよ」という叱責に対して、チェロとヴィオラの出品はあきらめるので許可してほしいという「願」を愛知県出品同盟会会長から臨時博覧会事務局総裁に提出し、認められているからである。

博覧会での審査

今回のパリ万博での楽器部門の審査はどのようにして行なわれたのか、ここで、『国際審査団報告』の楽器部門の記述を見てみよう。[*9] それによれば、国際審査団はフランス国内外合わせて二三四出品者について延べ八〇回の審査を行なった。二三四出品者の内訳は、大オルガン五、ハルモニウム一五、ピアノ六二、管楽器四〇、オルグ・メカニック四、さまざまな楽器四五、附属品五一、発明家一二であった。

審査団は計二二名からなっていた。フランスのギュスターヴ・リヨン（ピアノとハープ製造のプレイエル・ヴォルフ・リヨン社社長）を委員長とする事務局四名（フランス三、オーストリア一）、本審査員としてフランスから六名、外国から五名（ドイツ、アメリカ、ハンガリー、ロシア、スイス）、副審査員としてフランスから四名、外国から二名（イタリアとポルトガル）、そしてメカニックの精度の専門家としてフランスから一名である。

審査は、審査項目AからEまでのカテゴリーについて、〇点から五点までの点数をつけ、その合計によって賞を決定した。すなわち、〇〜二点：なし、三〜五点：褒状、六〜一〇点：銅牌、一一〜一

第５回パリ万国博覧会（1900年）褒状

五点：銀牌、一六～二〇点：金牌、二一～二五点：グランプリであった。また、審査項目に関しては、A会社の歴史の長さと一般的な長所、[*10] B組み立てまたは製造全体の品質、C音質の進歩または完成度、D技術面での新しさ、探究、E博覧会での比較的または絶対的重要性であった。

愛知県から出品された楽器のうち、小林倫祥の雅楽器三点については、管楽器の中で審査が行なわれたものの、審査報告によれば、演奏できる者がいなかったために、音の審査はできず、外見、つまり工芸的完成度だけで判断したという。それにもかかわらず小林倫祥の楽器は銅メダルを得た。

一方、鈴木政吉のヴァイオリンについては、弦楽器のセクションで審査が行なわれたが、「モデルにするべきではないドイツの製品をモデルにして、ヴァイオリンを製作している」という辛口のコメントがつけられ、選外佳作の褒状を得たにとどまった。この万博では実に九九パーセントの出品者に何らかの褒賞が与えられていたことを考えれば、この評価は決して満足のいくものではなかった。

政吉関係の資料では、パリ万博では、政吉のヴァイオリンが欧州製品に鈴木製の商標を貼りつけた偽物だと疑われたというエピソードが伝えられている。そのため審査がやり直されて、多数決で日本製と認定されたが、一部の審査官が強く反対したため、正規の表彰が得られなかったといわれるが、真相は定かではない。[11] ちなみに、フランス側の公式報告書やその他の資料にはそのような記述は見当たらない。

ともあれ、政吉は、この一件を次のように、前向きに受け止めた。

……これがため、かえって予期の賞典に与るを得ざりしも、余〔自分〕は自家製品斯《か》くも欧米専門大家の疑を招くに至りたるは、その実質の外国製品に劣るなきを確実に証明せられたるものにて、むしろ最高の名誉金牌を受けたるよりもなお一層の名誉なるをもって、自己の技量に対する自信頓《とみ》に増加し、前途無限の希望を生ずるに至れり。[12]

政吉は、自分のヴァイオリンがそのような疑いを招くに至ったのは、その実質が外国製品に劣らないということが証明されたことであり、金メダルを受けるよりも名誉に思ったと、この件を前向きに捉えたのである。

ただし、政吉に、欧州製品と間違えられたというエピソードのほかに、審査の内容、つまり「モデルにするべきでないドイツの製品をモデルにしている」というコメントが伝えられたのかどうかはわからない。それに関して、政吉の感想は何も残されていない。

いずれにしても、政吉がドイツ製以外の楽器に目を向けるようになるのは、まだ先のことであった。

政吉（1903年）現存する最初期の写真

その後の博覧会

一九〇三（明治三六）年、第五回内国勧業博覧会にヴァイオリン、ヴィオラ、チェロを出品した鈴木政吉は、二等を受賞した。弦楽器では最高位であった。翌一九〇四年、米国のセントルイスで万国博覧会が開かれたが、博覧会の出品者名簿には、当然あってしかるべき鈴木政吉の名前が見当たらない。

従来、万博への出品希望者が多すぎて、絞り込みに苦労していた政府は、今回の出品方針で、楽器部門に出品できるのは、第五回内国勧業博覧会の一等のみと最初から決めてしまったのである。そのため、第五回内国勧業博で二等を受賞した鈴木政吉は出品の道を最初から閉ざされてしまった。

一方、山葉のオルガンは第五回内国勧業博で一等を受賞したため、出品が可能であった。こうして出品された山葉オルガンは、セントルイス万博の名誉大賞を受賞し、大きな話題になった。そのときに出品できなかった鈴木政吉の無念は容易に想像できる。

その後、一九〇九（明治四二）年に、アメリカ合衆国のシアトルで開かれたアラスカ・ユーコン万国博覧会で鈴木ヴァイオリンは金牌を受賞する。このシアトル万博でも、またもや鈴木ヴァイオリンは外国製品に鈴木の商標を貼った偽物だという風説が流れたらしい。織田事務官らは、その説明に苦心したと『名古屋新聞』は報じている。[*13]

4．日露戦争と洋楽器

一九〇四（明治三七）年二月八日、日露戦争が勃発し、翌一九〇五（明治三八）年九月五日締結されたポーツマス条約により日本とロシアは講和した。日清戦争に続き、今回も、ヴァイオリンの人気は戦争中に高まった。この時期、政吉が『名古屋商業会議所報告』に掲載した楽器販売の概況報告から、そのことが読みとれる。[*14]

それによれば、上半期、和楽器は日露開戦のため各家庭が遠慮してこれを使用しないし芸妓らの出稼ぎも少ないので休業同然の状態である。洋楽器の中でオルガンは学校経費の節減などで製造は半減しているが、ヴァイオリンは教育上需要が増しており、来年度は一般にも使用されるだろうということで見通しが明るいということだった。

下半期になると、和楽器の売れ行きはますます沈滞したものの、オルガンの需要はやや回復したと政吉は述べる。ヴァイオリンはほとんど一般に使用されるようになり、目下非常に忙しくなっているが、それでも需要を満たすことができないと威勢がよい。ヴァイオリンだけについて言えば、生産額は倍になり、価格はあまり変動がない。ヨーロッパの歴史を見ても明らかなように、日本でも戦争のたびに、教育的音楽が盛んになっている。ヴァイオリンのような楽器は「軍歌を奏し勇気を鼓舞するのに最も適当」であるからだろう。それに加えて、近頃の学生の間の「音楽上の思想および技術の進歩」もこれに伴っている。そして、「教育的楽器」が盛んになるにつれて、「娯楽的楽器」が衰退すると述べている。

ここで政吉が、ヴァイオリンは軍歌向けの楽器であると述べていることは注目される。ヴァイオリンは教育的楽器であり、和楽器は娯楽的楽器だという論理である。

さらに、翌年の楽器についての工業概況の報告で、政吉は、洋楽器は世の中の文化につれて教育用、家庭用として歓迎されているので、生産額は前年に比べて約三割増であり、オルガンに関しては満州（中国の東北地方の旧通称）への輸出が始まればなお盛況になるだろうと述べ、洋楽器の海外輸出に注目している。これに対して、和楽器はしだいに退歩して、生産額の減少は避けられないとしている。

このように政吉は、ヴァイオリンを教育用、家庭用の楽器として考えていた。芸術用という意識はまだもっていない。そして、日清、日露の戦争のたびに、ヴァイオリンの需要が伸びたことは、政吉の成功体験となった。さらに、次の成功体験が第一次世界大戦となる。

およそ三〇年後の一九三三（昭和八）年、七四歳になった政吉は、ヴァイオリンの需要は、一見何の関係もなさそうに思える戦争と密接な関係があると語っている。[*15] 政吉は思い返して、自分がヴァイオリン製造に着手して一〇年目が日清戦争当時で、このときから徐々に需要が増し、それから一〇年後の日露戦争時代に急激に発展し、それからまた一〇年後の世界大戦では一大飛躍をなしたと述べ、戦争による好景気が一般人の生活程度を向上させ、ヴァイオリンのような芸術品の需要も増えたと分析している。

日露戦争当時、政吉はまだヴァイオリンが芸術品であるという認識には到達していないが、やがて芸術品としてのヴァイオリンに気づくことになる。

第7章　一九一〇年の二大博覧会と政吉の外遊

日露戦争後、鈴木ヴァイオリンはさらに発展を遂げ、一九〇六（明治三九）年頃にはマンドリンの製作を、翌一九〇七（明治四〇）年にはギターの製作にも取りかかり、弦楽器の総合メーカーとしての道を歩み始めた。

一九一〇（明治四三）年は、政吉にとって意義深い年となった。国内では、地元名古屋で大々的に開かれた第一〇回関西府県連合共進会で、国外では日英博覧会で、それぞれ栄誉を受けたのである。

1．第一〇回関西府県連合共進会

名古屋と博覧会との関わりは歴史的に深く、明治から昭和初期にかけては特に頻繁に開催された。中でも、一九一〇年に愛知県が主催した第一〇回関西府県連合共進会は、名古屋市が発展するきっかけとなった。時あたかも名古屋開府三〇〇年に当たることから、名古屋市は鶴舞の敷地一万坪を無償で提供し、総経費七四万九〇〇〇余円をもって大規模な準備を進めた。名古屋市の最初の公園となった鶴舞公園はこの博覧会に合わせて整備されたのである。

愛知県がなぜ関西府県連合共進会に属するのかと不思議に思われるが、当時行政的には愛知県は

政吉（1910年）

「関西」圏に分類されていたのである。関西府県連合共進会は、一八八三（明治一六）年に大阪府が主催して一府一六県が参加して始まり、以後、三年—五年の間隔で、各県持ち回りで開催されてきた。一九〇七（明治四〇）年、三重県で開かれた第九回の連合共進会に参加したのは二府二〇県であり、来場者は約七八万人であったが、今回、名古屋で開かれた共進会では一挙に規模が膨らみ、参加は三府二八県、来場者は二六〇万人に達し、場内は人であふれかえった。会期は三月一六日から六月一三日までの九〇日間であった。

名古屋市は、記念館（待賓館）および開府三〇〇年記念としての噴水塔・演舞場・奏楽堂を建設した。今も公園に残る噴水塔や平成になって復元された奏楽堂は建築家鈴木禎二の設計によるものである。

建築はすべて斬新な亜麻色の洋館で、正面に大アーチをしつらえ、屋上には万国旗がひるがえっていた。正面本館の外に特許館、機械館、また別館として台湾館、林業別館、特設蚕糸館などがあり、機械類はすべて実地に運転させた。

エンターテイメント系のパビリオンも充実しており、イベントも多く、電飾イルミネーションが夜間営業を彩った。

出品された総点数は一三万点に上り、各関係府県から観客が続々とつめかけ、県下はもとより近県の学童は修学旅行を兼ねて会場を訪れた。

四月二二日、二三日の両日には皇太子（のちの大正天皇）の見学があったほか、皇族たちもしばしば来場した。

楽器・楽譜の部類で、鈴木政吉の出品物は、ヴィオラが一等賞、チェロとヴァイオリンが二等賞、コントラバスとマンドリンが三等賞に入賞した。ちなみに、一等賞は鈴木政吉のほかに、日本楽器製造のオルガンとアップライトピアノであった。鈴木政吉と山葉寅楠の日本楽器製造は、いまや博覧会の常連であった。

ベテランの上原六四郎による審査報告によれば、洋楽器は一八八七（明治二〇）年頃からようやく試製がされ始めたものであるにもかかわらず、近年長足の進歩をなしたと評価し、ヴァイオリンについては、以下のように鈴木政吉を賞賛している。

「ヴァイオリン」属を製造する者は数名ありといえども、名古屋の鈴木政吉の上に出る者は絶無なり。同人はまた明治二十年頃始めて本器を試製せし以来もっぱら斯業《しぎょう》〔この分野の事業〕に身を委ね、独立して工場を起こし、百有余名の職工を養成せり。この器たる外国においても多くは手工によるものなるに同人は数種の機械を発明し、汽力に依る機械力を応用して廉価に製造するが故に、今日にてはこれと拮抗する者皆無の有様なり。今回の出品中定価わずかに二円にして実用に適するもののごときは、まったく機械に依るの結果にして、音楽普及の良媒〔良い仲立ち〕たりといわざるを得ず。山葉寅楠と共に楽器製造人の好模範というべし。[*1]

審査官の上原六四郎は一八九〇（明治二三）年の第三回内国勧業博覧会で楽器の審査に当たった人物である。それだけに、この二〇年間で、ピアノ、オルガン、ヴァイオリンなどの洋楽器製造業が見せた急速な発展は上原に強い感銘を与えていたのである。

政吉の楽器は、会場で「皇太子殿下お買い上げ」となった。

もっとも政吉自身は関西府県連合共進会開催中、名古屋を留守にしていた。文部省から「欧州における音楽ならびに楽器生産取調の依嘱」を受け、折から開催されていた日英博覧会見学も兼ねて渡欧していたのである。

2. 日英博覧会参加

日英博覧会

日英博覧会は一九一〇（明治四三）年五月一四日から一〇月二九日までの約五カ月半、ロンドン西郊シェパーズ・ブッシュのホワイト・シティで開催された。*2

この博覧会は、ハンガリー出身のイムレ・キラルフィが企画したものであった。キラルフィは博覧会場ホワイト・シティを整備して一九〇八（明治四一）年英仏博覧会を開き、大成功を収めた。英仏博覧会と同じ敷地、同じ建物を使って、キラルフィが次に企画したのが、日英博覧会であった。

日本政府は一九一二（明治四五）年を期して東京で国際博覧会を開催する計画を練っていたが、財政面でめどが立たず、立ち消えになっていた。そこに、キラルフィの企画が持ち込まれたのである。日清・日露戦争を戦い、台湾を獲得し、韓国を事実上統治下に置いていた日本は、一九〇二（明治三五）年と一九〇五（明治三八）年の二次にわたって日英同盟を結んでいた。日本政府はこの博覧会が日本帝国の力を誇示する良い機会になると考え、一八〇万円もの予算をつぎ込んだ。

博覧会にはイギリス側から、総裁にコンノート公アーサー殿下、会長にノーフォク公、総務部長にイムレ・キラルフィが、日本側の名誉総裁には、伏見貞愛《さだなる》親王、会長に農商務大臣大浦兼武男爵、副会長に松平正道、総務部長に和田彦次郎が就いていた。

日英博覧会は、それまで日本が参加した万国博覧会などの国際博覧会とは異なり、日英二カ国の共催で、しかも、イギリス側の主催者は政府ではなく一興行師であった。したがって、実質的にはイギリスにおける日本博覧会であった。*3 数字の上では、日本はイギリスのおよそ二倍を出品し、そのほかに、大評判になった日本庭園を作り、柔術や相撲、祭りその他のイベントを企画した。また、日本古美術のコレクションの展示も非常に充実しており、国宝や国宝級の文化財を含む美術品がロンドンに送られた。

政吉は日英博覧会愛知出品同盟会常務委員を務めていた関係で、同じく常務委員の安藤重兵衛（一八七六―一九五三）ほか四人と共に渡英した。安藤重兵衛は、一八八〇（明治一三）年創業の七宝《しっぽう》焼の老舗の主人であった。

政吉は、一九一〇（明治四三）年三月敦賀港を出発し、四月一〇日にロンドンに着き、イギリス各地、フランス、イタリア、オーストリア、ドイツ、ベルギーを視察して、八月一日ロンドン発、シベリア鉄道を使い、同月一七日に敦賀に着き、一八日午後四時名古屋着の列車で帰名した。[*4]

楽器部門

今回、日本から楽器部門に出品したのは、東京の松本楽器、浜松の日本楽器、名古屋の岡野善吉、名古屋の鈴木政吉、大阪の高野幸助、植村小七で、和楽器と洋楽器が展示された。[*5]

一方、イギリス側は蓄音器類や、大手のピアノ販売業者による出品があり、軍楽隊用の金管や木管楽器類も出品された。自動ピアノやオルガンも出品された。[*6]

しかし、イギリス側では弦楽器は出品されていなかった。[*7] 弦楽器を出品していたのは日英両国通じて名古屋の鈴木政吉一人で、二八点、五六個の弦楽器を出品した。このことはイギリス側にも衝撃的であったらしく、弦楽器専門誌『ストラッド』は八月号で、ヴァイオリン属に関していえば、英国側では出品されておらず、「弦楽器を見るには日本側のセクションに行かなければならない」と記され、展示されている洋楽器がすべて日本で作られたものであることに驚嘆している。[*8]

審査の結果、日本楽器製造会社と鈴木政吉が名誉大賞を得た。[*9]

もっとも、審査は「部審査委員会」と「高等審査委員会」の二段階方式で、「高等審査委員会」は日英両国から各五名の審査員が出て組織されたが、「部審査員会」は国際的な審査員団によって審査される万国博とは異なり、「英国部の審査員は英国事務員を、日本部の審査員は日本事務員を以て構成」され、いずれか一方の国からだけ出品がある場合は、その国の審査員のみで審査した。日本から出品された楽器部門の審査に当たったのは永井建子であった。[*10] 永井は陸軍軍楽隊長として軍楽隊員三四名を率いて日英博覧会に参加していた。弦楽器はイギリスから出品されていなかったので、永井の評定が「部審査委員会」の評定となったわけである。

とはいえ、最終的に賞を受けるにはイギリス側の審査員も含めた高等審査会の審査も必要だったわけで、鈴木ヴァイオリンが洋楽器の分野でオルガンとピアノを出品した日本楽器と共に名誉大賞を受けたことは画期的なことであった。

日英博覧会名誉大賞表彰状（1910年）

政吉は博覧会会場で幸田延と再会した。幸田延は当時、東京音楽学校のピアノ科教授として活躍していたが、一九〇九（明治四二）年九月、文部省から休職を命じられ、翌年にかけて八カ月間、ベルリン、ウィーン、パリ、ロンドンに滞在した。留学経験のある延は東京音楽学校では別格の存在で、ずば抜けた行動力をもち、歯に衣《きぬ》を着せないものの言い方をする女性だった。「技術監」という職に就いた延に演奏技術の稚拙さを指摘された男性教員や生徒たちは、男尊女卑の激しかった当時、延に敵意を抱くようになった。そして湯原元一校長や島崎赤太郎らの画策によって、延は滞欧中に音楽学校を追われてしまう。帰国後、彼女が東京音楽学校の教壇に立つことは二度となかった。[*11]

日本からの手紙で自分の立場を知った延は、ショックを受けつつも、懸命に音楽の研鑽《さん》に努め、各地を訪れた。ロンドンには七月一〇日に到着している。同地で日英博覧会に足を運び、鈴木政吉や永井建子と会っている。延のドイツ語日記によれば、七月一五日、日英博覧会の授賞式があり、「ヴァイオリン属」で名誉大賞を得た鈴木政吉と、「琴、三味線類」で銀賞を得た大阪の植村小七の二人は延と昼食を共にした後、会場に向かったという。[*12]

フランスでの政吉

今回の政吉の欧州視察については、残念ながら資料がほとんど残されていない。政吉にとっては、この視察が最初で最後の海外渡航になったのだが、政吉自身の手記や手紙はもちろん、文部省に提出したはずの報告書も残っていない。わずかに娘婿北村五十彦《いそひこ》（一八八一―一九四六）の手記に、このときの視察の結果として、昔ヴァイオリンの銘器を作りだしたイタリアは衰退して、見るべきものがないこと、ドイツ・オーストリアなどにおける製作方法においてはなお参考とするに足るものもあるが、品質においては特に優秀な製品は見なかったこと、楽器製造工場と機械は共に見るべきものがなかったことが記されている。[*13]

また、鎮一によれば、このとき政吉はイタリアのクレモナを訪れており、同地を訪れた最初の日本人として随分歓迎を受けたという。[*14] しかし、当時のクレモナはまったく衰えていた。

視察の結果、政吉は自家製品を海外に輸出する意志をますます固め、ロンドンの楽器取扱業者と折衝の結果、英国内特約販売店としてマードック商会と売買契約を交わし、その後の輸出のきっかけを作った。

政吉は海外視察で何も得るものはなかったのだろうか。鎮一によれば、最大の収穫はニスの改良であったという。[*15]

その後、一九二三（大正一二）年になって、『新愛知』新聞に掲載された記事に、渡欧当時、政吉の視察を山田耕筰《こうさく》が助けたというエピソードがある。[*16]それによれば、政吉はフランスで世界的に有名なヴァイオリン工場を視察したいと願ったが、外来者絶対お断りであった。山田耕筰は、当時すでに外国の音楽界で有名だったので、政吉を「伯父さん」と称して、ヴァイオリン工場の参観を申し込み、許可された。

当時、鈴木ヴァイオリンでは、ヴァイオリンの弓の馬の毛の晒《さら》し具合がうまくいかず、頭を悩ましていたところだった。政吉は、フランスのヴァイオリン工場の内部を参観しながら、毛の晒《さら》し場まで来たところで、思わず手を叩きそうになったのを、ぐっとこらえたという。晒す方法がわかったのである。

産業スパイと言えなくもない行為だが、政吉は日本に帰ってから、早速その方法を応用して成功したという。同じ年、一九一〇（明治四三）年二月、山田耕筰は三菱の岩崎小弥太の援助を受けて、ベルリン高等音楽学校で勉強するために東京を発っている。だとすれば、山田耕筰はベルリンに赴く前に、フランスで政吉のガイド役を務めたのだろうか。その後も山田耕筰と鈴木政吉は親交が続いた。

3．当時のヨーロッパのヴァイオリン製作の状況

政吉が視察したときの、ヨーロッパのヴァイオリン製作の状況は、どんなものだったのだろうか。

産業革命以降、ドイツ、フランス、ボヘミアなどでヴァイオリンの量産化が進められ、廉価な楽器

が普及するようになった。*17

まず、ドイツのミッテンヴァルトは木材資源の豊かな地域で、ヤコブ・シュタイナーに師事したヴァイオリン製作者マチアス・クロッツ（一六五三―一七四三）が中心となり、ヴァイオリン製作販売を発展させ、この地の主要産業に育てた。ネック、胴体、糸巻き、駒、板などの部品は、各家庭で別々に製造され、その部品は技術者の工房に集められて組み立てられた。このような家内工業を背景とする分業が、量産システムを構築していた。

ミッテンヴァルトのヴァイオリン産業は第一次世界大戦前後に最盛期を迎えるが、のちにチェコのグラスリッツやシェーンバッハ（現在のルビー）の製品に押され、衰退していった。ドイツのもう一つの拠点は旧東ドイツのマルクノイキルヒェンとクリンゲンタールで、古くから大衆向けの楽器の産地として知られていた。

一方、フランスではミルクールで一九世紀終わりから一九三〇年代にかけてヴァイオリンの量産が積極的に行なわれ、各工場で製造されたヴァイオリンは主に植民地に輸出された。

では、アマティ、ストラディヴァリ、グァルネリなど一六―一七世紀に名製作者を生み出した北イタリアのクレモナはどうだったかといえば、まったく衰退していた。クレモナにはヴァイオリン製作学校が一九三八（昭和一三）年に設立されることになるが、その学校がきちんと機能するようになったのは一九七〇年代になってからである。したがって、政吉が訪れたときには、クレモナのヴァイオリン作りの伝統は途絶えていた。

その後、第一次世界大戦後に鈴木鎮一がベルリン留学中にマルクノイキルヒェンとシェーンバッハを訪れたとき、最大の工場でも七、八〇人の規模であり、フランスのミルクールやイタリアでもそれとがわかる。

以上の大きな工場はなかった。[18]

鈴木政吉の工場が大正時代の最盛期に雇用していた一〇〇〇人あまりという数が並はずれていたこ

4. 輸出をめざして

明治三〇年代にヴァイオリンの国内市場のおよそ八割のシェアを握った鈴木政吉は、海外への進出を模索するようになった。その先達となったのは、山葉寅楠である。第五回パリ万博に政吉が楽器を出品する際に添付した書類の開業沿革（明治三二年）の項には「追々販路相拡まり産額も増目今にては製出の過半は輸出するの運に向えり」とある。[19] いささか大言壮語の感があるが、政吉の輸出意欲が非常に高かったことがわかる。

実際に、一九〇六（明治三九）年一二月一五日に奉天（現在の瀋陽）で始まった「奉天商品展覧会」では、東京、大阪、京都、横浜、神戸、名古屋　各商業会議所主催で、商品展示が行なわれたが、政吉は、「西洋楽器　一五点」を出品している。[20]

果たして、一九〇九（明治四二）年一一月の『音楽界』には、上海駐在米国代理総領事による報告、倫敦《ロンドン》商業会議所月報所載として、「清国の輸入楽器」についての記事が掲載されている。それによれば、「弦楽器、自動楽器、ラッパ類、これら楽器の需要はいまだ多からず、しかもその需要はほとんど外人に限らる、ヴァイオリンは元独逸《ドイツ》によりて供給されしも目下輸入価格の三分の一は日本の供給するところとなれり、而して《しこう》〔そして〕実際において日本は学校用楽器供給の実権を握れり」とある。

つまり、一九〇九年一一月の時点で、ヴァイオリンは「輸入価格の三分の一が日本の輸出」となっており、さらに、日本が「学校用楽器の供給」を引き受けていたのである。明治二〇年代にようやく大規模な製造が始まったヴァイオリンが、二〇年後には中国に輸出され、特に、学校用楽器として、ドイツからシェアを奪っていたことがわかる。

これを裏付けるのが、一九一〇（明治四三）年の日英博覧会の際に提出された愛知出品同盟会の資料で、それによれば、「楽器」の輸出販売額は数量千個、価格一万円、輸出先は上海、豪州、清国、印度《インド》となっている。[*21] この輸出された「楽器」は鈴木ヴァイオリンの製造した洋楽器と見てよいだろう。したがって、明治四三年の時点で輸出が始まっていたわけである。

第8章　大量生産への道

1．技術革新と工場の拡張

創業からおよそ一〇年たち、明治三〇年代に入ると、洋楽の普及が進み、ヴァイオリンの需要も増し、鈴木ヴァイオリンで雇用する職工の数も徐々に増えた。政吉は、この楽器はすべて手先の「工業」のようである、そうであれば、欧米人よりはむしろ日本人の仕事としてはるかにすぐれるところがあり、将来外国品との競争でもこちらに強みがあると考えてヴァイオリン製作を行なっていたが、一八九九（明治三二）年から翌年にかけて、比較的安い輸入品が出回り、さらに、名古屋の職工賃金が値上がり気配であることから、従来の手工のみでは勝ち目がない、機械を導入しなければ、輸入品には対抗できないと考えるに至った。

そこで、ヴァイオリン製造のための機械を注文しようと、横浜や神戸などの商館に問い合わせたが、返ってくる返事は、そのようなものはない、あったとしても、外国の製造家が自分で考えてひそかに使用するだけで、世の中に公表するものではないと冷ややかなもの。さまざまな機械のカタログを探したが、一向にらちがあかない。仕方なく、自力で開発することにし、半年後、ついにヴァイオリン

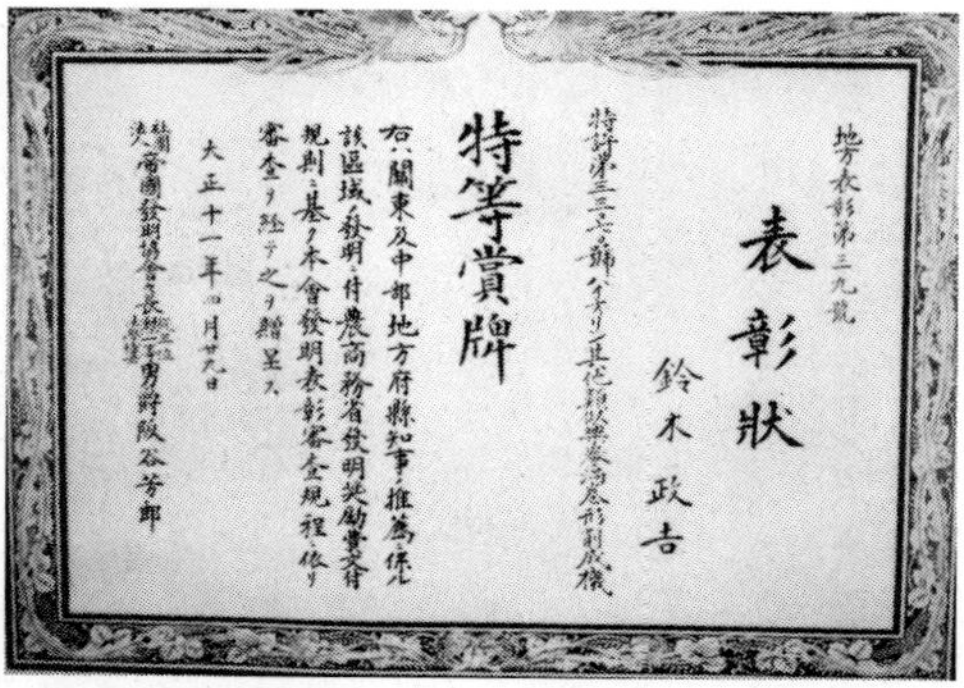

帝国発明協会特等賞牌賞状（1922年）

頭部の渦巻き（スクロール）の部分を作る機械を発明した。[*1]

これを実地に応用してみると、一人の職工で優に熟練職工三十人ないし四十人の仕事ができる。しかも、その形が一定してすこぶる見事である。と、こう私自身の口から言うと、いかにも手前味噌のようであるが、それは実際であるから止むを得ぬ。[*2]

この威勢のいい語り口は一九〇九（明治四二）年の政吉の文章から採ったものだが、この『「バイオリン」其他類似楽器ノ渦巻形削成機（三三〇七〇号大正七年出願）」で、政吉は一九二二（大正一一）年に帝国発明協会から特等賞牌を得ることになる。さらに、政吉は一年余り後には「ヴァイオリン製作中、最も多くの手数と時間とを要する」表板と裏板の鉋《かんな》削りの機械を作ることにも成功する。こちらは『「ヴァヰオリン」甲板刳削機（三五三八一号大正六年出願）」で、のちに帝国発明協会から有功賞を得た。

それ以来、政吉は、大小十種の特殊機械を発明し、一九〇九年には「まず四分が手で、六分が機械というありさまである」と述べている。[*3]

こうした機械化を背景に、政吉は一九〇一（明治三四）年、東新道町の小さい機織り工場を買い入れ、改築して新工場を設けた。[*4] 一九〇三（明治三六）年には隣地の松山町に工場を拡張し、そこが終戦まで本社工場となった。[5] こうして、鈴木ヴァイオリンは技術革新と機械化を行ない、近代式工場へと発展を遂げた。

一九〇九年の記事の中で、政吉は、機械でヴァイオリンがすべて作れるわけではもちろんなく、肝心なところは手作業によらなければならず、だからこそ、手先の器用な日本人に最も適していると力説する。しかも、日本は比較的職工賃が安い。

鈴木ヴァイオリン工場内部（撮影年不詳だが、現存する最も初期のもの）

鈴木ヴァイオリン工場（撮影年不詳だが、現存する最も初期のもの）

鈴木ヴァイオリンの職工数・就業日数・動力・製造額・製造個数
（明治30年代後半）

年度		職工数	就業日数	機関	動力	製造額・価格	製造額・個数	備考
明治35	1902	男25	300	２馬力１台		13,950	1,500	
明治36	1903	男43　女２	300	５馬力１台		19,500	4150*	松山1910によれば、1,419個
明治37	1904	男44　女４	300	５馬力１台	石油発動機	26,700	2,530	松山1910によれば、2,113個
明治38	1905	男44　女４	300	３馬力１台	電動力	39,885	3,213	
明治39	1906	男78　女７	315	６馬力２台	電気力	69,620	5,808	

出典：「市内工場表」（『名古屋商業会議所報告』）
なお、明治36年の製造額・個数の数字はおそらく1,450個の誤りであろう。

そして、アメリカではほかの楽器はできるが、ヴァイオリンだけはできない。それは材料が乏しいことと、職工賃が高いからで、作っても外国品と同じ値段になっては引き合わない、それで、一切作らないのである、と分析している。政吉はアメリカ進出を念頭に置いていた。

『名古屋商業会議所報告』に記載されている「市内工場表」から、当時、鈴木ヴァイオリンの機械化がどのように進んだかが見て取れる（上表）。残念なことに、鈴木ヴァイオリンの数値が掲載されているのは、日露戦争をはさんで、一九〇二（明治三五）年から一九〇六（明治三九）年までしかないが、その間、動力が石油から電気に代わり、製造額も着実に増えている。

2. 明治末年の鈴木ヴァイオリン工場

一九一〇（明治四三）年四月末から五月初めにかけて、愛知、静岡二県の唱歌指導の視察にでかけた「楽堂」なる人物が『音楽界』に掲載した旅行記に、鈴木ヴァイオリン工場を訪問した話が書かれている。[*6]

著者はそこで支配人に案内される。

材木を切り割る所から、胴板を作る室―胴板を削る室―柱竿〔ネック〕を作る室―螺旋を作る所―f形の穴〔f字孔〕をあける所―胴板を外廓に膠着する所―外輪線を埋木〔パフリング〕する部―弓を作る部―磨きをかける部―着色する室―乾燥室等、順次に説明されつつ拝見した。これらの各室―各場所においては、その各部分のみの仕上げまでに、さらに幾回の手を経ねばならぬ。それ故に、いよいよ完成品として売り出すまでには、実に数十回の機械にかかり、数十人の手を経ねばならぬのだ（……）これら製作物の建築物は、その一切を見なかったけれど、実に千坪以上もあったろう！　而《しこう》して〔そして〕、先年改築されたのであると聞いたが、各室―各棟とも、さしも順序よく配置されて、最も堅牢に―最も宏壮な製造場である。

この記述から、さまざまな工程に分けて、流れ作業式に楽器を作っていく大量生産の工場方式がすでに稼働していたことがわかる。楽堂はさらにその後、次のように賞賛する。

今や我国のヴァイオリンと申せば、殆《ほと》んどこの鈴木製のみである。しかも、舶来品を凌駕《りょうが》する良品を作り出している。その結果として我国に西洋音楽を普及した人の中には、どうしてもこの鈴木君を挙げねばならぬ。目下鈴木君は、日英博覧会に行っておられるが、帰朝の上は、さらに我ヴァイオリン製作に、一新面目を施さるるであろう。余〔自分〕はこの製作会社を観て、斯道《しどう》〔この分野〕の為《た》めに実に心強い感に打たれた。国家のために大いに慶賀すべきことであると思った。

工場内禁酒禁煙

一方、翌一九一一（明治四四）年には『日本実業』の記者である須田紫電生が「中京の名物　鈴木ヴァイオリン工場」を訪れている。その記事によれば、欧米の工場の最近の例にならって、鈴木ヴァイオリン工場でも数年来、この禁酒禁煙主義の実行に努めた結果、目下、職工二〇〇人余り、ならびに役員職工長らは、全員、「禁酒禁煙の人」となり、したがって精神体力共に健全で、忠実に作業するありさまは他の工場に比べて異彩を放ち、参観者を感嘆させているとある。[*7]

工場の従業員が工場内で酒を飲んだりタバコを吸ったりすることは現在の感覚では考えられないが、当時はそれが普通だったことに驚かされる。鈴木ヴァイオリンは先進的な工場だったのである。

こうして、製造を開始してからおよそ二〇年で、鈴木ヴァイオリンは国産弦楽器のトップメーカーとなった。政吉は薄利多売をめざし、ヴァイオリンを簡便な西洋楽器、庶民の手に届く西洋楽器として大量生産を行なった。山葉の場合、アメリカの楽器産業がモデルになったが、政吉にはそうしたモデルは存在していなかった。そのため、ヴァイオリンを大量生産するための方策を一人で考案し、多くの機械を自分で発明し、特許をとり、工場では動力を早い時期から導入した。

鈴木ヴァイオリンの職人　杉藤鍵次郎

政吉のヴァイオリン作りを支えたのは、大勢の職人だった。一八九九（明治三二）年に鈴木ヴァイオリンに入り弓作りに携わったのが、杉藤《すぎとう》鍵次郎（一八六二―一九二〇）である。[*8]その頃の世間は極めて不景気で、下駄職人、指物師などの、刃物が使える職人を容易に集めることができたという。おかげで、弓作りという特殊な職種にとっては、人集めに苦労することがなかった。

杉藤鍵次郎はきわめてすぐれた技術をもっていたので、弓部門の長として鈴木ヴァイオリンの弓の生産のすべてを任されていた。

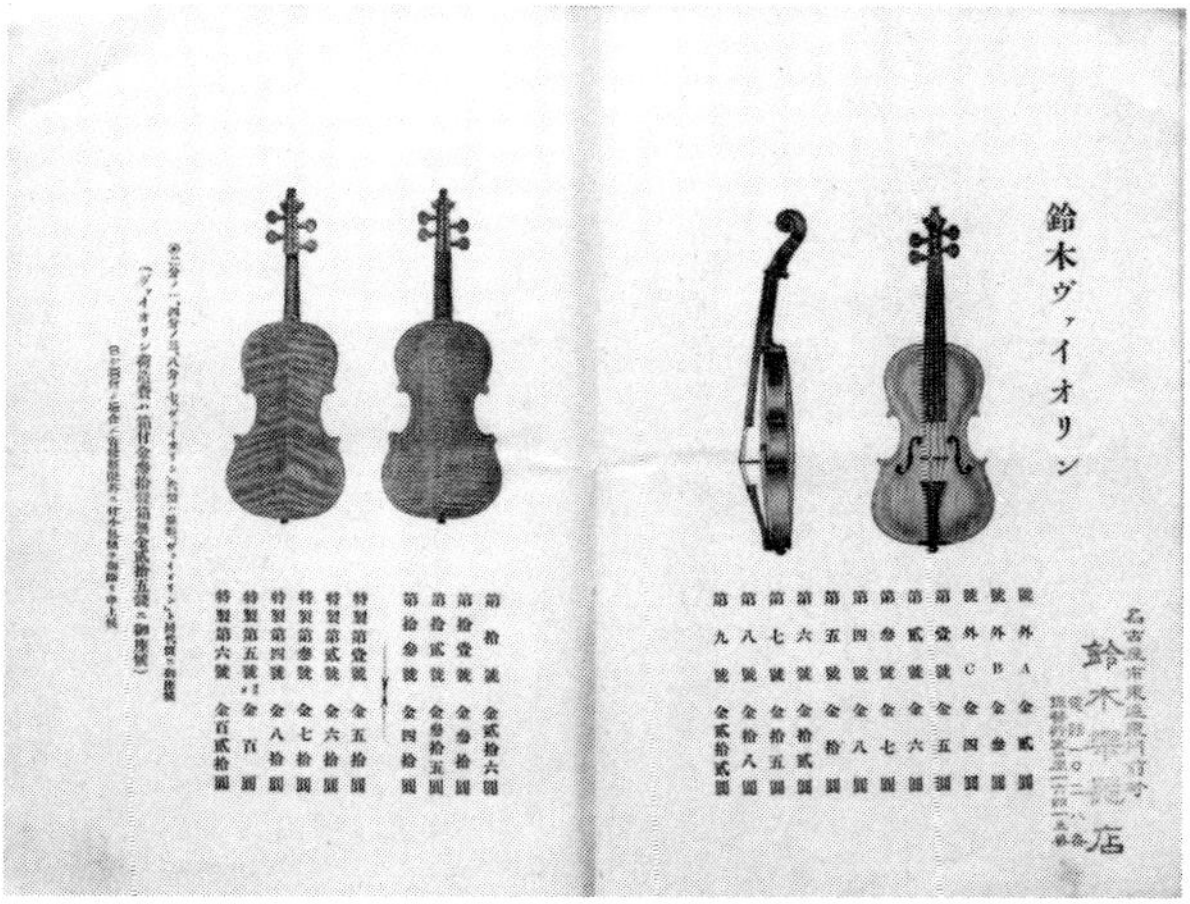

鈴木ヴァイオリン価格表（1907—13年のもの）

当時は弓を作るのに、理論も設計図もなくまったくの手探りで、その方法は輸入された弓をまねて、見よう見まねで作りあげたという。政吉が最初にヴァイオリンを作ったときと同じように、試行錯誤の連続でなんとか形をつけたのだろう。

明治後期、鈴木ヴァイオリンは順調に業績を伸ばしていた。明治末年、一九一二年の鈴木ヴァイオリンの生産高が年間七三〇四本という記録があるが、これに見合う弓の数はその倍の数として一五〇〇〇本ほども作っていたのではないかと杉藤家の三代目杉藤武司（一九二三—一九九四）は述べている。この好調の波に乗って、初代杉藤鍵次郎は弓部門の長として一等給金をもらっていた。当時の金で五〇円だった。

当然、これだけの数の弓を作るために職人も数多く雇われていた。一九〇五年、一七歳で鍵次郎の下に入ってきたのが、杉藤家の二代目文五郎（一八八八―一九七〇）である。文五郎は岐阜県安八《あんぱち》部の農家の次男坊で、自活するために知人の紹介で鈴木ヴァイオリンに入った。

文五郎は誠実で謙虚な人柄だったので、三年後、子供のいなかった鍵次郎に請われて杉藤家に養子になった。こうして師弟は親子の関係になったわけだが、鍵次郎は「頑固を絵に画いたような職人気質《かたぎ》丸出しの人物」で、自分が弓部門の最高責任者であったにもかかわらず、弟子たちに絶対に仕事を教えなかった。親方が仕事をしている前に弟子が立つと「目障りだ！」と追い払い、弟子はやむを得ず、うしろからのぞきこんで技術を盗み取ったという。

合理化・機械化された政吉のヴァイオリン工場の中で、何とも昔風の徒弟制度で弓が作られていたわけである。工場は細かい工程に分けられ、流れ作業式に楽器が作られていたが、おそらくほかの製作部門でも、同じような徒弟制度であったと思われる。

ちなみに、杉藤家の二代目文五郎は、その後、鈴木ヴァイオリンが経営危機に陥ったときに、独立を余儀なくされ、苦労することになる。現在まで続く、弓作りの専門メーカー、杉藤楽弓社の誕生であった。

ヴァイオリン弦の開発

政吉がヴァイオリン製造を始めたとき、弦の製作を頼んだ先が、三味線の糸を作っていた鈴木音二郎である。[*9] 鈴木音二郎は政吉より一歳年下の一八六〇（万延元）年生まれで、一九三四（昭和九）年に亡くなった。生家は備州（現在の岡山県および広島県の東部）の藩士であったが、三味線のツルヤの遠縁に当たっていたことから、武士廃業ののち、三味線の糸作りを本業にするようになった。音二郎は三味線糸を作るのでも、そこに武士道の精神を込めたという。ツルヤの三味線の木部を削る下請けをやっていた政吉は、その縁で音二郎と知り合ったらしい。同じ鈴木姓だが、血縁関係はなかった。しかし、どちらも士族（旧武士身分）であり、気持ちが通じるところがあったのだろう。

音二郎は政吉に依頼され、ヴァイオリン弦の開発に成功した。東京音楽学校で学んでいた鈴木米次郎が述べているように、政吉のヴァイオリンの品質の向上と共に、ヴァイオリンの弦の質も向上したのである。当時の楽弦は三味線の糸にヒントを得て製作されたシルク弦であった。

鈴木音二郎は、その後、ヴァイオリンのほかにマンドリンやギターの弦なども作るようになったが、三味線の弦の製造も一九二一（大正一〇）年頃まで続けていた。さらに、音二郎は息子の実蔵と共に国産スチール弦の開発に成功し、鈴木製絃所は名古屋市の楽弦製造業界の老舗となった。（第一次世界大戦中のヴァイオリン弦の開発については、第2部で述べる）。

3. 新楽器開発

政吉は、ヴァイオリンをはじめとする洋楽の弦楽器を各種製造していたが、明治末期から和楽器の洋風化と洋楽器の和風化を試み、新楽器の開発を続々に行なった。

まず彼が発明したのが鈴琴《すずこと》である。これは三味線の長所を取り入れて、ギターを、日本音楽を奏するのに適するように改作したものである。テーブルにも乗る小型の胴に鉄線を張り、琴を真似したものが玉琴《たまごと》であった。

政吉の新楽器開発については「ささやかな間奏曲」、「道楽」あるいは「遊び」と位置づける見方もある。[*10] 現在から見れば、確かにこれらの楽器は和洋混交の何とも形容しがたい奇妙な楽器である。けれども、政吉の置かれていた状況を考えるならば、これらを単なる政吉の「道楽」として片付けてしまうわけにはいかない。旧来の楽器ではなく、新しい楽器を自分たちの表現手段として求める、時代の要請があった。したがって、時代の文脈の中で捉える必要がある。まず、「鈴琴」から見てみよう。

鈴琴

鈴琴は「琴」という字を使っているが、琴（箏）ではなく三味線に近く、「新時代の三味線」と広告されている。

一九一一（明治四四）年八月一八日の名古屋新聞朝刊の広告欄には、楽器を演奏する和服の女性の写真と共に、広告文が載せられている。そこには「鈴琴は調子も弾き方も三味線と同一にして、長唄琴唄清元等日本の音楽は何によらず容易に弾奏し得る高尚優雅にして取り扱いしごく軽便なる今後の一般家庭には欠くべからざる新発明の楽器であります」と説明され、一号品一二円、二号品一五円という値段が書かれている。

この広告が掲載された日の夜、政吉は「鈴琴」の披露会を名古屋の高級料亭「河文《かわぶん》」で開いた。招待客のなかには、三橋名古屋市長や実業家・政治家の鈴木摠兵衛《そうべえ》（一八五六—一九二五）、実業家の伊藤守松（一八七八—一九四〇、のちの一五代伊藤次郎左衛門祐民、松坂屋創業者）らがいた。演奏に先立って、政吉は次のように説明した。

自分は今より二十年前《ぜん》からヴァイオリンの製造に従事しておる。その前に十年間三味線の製造をやった。ところがこの三味線というのが、鄭声《ていせい》〔野卑な音楽〕の部に入る音律で、はなはだ家庭向きじゃない。どうかしてこれを改良しようと苦心をしているうち、昨年欧米漫遊中欧羅巴《ヨーロッパ》でギッターン〔ギター〕なる楽器を実見した。カタログではしばしば見たが、実物を見たは初めて、日本にも音楽家は多いがこれを弾くような人は一人もいやしない。このギッターンを改良すりゃ、たちどころに三味線の欠点を補えるに違いないと考えて、帰朝以来さまざまに苦心した結果、この鈴琴を製作するに至った。

　三味線のできる人ならただちに弾奏ができる、音律もすこぶる正しい。どうかこれを家庭に入れて、音楽趣味の普及を図りたい。そういう趣旨から価格も当分は実費だけくらいにした。これから実際の弾奏をお目にかけます。弾奏の美人共はようやく一週間ほど前から楽器を手にしただけであるから、不馴れである点はご容赦に預かりたい。[*11]

　このように政吉が前口上を述べた後で登場したのは、鈴琴を抱えた一五、六人の芸者たちである。彼女たちは整列すると、右手に座った杵屋喜多六《きねやきたろく》の指揮で、長唄《松の緑》を奏で始めた。続いて、歌沢《うたざわ》《夏木立《なつこだち》》、住吉の二曲、手踊り《梅の春》、長唄《越後獅子》が演奏され、さらに鈴琴と三味線の合奏で《四季山》が演奏された。

　ひと通り三味線でやれるところを披露するという趣旨であったとはいえ、この日本音楽のみの曲目といい、新楽器のお披露目を料亭で芸妓連を使って行なう、ということといい、現代の私たちにとっては違和感を覚える。しかし、当時の人々は現代の私たちと比べて、洋楽に関する知識は少なく、反面、はるかに豊かな日本伝統音楽の素養をもっていた。

名古屋新聞の記者によれば、鈴琴の音は総じてやわらかで、幅が広い。特に、太い銀線に義甲（ピック）が当たった瞬間に響く余韻はヴァイオリンやマンドリンの比ではなかったという。

鈴琴は、ギターの六本の弦を四本にした形で、スチール弦が張ってあった。薩摩琵琶のように立てて構えて演奏し、三味線のバチの代わりに鼈甲《べっこう》のピックを用いた。

この四本の弦の調弦については資料がないが、鈴琴の後で発売した「マンドレーラ」なる楽器も同じ原理で出来ており、こちらの方には詳しい説明書が残っているので、そこから調弦や弾奏法の詳細がわかる。これに関しては、第3部第2章の「マンドレーラ」のところで述べる。

政吉は鈴琴が完成すると、早速東京音楽学校に持参し、「試験」をしてもらっている。訪ねた先はのちに童謡作曲家として有名になる本居長世《もとおりながよ》（一八八五―一九四五）である。[*12] 東京音楽学校で本居は、折から居合わせた邦楽研究会の杵屋《きねや》五三郎（一八八九―一九三九）と鈴琴を用いて長唄の合奏を試み、「その優美なる音色を非常に賞美した」という。[*13]

政吉が新楽器「鈴琴」を開発した理由は、披露の席での前口上に明確に述べられている。すなわち、「三味線は鄭声《ていせい》の部に入る音律」なので、「家庭向き」の新三味線を作ろうとしたということである。ここでいう「音律」とは音階の調律法という意味で使っているわけではなく、広い意味での音楽を意味していると思われる。

三味線の「みだらな」歌詞も問題であったが、政吉は何より、三味線の音を問題視し、ギターの要素を取り入れて、スチール弦にすることにより、その音色を家庭向きにしようとしたのである。

さらに、一九一一（明治四四）年九月一九日付の『名古屋新聞』には、古渡町三栄座の浪花節の公演で木村正風が三味線の代わりに鈴琴を使うことが報じられている。政吉は鈴琴が日本音楽のさまざまなシーンで役立つことをアピールしようとしたことがわかる。

しかし、鈴琴が普及することはなかった。

第2部　大正編

第1章　大正初期

大正時代の名古屋では、鈴木政吉の名は、豊田自動織機の豊田佐吉、合板の技術を開発した浅野吉次郎と並び、「三吉」といわれる発明王として鳴り響くようになった。

1. 諒闇《りょうあん》不況

政吉がヴァイオリンの製造を開始してからおよそ四半世紀後の明治末年、鈴木ヴァイオリンは国産弦楽器のトップメーカーとなっていた。明治末期、鈴木政吉の工場では順調にヴァイオリンが生産されていたが、一九一二（明治四五）年七月三〇日、明治天皇崩御により、諒闇《りょうあん》となり、一年間すべての音曲停止の命が下る。諒闇とは、天皇・太皇太后・皇太后の死に当たり喪に服する期間である。諒闇の初期には、学校の音楽の授業さえ禁じられたという。持っている楽器ですら弾いてはいけないというのだから深刻である。年が明けて元旦を迎えても、名古屋市中は門松もなく、年始回りも遠慮して、例年にない寂しさであった。日の丸がひるがえる風景もなかった。[*1]

ヴァイオリンと付属品の生産額は大きく落ち込んだ。政吉は撚糸《ねんし》（糸に撚《よ》りをかけること）の枠などの織機部品や電灯のモール（電線の木製の被覆板）などを作って、ようやく糊口《ここう》をしのいだ。

長男梅雄を呼び戻す

政吉は諒闇不況を乗り切るため、長男の梅雄を東京から名古屋に呼び戻した。梅雄は一九一一（明治四四）年、「日本楽器」東京支店に派遣され、[*2]ヴァイオリンの修理に当たっていた。日本楽器は前年に白井の共益商社を買収していた。当時、東京にはヴァイオリンを修理する者がいなかった。そこで、東京から誰か修理のできる者を寄こしてほしいと依頼があり、政吉は梅雄を派遣したのである。「ついでに上野へ入学して勉強してこい」ということで、梅雄は東京音楽学校の専科に同年四月から籍を置くことになった。

梅雄は高等小学校を卒業すると工場に入った。すぐにヴァイオリンを作ったわけではなく、焚《た》き物集めやランプ掃除から叩きこまれたが、特定技術に専念する一般職工とは異なり、木工、組み立て、塗装にわたるヴァイオリン製作の全工程を父政吉から仕込まれていた。東京音楽学校専科では、頼母木こまからヴァイオリンを習った。専科は簡易な技能教育を目的としていた。レッスンは週二回で午後の昼間だけだったが、上達はめざましく、やがて頼母木からカルテットの一員にならないかという誘いを受けた。ヴィオラは同門の音声学者颯田琴次《さったことじ》（一八八六—一九七五）、チェロが作曲の信時潔《のぶときぎよし》（一八八七—一九六五）という豪華メンバーであった。信時は戦時歌謡《海ゆかば》の作曲者として知られ、東京音楽学校の作曲の教授になった人物である。

しかし、諒闇不況によって梅雄の東京生活は終わりを告げる。父に呼び戻された梅雄は一九一三（大正二）年九月、東京音楽学校専科を中退して名古屋に戻り、以後、父の右腕として働くようになった。

2. 海外進出の試み——大正初年の英文カタログ

一九一二（大正元）年、鈴木ヴァイオリンは現存する最初期の英文カタログを出している。中表紙にはS字を三つ組み合わせた商標が使われている。最初に来るのは受賞メダル類、シカゴのコロンブス万博（一八九三）の賞状、シアトルで開催されたアラスカ・ユーコン万博（一九〇九）の賞状、ロンドンの日英博（一九一〇）の大賞の賞状とメダル、そしてパリ万博（一九〇〇）のディプロマが続く。その後に、鈴木政吉の挨拶文が写真と共に掲載されている。

そのなかで政吉は、和楽器職人であった自分の経歴を述べた後、「二五年間のたゆみない研究と思考の適用、そしてヨーロッパとアメリカのさまざまな工場を訪れたことによって加わった仕上げの一筆によって、私はついに西洋人が作る最良のものに匹敵するすぐれた楽器を作ることに成功しました」（拙訳による）と誇らしげに記している。政吉は実際にはアメリカは訪れていないのだが、このカタログはヨーロッパとアメリカを対象にしていたこともあり、アメリカにも行ったことにしたのであろう。このあたり、なかなか商魂たくましい。

次いで政吉は、当初は国内市場だけに商品を供給できさえすればよいと思っていたが、今や東洋の市場にも多くを輸出するようになったこと、こうした成功に勇気づけられて、アメリカとヨーロッパの市場に今回、自分の楽器を紹介すると述べ、品質と職人の熟練度については、むしろ自分の楽器に対する他人の意見を参考にしてほしいと、日英博覧会の際の『ロンドン・タイムズ』の日本特集の記事の抜粋と、ディットリヒ、ユンケル、ドゥブラヴィッチ、幸田延、安藤幸、クローンらの推薦状を掲載している。いずれも東京音楽学校や宮内省で教鞭を取っていた教師たちであった。

カタログには、その次にヴァイオリン、チェロ、コントラバス。各種弓、マンドリン、ギター、ブリッジやケース、ペグ、テールピース、顎《あご》あて、ミュートといった付属品楽器の写真があり、さらに、その後に、楽器の価格表が続く。

楽器は以下のように多種多様である。

ヴァイオリン	一円八五銭～七八円	二二種類
ヴィオラ	七円五〇銭～三五円	六種類
チェロ	二二円五〇銭～七〇円	六種類
コントラバス	六〇円～一〇五円	五種類
ヴァイオリン弓	六〇銭～九円	一六種類
ヴィオラ弓	一円五〇銭～四円五〇銭	三種類
チェロ弓	二円六〇銭～七円五〇銭	四種類
コントラバス弓	三円七五銭～一一円二五銭	四種類
以上の楽器の付属品多数		
マンドリン	五円二五銭～一五円	五種類
ギター	一一円二五銭～一八円七五銭	三種類

この価格は横浜港、神戸港、あるいは他の日本の港から荷造りの費用も含んだものであった。オー

ダーがヴァイオリンのケースだけの場合は荷造りの費用が別途必要であった。輸送費に関しては、カタログには記されていない。

たとえば、一番安いA号のヴァイオリンの販売定価が二円であったことを考えれば、荷造りの費用まで含めて、一円八五銭は破格の値段のように思える。ただし、明治四四年に一〇年契約で締結した鈴木、三木、日本楽器（共益商社を買収したため）の三者契約では、売り渡し価格は、単価が安いもので三・五割引、中級品は四割引、高級品は四・五割引であった。つまり、販売価格二円のA号を三木と日本楽器に売り渡す場合、その価格は一円四〇銭になるわけである。愛知県の販売と輸出に関しては、鈴木ヴァイオリンが直接手がけていたので、荷造り費用を含めて輸出向けを一円八五銭に設定しても、それなりに採算がとれたのだろう。

一九一二年の段階で、鈴木ヴァイオリンがすでに充実した英文カタログを用意していたことは政吉の輸出に賭ける意欲を示すものである。その後、一九一四年に第一次世界大戦が勃発すると、鈴木ヴ

英文カタログ表紙・中表紙（1912年）

ァイオリンは欧米から大規模な注文を受けるようになるが、それは決して偶然ではなかった。

3.『愛知県紀要』と『愛知県写真帖』に見るヴァイオリン

一九一三（大正二）年に出版された『愛知県紀要』では産業の部にヴァイオリンの項目が入っている。「ヴァイオリン」の前の項目は「唧筒《そくとう》（ポンプ）及び揚水機」、後の項目は「セメント」である。工業製品の一つとしてヴァイオリンが数えられている。

ヴァイオリンについては以下のように記されている。

> 名古屋市特有の製産品にして、その工場は東区松山町にあり。場主鈴木政吉、三絃の製造より転じて、この器の製作に腐心し、刻苦《こっく》精励《せいれい》数年に渉《わた》り、明治二十年に完成し、同二十一年外国品を凌駕する製品を出し、爾後《じご》販路日々に広まり、技術益々進む。現今六百余坪の工場に、七十余名の職工を使用し、十馬力の電気力を以《もっ》て、場主独創の機械を運転して、製造に従事し、全国各地に販売するのみならず、遠く海外に輸出す。鈴琴《すずこと》もまたこの工場の最近製作なり。*3

ここで注目すべきは、大規模な工場生産が行なわれ、一〇馬力の電気を使用し、機械化されていること、海外にも輸出していること。つまり、「工業製品化」が推し進められていることである。政吉が考案した機械が使われていることも明記されている。一方、鈴木ヴァイオリンでは、明治年間にマンドリンやギターも生産するようになり、カタログにも掲載されていたが、それにもかかわらず、ここでヴァイオリンと並んで言及されているのは鈴琴である。当時、鈴琴がそれなりに反響を呼んでいたことがわかる。

同じく一九一三年に出版された『愛知県写真帖』の「著名物産（その一）」にもヴァイオリンが入っている。

ここでは、ヴァイオリンについて以下のように記されている。

> 名古屋市東区松山町鈴木政吉の製造する所にしてすこぶる楽界の賞賛を博し本邦唯一の製作場なり。その工場には現に男女職工四十六名を使役し之に対する慈善的施設もまた見るべきものあり。最近一箇年〔の〕製造数量七千三百四個、価格六万二千八百四十九円なり。[*4]

『愛知県紀要』と同じ年の出版だが、データに相違があり、『紀要』では、職工の数が七〇余名であったものが、『写真帖』では四六名に減っている。おそらく、『写真帖』の方が、データが新しく、諒闇不況で職工を減らした後のデータが使われているのだろう。このとき、「著名物産（その一）」としてヴァイオリンと並んでいるのが、名古屋時計、名古屋扇、提灯《ちょうちん》、陶磁器、七宝、一閑張《いっかんばり》、有松絞《ありまつしぼり》、麦稈真田《ばっかんさなだ》（むぎわらを平たくつぶし、真田紐のように編んだもの。麦わら帽子などの材料）である。では、「著名物産（その二）」に何が挙がっているかといえば、豊田式織機、知多清酒、九重桜味淋、カブト麦酒、中野酢、醤油及溜《たまり》、八丁味噌である。豊田式織機以外は、酒、みりん、ビール、酢、醤油、味噌、つまり食品ばかりである。愛知県の工業化はまだ進んでいなかった。

4. 博覧会での受賞

政吉は明治期時代から国内外の博覧会へ積極的に出品し、その受賞をバネにしてさらなる楽器製造の発展に努めてきた。一八九〇（明治二三）年の第三回内国博覧会でのヴァイオリンの三等有功賞受賞に始まるその道のりが、ある程度達成されたのが、一九一〇（明治四三）年の日英博覧会での名誉大賞であった。大正時代に入っても、その姿勢が変わることはなく、政吉は積極的に博覧会に参加した。また、政府から指定されて出品することもあった。

南洋スマラン植民地博覧会（ジャワ島スマラン市）

大正時代に入って、政吉がまず出品したのは、オランダ領インドネシアのジャワ島スマラン市で一九一四（大正三）年八月二〇日から一一月二二日にかけて開催された南洋スマラン植民地博覧会である。[*5] 政府は南洋貿易発展の好機としてこの博覧会を捉え、参同費として五万円を支出した。出品に関しては、「特に将来輸出の見込あるものを選択し、かつ輸出能力あるものを出品者に指定」し、すべて指定出品とした。

この博覧会は第一次世界大戦勃発と重なったため、開会が一週間延期されたばかりでなく、入場者も予想よりも少なかった。購買力に富む「白人」の数も減ったが、日本にとってはかえってビジネスのチャンスとなり、その後の南洋進出の基礎が築かれた。審査に関しては、第四部商業の部で受賞者

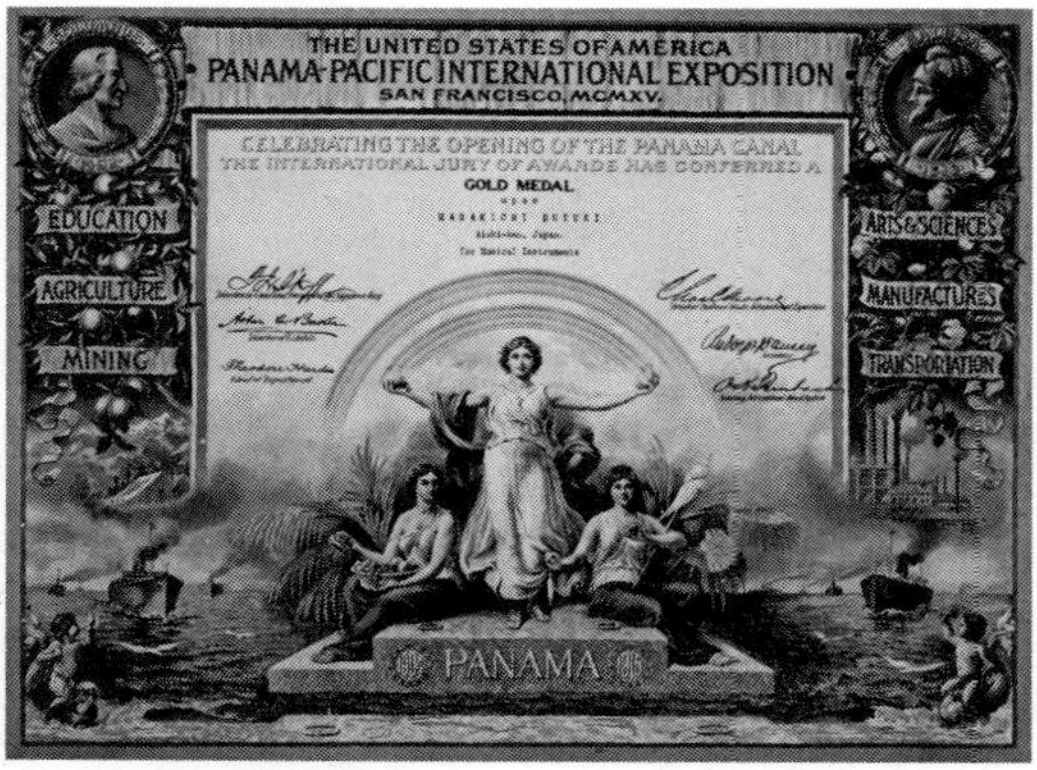

パナマ太平洋国際博覧会（1915年、サンフランシスコ）金賞賞状

総数四八四名中二五九名が日本部の受賞で、名誉大賞六一、金牌九七、銀牌七五、銅牌二二、褒賞四であった。[*6]ここで、政吉の楽器が「名誉ディプロマ」を受賞したことが、会社所有の賞状からわかる。これは日本側の記載にある名誉大賞に当たるものだと考えられる。

当時のインドネシアでヴァイオリンの需要がどの程度あったのかは不明だが、のちに「南洋」は実際に鈴木ヴァイオリンの輸出先の一つとなった。[*7]

パナマ太平洋国際博覧会（米国サンフランシスコ）

南洋スマラン植民地博覧会に続いて、一九一五（大正四）年二月二〇日から一二月四日まで、米国のサンフランシスコでパナマ太平洋国際博覧会が開催された。この博覧会はパナマ運河の開通を祝賀して開催されたもので、日本政府は、開催地サンフランシスコの交通の便がよいこと、通商上の大国であるアメリカが開催する博覧会であること、また、在留邦人の問題があることなどから、他国に先駆けて参加することを決定した。[*8] この時期カリフォルニア州で外国人土地法（いわゆる「排日土地法」）が成立する（一九一三年）など排日の気運が高まっていたので、日本は博覧会に進んで参加することにより、排日感情を緩和しようとしたのである。

第一次世界大戦の勃発により、博覧会に参加を取り消した国もある中で、日本は予定通り参加し、博覧会参加に一二〇万円という多額の経費を支出し、国を挙げて準備に取り組んだ。

審査の結果、日本は大賞四〇、名誉賞一四三、協賛名誉賞三、金賞三五〇、協賛金賞六、銀賞四七三、協賛銀賞四、銅賞三七五、協賛銅賞三、褒状一四一、計一五三八の褒賞を受領した。[*9] この万博でも、政吉の楽器は金賞を受賞した。

その後の受賞

政吉は博覧会に出品するのが好きで、その審査を仕事の励みにしていた。博覧会の出品協会などへは自ら進んで尽力しさまざまな役員になって奔走した。政吉が関わった博覧会を一覧にしたのが次頁表である。すべて網羅しているとは言えないが、この表が示す通り、彼の楽器は国内外の博覧会で優秀な成績を収め続けた。

5. 皇室買い上げ

一九一四（大正三）年一一月一九日付『名古屋新聞』には鈴木ヴァイオリンは毎回天覧品に選定され、今回もまた天覧品の選定を受け、それが買い上げになったと報じられている。

『音楽界』一九一三（大正二）年七月号裏表紙の共益商社の広告には「宮内省御用達／日英大博覧会名誉大賞受領」として、山葉のピアノとオルガン、鈴木のヴァイオリンとマンドリンが宣伝されている。その六年前、一九〇七（明治四〇）年に開催された東京勧業博覧会では、松永製のヴァイオリン

鈴木政吉表彰一覧（各種博覧会）

年		名称	場所	褒賞	審査部門	備考
1890	明23	第３回内国勧業博覧会	東京・上野	三等有功賞	教育及学術の図書、器具	
1892	明25	創設二十五年紀念博覧会	不明	進歩銀牌		
1893	明26	北米コロンブス大博覧会	米シカゴ	銅賞		
1895	明28	第４回内国勧業博覧会	京都・岡崎	進歩三等		
1897	明30	第３回愛知五二品評会	愛知・名古屋	銀牌		ヴァイオリン
1900	明33	第５回パリ万国博覧会	仏パリ	褒状	GroupeⅢ Classe17	
1903	明36	第５回内国勧業博覧会	大阪・天王寺	二等		
1904	明37	セントルイス万国博覧会	米セントルイス		出品できず	
1907	明40	名古屋商工懇話会第３回物産品評会	愛知・名古屋	進歩金牌		
1907	明40	東京勧業博覧会	東京・上野	一等賞	楽譜、楽器	ヴァイオリン
1909	明42	アラスカ・ユーコン太平洋博	米シアトル	金賞		
1909	明42	第６回内国物産品評会	会議所楼上	功労賞	名古屋商工懇話会主催	
1910	明43	日英博覧会	英ロンドン	名誉大賞	楽器	
1910	明43	第10回関西府県連合共進会	名古屋	金・銀・銅		弦楽器各種
1914	大３	南洋スマラン博覧会	蘭領スマラン	Eere Diploma		
1914	大３	東京大正博覧会	東京・上野	金牌		ヴァイオリン
1915	大４	パナマ太平洋国際博覧会	米サンフランシスコ	金賞		
1922	大11	平和記念東京博覧会	東京・上野	名誉賞		
1926	大15	米国独立150年記念万国博覧会	米フィラデルフィア	金牌		楽器
1928	昭３	大礼記念国産振興東京大博覧会	東京・上野	鈴木審査辞退	第55類　楽器・蓄音器	
1930	昭５	リエージュ万博	ベルギー・リエージュ	金賞		
1933	昭８	市俄古進歩一世紀万国博覧会	米シカゴ	不明		出品あり
1937	昭12	名古屋汎太平洋博覧会	愛知・名古屋	金牌		ヴァイオリン

が天皇買い上げ、そして十字屋楽器店販売の舶来ヴァイオリンが皇太子（のちの昭和天皇）買い上げとなったことが、『音楽界』一九〇八（明治四一）年一月の十字屋楽器店の広告からわかる。この博覧会では、政吉のヴァイオリンは一等賞に輝き、松永定之助のヴァイオリンは二等賞であったが、それにもかかわらず、この時点では、政吉のヴァイオリンは買い上げられなかったのである。

しかし、一九一〇（明治四三）年の第一〇回関西府県連合共進会では、鈴木ヴァイオリン出品のヴァイオリンとヴィオラとチェロが皇太子買い上げになっている。この共進会が内国博覧会に匹敵する規模を持っていたことはすでに述べたが、主催県の出品をある程度考慮して皇室の買い上げが行なわれたのかもしれない。

一九一三年一一月一五日、大正天皇が特別大演習のため名古屋に「御駐泊」に際しては、特に、侍従を「御差遣せられ工場御視察の栄を賜」った。[*10]

さらに同年、政吉は「皇太子殿下御使用のバイオリン製作の恩命を拝」している。[*11] 学習院大学史料館の長佐古美奈子学芸員によれば、当時の天皇家の慣習として、即位に伴い両陛下ご一家は親子別れて住むことになったことから、母宮の貞明皇后が、三人の皇子の寂しさを紛らわそうと贈った楽器だったという。[*12] 大正天皇の第三皇子だった高松宮宣仁《のぶひと》親王（一九〇五—一九八七）に貞明皇后が宛てた一九一四（大正三）年六月一七日付の手紙は「この楽の音にみこころすまし、ますますさわやかにその日々をすごしたまえ」と結ばれているという。

さらに一九一四年の東京大正博覧会では、鈴木ヴァイオリンのフルサイズの楽器が宮内省買い上げとなっている。[*13]

ちなみに一九二六（大正一五）年の政吉の作った高級手工ヴァイオリンは高松宮宣仁親王の所蔵で

あった。この楽器は現在は皇太子殿下が譲り受けられている（第2部第8章参照）。

第2章　ヴァイオリンの普及

1．通信教育

大正時代、音楽分野ではさまざまな通信教育が出現した。録音機器がなかったこの時代に、紙の上だけでどうやって音楽を通信教育したのか、また、その需要がどれだけあったのか不思議な気がするが、上野正章のユニークな研究によれば、ヴァイオリンの通信教育は大正時代の人気講座であった。[*1]ここでは、その中身を少し覗いてみよう。

大日本家庭音楽会

通信教育は郵便制度の整備に乗って明治期に始まったが、大正期になると、音楽分野のさまざまな通信教育が出現した。中でも流行したのが、大日本家庭音楽会による通信教育である。

大日本家庭音楽会とは、いかにも歴史を感じさせるネーミングだが、現在も存続している福岡の教育出版社である。一九〇七（明治四〇）年逓信《ていしん》省の役人であった坂本五郎は、新婚の妻が習っている琴（箏）には楽譜がないことを知り、耳で覚えるのが苦手な妻のために洋楽の五線譜の拍節の概念を取り入れた、わかりやすい箏曲の楽譜を考案した。坂本はヴァイオリンをたしなむ無線技師だったという。妻の上達があまりに早いので評判となり、その原因が楽譜にあることを知ると、仲間がその楽譜を欲しがるようになった。やがていろいろなところから楽譜を求められるようになり、一九一〇（明治四三）年坂本五郎は逓信省を退官し、大日本家庭音楽会を設立して、箏曲の楽譜出版を本格的に始めた。

坂本は一九一三（大正二）年から、東京音楽学校教授・生田流の山口巌《いわお》の校閲を受けて、主に生田流の箏曲の古典楽譜を発行し、さらに、その講義録を出版し、それが通信教育の独習書として普及した。当時の海外への移民者の中には、日本を懐かしんで琴を習う者があり、海外移民者へも邦楽が普及した。

坂本は琴のほかに尺八、三味線、ヴァイオリン、マンドリン、ハーモニカなど、さまざまな和洋楽器の通信教育を展開していたが、その中でヴァイオリンは飛びぬけて人気が高く、それに尺八が続いていた。

テキストの『ヴァイオリン講義録』は一九一三（大正二）年に発行されてから版を重ね、一九二三（大正一二）年に一〇〇刷、一九四〇（昭和一五）年に二一〇刷となっていることからも、人気のほどがうかがえる。

当時の通常郵便物は、台湾、朝鮮、満州、南洋など、外地に送る場合でも日本国内と同じ料金が適用され、また、外地向け小包料金も内地に準じた料金体系が設定されていた。さらに逓信省の印刷物に対する優遇措置で、当時も現在と同様、印刷物を安価に送る料金体系があった。これらも通信教育の普及の大きな力になった。坂本はもともと逓信省の役人であったことから、郵便制度の整った日本における通信教育のもつ可能性について熟知していたと思われる。

通信教育の仕組み

講座案内には講座の概要のほかに、楽器の購入の案内もあって、申し込んで送金すると、楽器一式とテキストが送られてくる、という仕組みだった。

この通信教育は教授法がユニークで、曲を順に勉強することで奏法に慣れ、最後に合奏法を学ぶ構成である。合奏する相手は三弦や琴、尺八である。そこで取り上げられているのは、多数の和洋の楽曲で、軍歌、唱歌、俗謡、日本音楽など、何でもありの世界である。最初に習う曲は《君が代》、そして《ヘ調　六段の調べ》《ハ調　六段の調べ》と進んで《千鳥の曲》で終わる。練習曲がまったく入っていない点も、西洋の学習法とは違っている。

基本は五線譜を使うのだが、学習過程で最初に行なうのが、ヴァイオリンを手に取って弾き始めるのではなく、まずは座って手で拍子をとりながら口で音階を唱え、暗記するぐらいに節《ふし》を繰り返すこと。これは和楽器の稽古のやり方にならった方法である。

次に楽器を手に取る。独習を助けるために、テキストには壺紙《フレットシール》がつけられていた。これは指を押さえる場所が印刷された紙で指板《しばん》にノリで貼りつけて使うようになっていた。

この壺紙を貼ったヴァイオリンを最初は正面に構えて、運指に集中できるようにする。左顎の下に楽器をはさむ段階はその次である。西洋のオーソドックスな学習法とはずいぶん異なったものだった。

このように、大日本家庭音楽会のヴァイオリンの通信教育は、五線譜は用いるものの、曲目といい、学習法といい、和洋折衷を目指したものであった。現代から見れば不思議な感じもするが、当時の一般的な日本人にはぴったりだったことだろう。そこからは当時のヴァイオリンが社会の中で、どのように使われていたかも見えてくる。ヴァイオリンは西洋音楽を演奏するためだけの楽器ではなかった。では、大日本家庭音楽会のヴァイオリンの通信教育で、セットとして売られていた楽器はどんなものだったのだろうか。

朝日ヴァイオリン

大日本家庭音楽会では、ヴァイオリンの通信講座が始まった大正初期には受講生に鈴木ヴァイオリンを斡旋《あっせん》していたが、大正後期には朝日ヴァイオリンのブランドでヴァイオリンの自社生産を試み、会員に販売していたという。*2

受講案内に掲載されている「朝日ヴア井オリンの沿革」には次のように記されている。

欧洲戦争の際ご承知の如く当九州福岡には独逸《ドイツ》の俘虜《ふりょ》〔捕虜〕が多数来ておりました。申す迄もなく独逸は近世におけるヴア井オリン製造技術の最も進歩した国であります。然《しか》るにその俘虜の内に有名なるヴア井オリン製作の名人がおりましたので種々の方法を講じ終《つい》に独逸におけるヴア井オリン製作に関するあらゆる秘訣《ひけつ》を委《くわし》く伝授されました。

ここにおいて本会は舶来品輸入杜絶の際舶来品に決して劣らざる優良品を製作し得る確信を得まして、ヴア井オリンの製作に着手したのであります。

果然《かぜん》〔はたして〕!! 本会のヴア井オリンは在来の粗製和製品と異なり音色美妙、音量豊富、形状美麗《びれい》にして内地品は勿論舶来品にも決して劣らざる否《いな》それ以上の優良品を製作し得る様になり、辱《かたじ》けなくも先年天覧の光栄に浴したのであります。されば内地製作品奨励の現機会においてこの本会製造のヴア井オリンを朝日ヴア井オリンと命名し本会楽器部より一般に販売する事としました。*3

第一次世界大戦で日本に連れてこられたドイツの俘虜は各地の収容所に送られ、さまざまな技術を伝えたことは知られている。朝日ヴァイオリンは、そのドイツの俘虜の中にいた「名人」からヴァイオリン製作の秘訣を伝授され、在来の「粗製和製品」とは異なるすばらしい楽器を製造しているというのである。

西洋音楽至上主義ではなく、当時の日本人に合った講座内容を提供していた大日本家庭音楽会だが、楽器の販売に関しては、ドイツの威光を笠に着た宣伝文句である。確かに輸出が好調だった時期には、鈴木ヴァイオリンは国内に製品を回す余裕がなく、国内のヴァイオリン需要に対応しきれなかった。思うように鈴木ヴァイオリンから品物が入ってこないので、楽器の自社開発を思いついたのであろう。鈴木ヴァイオリンは大戦後の不況の中で品物が売れなくなり、売り上げが激減していくが、大日本家庭音楽会のヴァイオリン講座の人気は衰えた様子がない。朝日ヴァイオリンも大日本家庭音楽会とタイアップして、細々ながら、日本各地に手堅く、販売されていったと思われる。

ヴァイオリン製作家の無《む》量《ら》塔《た》藏六《ぞうろく》氏によれば、朝日ヴァイオリンの品質は悪くなかったとのことである。

大正時代から昭和前期にかけて、なぜ、ヴァイオリンの通信教育が盛んになったのだろうか。

東京や大阪などの大都会はともかく、地方における西洋音楽は、旧制中学、師範学校や女学校の演奏会、蓄音機を通じた音楽、たまに開かれる慈善・宗教関係の演奏会程度であった。ヴァイオリンを教えることができる人物は非常に限られていた。

そこに、鈴木ヴァイオリンに代表される、安価な国産楽器が登場する。それらの楽器を手にした地方のアマチュア音楽家が頼ったのが、通信教育であったといえるだろう。アマチュアたちのヴァイオリン習得の目的は、西洋クラシック音楽を演奏することではなく、むしろ、琴や尺八など、在来の和楽器と合奏して楽しむことであった。

その証拠に、これも上野のユニークな研究であるが、明治中期から大正期に、ヴァイオリンのための日本の伝統音楽の楽譜が大量に出版されていた。*4 たとえ西洋音楽のレパートリーが導入されても、日本の伝統音楽の楽譜の販売が廃れることはなかった。

楽譜をたどりながらヴァイオリンを弾いていくと、よく知っている旋律が浮かび上がる、その喜びは、新しい楽しみであったに違いない。

2. 家庭楽器としてのヴァイオリン

このようなヴァイオリンの使われ方、楽しまれ方は、大正末年まで続いていた。大正時代のヴァイオリン観を知る上で最適な資料が、一九二五(大正一四)年に出版された『名古屋模範商店』の鈴木ヴァイオリン工場についての記事である。*5

記事の表題が「世界的名声を贏《か》ち得た国産の矜《ほこ》り　鈴木ヴアイオリン工場」であることからもわかるようにヴァイオリンに焦点が当たっているのだが、その中で、当時の和洋楽器がどのように受け止められていたかが、具体的に伝えられている。

まず、「道行く酒屋の小僧君までが、歌劇の一節を口ずさむようになってしまった」ほどの音楽熱が広がっている昨今、家庭で用いられる楽器については何が望ましいかという点から記事が始まり、「在来楽器の一長一短」が論じられる。

そこでは、日本の家庭で用いられている楽器は琴、三弦、尺八、オルガン、ピアノ、ヴァイオリンなどが主なるものであって、近来マンドリン、ギターなども流行を極めるようになってきた、と述べられ、個々の楽器についての特徴が以下のように列挙されている。

> 琴は家庭音楽として優美高尚なる事云うまでもないが、ただその欠点とするところは楽器及びその音が主として女性的な事と音の幅が狭いこと。
>
> 三味線はなかなか自在な楽器であって音楽的価値は十分であるが、音のハーモニーの美しさを表現するに不充分の点があり、今後の楽器として完全なりと云う事が出来ぬ。
>
> 尺八は三味線と異なって生まれも育ちもよく、かつ音も自在でなかなか良い楽器であるが、音が余りに悲哀的なのと、この楽器がほとんど男子の占有物であるという欠点がある。
>
> オルガンは唱歌等に適しており、複音も自在に発する事も出来るが、元来宗教的の楽器であり家庭的とし〔原文ママ〕調和しない点がある。
>
> ピアノはやはり固定音律で、ピンピン飛び上がる様な浮薄な音があり、その上非常に高価なため一般人には不向きであり、ピアノ一台で一寸《ちょっと》した家屋が建築出来る位でそれに日本家屋に甚《はなは》だしく不調和である。
>
> ヴァイオリンはあらゆる楽器中の帝王とも称すべきものであって、その音色の優美雅妙なる、その構造の簡単にして携帯に便利なる等、到底他の楽器の及ぶ所ではなく、今ヴァイオリンに特有な長所を挙げれ

ば
一、綿々として咽《むせ》ぶが如き哀調ともなれば、また例の浮《うか》れ胡弓の如き活用自在なること。
一、洋曲唱歌等は勿論、平均音律の固定楽器でないため日本曲も遺憾なく面白く弾ける。
一、男女何《いず》れにも適し、生涯之《これ》を手にすることを得《う》〔することができる〕。
一、形態優美、携帯至便で値も比較的安いこと。
以上の如く楽器としては殆《ほと》んど理想的である。ただ、従来この楽器は非常に六ヶ敷《むずかし》いもののように伝えられるが、これは要するにバイオリン其物《そのもの》に親しみの少《すくな》かった結果で、今日の如く西洋音楽の普及さるるに及んでは、もはや在来の日本楽器の習得と異《ことな》る事はない。殊《こと》に学習の方法においては科学的に研鑽されたる教科法がある。

このように論じられている。記事ではこの後、鈴木ヴァイオリン工場について、その沿革、栄誉の数々、工場の規模及び販路、分工場での木工製品生産（洋家具、木製文具、その他）が述べられ「輸入超過の声高き折柄《から》同工場の国産優良品が海山遠く世界各地へ送り出されることは痛快である」と書かれている。

記事の前半、各楽器の特徴として挙げられている内容が面白い。在来楽器の三味線に「生まれ育ちがよくない」という認識がまだ見られる一方、和楽器の判断基準に、ハーモニーという概念が出てきている。洋楽器の中では、オルガンは唱歌には適するものの、「元来宗教的な楽器」であるので家庭に調和しないといわれているのは、オルガンがキリスト教会を連想させるからであろう。確かに洋楽導入の最初期にキリスト教会の賛美歌が果たした役割は大きなものであった。

一方、ピアノの音が「ピンピン飛び上がるような浮薄《ふはく》な音」であると形容されていることは、まだ、ステータスシンボルとしてのピアノのイメージが一般に広まっていなかったことを感じさせる。

結局、記事では、ヴァイオリンが一番、日本の家庭楽器に適しているということになるのだが、その中で「固定音律ではない」ことが大きな利点になっている。ヴァイオリンはピアノやオルガンのような鍵盤楽器と違って、音階の音がセットされているわけではないので、ドレミファソラシドの音階を弾くこと自体がむずかしく、そのために、大日本家庭音楽会の通信教育では壺紙《フレットシール》なるものを指板に貼りつけて使うようになっていた。

しかし、この記事では逆に、西洋の音階以外の日本の音階にも対応でき、和洋両方の音楽に使えるというのがセールスポイントとなっている。また、価格が比較的安いこと、携帯に便利であることも大きな利点とされている。

さらに注目すべきは、ヴァイオリンが男女いずれにも適し、生涯これを手にすることができるとされていることである。

3. 男の楽器、女の楽器

実は一九世紀のヨーロッパでは、ヴァイオリンは女性の楽器としてはみなされていなかった。[*6] ブルジョア階級の理想からすれば、女性にとって理想的な音楽との関わり方は、一人でピアノを楽しんだり、家族の誰かあるいは音楽教師とデュエットしたり、来客の際にちょっと腕前を披露してみせるといったことに限られていた。

当時のヨーロッパで女性に許された教育はピアノと声楽だけだった。一般にこの科目に限って女性は音楽学校に入学が許可されたともいう。[*7] プロの女性ヴァイオリン奏者がいるにはいたが、それはあくまで例外的な存在であった。オーケストラから女性を閉めだすことは、あまりにも自明のことであって、問題にするまでもなかった。オーケストラ同様、弦楽四重奏にも女性奏者が加わることはめったになかった。ヴァイオリンは男の所有物であった。

また、ヴァイオリンは特別に「女性的な」性格をもった楽器だと考えられていた。フライア・ホフマンによれば、「女性の身体に似たその形のゆえに」、ヴァイオリンは「男性にとって格好の性的支配の対象となっていた」という。「女性のヴァイオリン演奏は『美しくない』とみなされただけではなかった」。驚くことに「うら若い女性がヴァイオリンを操ることがよろしくない印象を与える」とされていたのである。[*8]

幸田延の感想

幸田延は一九一〇（明治四三）年、滞欧中にパリでオーケストラのコンサートにでかけているが、そのときのドイツ語の日記に「オーケストラに数人の女性奏者が黒服を着ている。滑稽に見えた。女性が一緒に弾くことや、物売りが来ること（……）」と書いている。[*9]

幸田はのちにピアノを主とするが、もともと東京音楽学校でディットリヒにヴァイオリンを師事し、留学中は、ボストンでもウィーンでもヴァイオリンとピアノの両方を勉強していた音楽家である。ヴァイオリンを正式に勉強した幸田でさえ、パリのオーケストラの中にいる女性奏者を見て滑稽だと感じたわけである。

ヴァイオリンとピアノ

ヨーロッパではブルジョアの娘が練習するのはピアノであって、ヴァイオリンではなかった。しかし、日本では、ヴァイオリンが近代に導入された際、女性がヴァイオリンを演奏することに対して、まったく抵抗がなかった。楽器が日本にもたらされたときに、ヴァイオリンは女性の弾く楽器ではない、という文化的背景は一緒には入ってこなかったのである。日本では、男性が楽器を演奏すること自体、軟弱だという意見があったが、それも、ハイカラな洋楽器のヴァイオリンであれば、多少風当たりが違ったように見える。

オーケストラについても、西洋の慣習から自由であった日本では、二〇世紀前半から多様なパートに女性を入れていた。[*10]

一方、日本では、ピアノは、「一台で一寸《ちょっと》した家屋が建築できる位」高価で、しかも日本の音楽を演奏するのには適していなかったが、大正時代には、ピアノをヴァイオリンよりも家庭楽器として評価し、積極的に勧める批評家が登場する。一九一七（大正六）年に出版された大田黒元雄《おおたぐろもとお》のヴァイオリンについての評論には、「西洋音楽を演奏する西洋楽器」としての、より近代的なヴァイオリン観が表れている。

4. 大田黒元雄のヴァイオリン観

大田黒元雄（一八九三―一九七九）は音楽評論家の草分け的存在で、同時代のドビュッシーの音楽をいち早く日本に紹介し、日本における近代フランス音楽の受容に大きな役割を果たした人物である。裕福な家に生まれた太田黒は、一九一二（大正元）年イギリスに渡り、ロンドン大学で経済学を学んだが、もともとピアノを習っていたことから、第一次世界大戦直前の一九一四（大正三）年に帰国するまで、コンサートに通いつめ、当時の最先端の音楽に文字通り浸った人物である。翌一九一五（大正四）年、大田黒は有名な著作『バッハよりシェーンベルヒ』を出版し、それまで日本の音楽界にまったく知られていなかった同時代のヨーロッパ音楽を重点的に紹介した。シェーンベルクはこの本によって、初めて日本に伝えられたのである。

活発な評論活動を始めた大田黒は一九一七（大正六）年に、『洋楽夜話』というクラシック音楽の愛好家向けの啓蒙書を出版している。西洋音楽史の簡単な歴史から始まり、次に管弦楽と吹奏楽、歌劇、洋琴、ヴァイオリンなどの項目がある。ヴァイオリンの章の次が「奏楽を聴く用意」で、てっきりコンサートに行った際のエチケットについて書いてあるのかと思いきやそうではなく、東京の日比谷公園や大阪の天王寺で、軍楽隊で演奏されている「公園奏楽」の曲目のジャンルの解説である。公園での奏楽が当時の西洋音楽の受容の要になっていたことが実感される。

さて、この本の「ヴァイオリン」の項目に話を戻すと、いきなり次のように始まる。*11

西洋の楽器中我が国でヴァイオリン程、通俗的に成っているものはありません。ヴァイオリンならば大抵の田舎に行っても知られています。何しろ縁日で流行唄をうたう書生までヴァイオリンをキイキイ鳴らすのですからね。けれどこのヴァイオリンについて余り委《くわ》しい事を知っている人は少ないようです。そこで私はここにすこしこの楽器の歴史や価値をお話いたしたいと思います。

この書き出しは衝撃的である。本書の明治編で述べたヴァイオリンブームは一過性のものではなかった。西洋楽器であるオルガンは全国津々浦々の学校に普及していたが、オルガンが「通俗的に」使われることはなかった。大正の初め、一般に広まっていた西洋楽器はヴァイオリンだったのである。この後、大田黒は実際にヴァイオリン楽器の特徴や歴史を語っていくが、大田黒の語りで特徴的なのは、アマチュアがヴァイオリンに「手を出す」ことに対して終始否定的なことである。「私は自身ヴァイオリンを習った事がありませんから自身の経験からおはなしする事は出来ませんけれど」と断りを入れつつ、断固としてアマチュアがヴァイオリンを習うことをけん制する。

大田黒は、ヴァイオリンが楽器として優秀なものであることを述べた上で、「ところがこのヴァイオリンという楽器が実に習うのにはむずかしいのです」と来る。この後の部分、少し長くなるが引用しよう。

或る外国の音楽家などは十歳を過ぎてからヴァイオリンを習い始めたのでは到底上手には成れないという断案をさえ下しています。私は決してヴァイオリンが洋琴〔ピアノ〕より習うのにむずかしいとは申しません。どんな楽器でもその名人に成るのには同等の天分と同等の勉強が必要です。けれどとにかく曲が弾けるように成るのには洋琴の方がずっとヴァイオリンより易《やさ》しいと思われます。事実洋琴なら譜にある通り鍵盤さえ叩けば、誰にでも「ホーム・スウィートホーム」ぐらいは直《じ》き出来るように成ります。ところがヴァイオリンではそれが実にむずかしいのです。これよりもっと言葉を進めれば洋琴でド、ミ、ソ、ドを弾く事は何でもありませんが、ヴァイオリンではそれさえむずかしいのです。それは勿論《もちろん》すこしヴァイオリンを熱心に稽古したらド、ミ、ソ、ドは勿論、「ホーム・スウィートホーム」ぐらいは出来るように成りましょう。けれどほんとうにヴァイオリンらしい音を出してそうするという事は非常に困難です。始まりのうちはいくら注意しても音程が狂いますし、それにあの鋸《のこぎり》の目《め》立《た》てのような不愉快なキイキイいう音が出ます。この点から見ても、ヴァイオリンは一寸《ちょっと》近付き易いようで実は甚《はなは》だ入りにくいものです。[*12]

この大田黒の文章は、現在読んでもほとんど違和感がない。その後の一般的なヴァイオリンとピアノに対するイメージを先取りしている。ヴァイオリン初心者の奏法を形容する「鋸の目立て」はいつから使われるようになったものかわからないが、ヴァイオリンの音程が取りにくいのも欠点になっている。ここで大田黒の頭の中にある音律は完全に西洋の音律である。

そのあと大田黒は古今の名演奏家を挙げる。

現存の名人の中では有名なイザイを始めとして、クーベリック、クライスラー、エルマン、フォン・ヴェーツィー、チンバリストなどがあり、また女流の方面ではマリー・ホール、パウエルなどという人達があります。[*13]

ここでは日本人のヴァイオリニストの名前は挙がっていない。大田黒はこの一九一七（大正六）年の時点で、よもやこの後すぐに、クライスラーやエルマン、ジンバリストなどが相次いで日本を訪れるようになると思いもしなかったはずである。そして、大田黒は「ヴァイオリン」の章を以下のように結ぶ。

私はヴァイオリンを習おうとする方々に申し上げて置きたい事があります。それは外でもありません。『なぐさみに習おうとするのならばヴァイオリンはおやめなさい』という事です。なぐさみ半分ではとてもこの楽器は上達しません。上達しないのみならずいつまで経っても曲が出来るようには成りません。なぐさみに習うのなら洋琴の方がはるかに適しています。けれどもまた既に何年かこれを習った方々には小成に安んじないでこの楽器の本当の美を発揮する事ができるように精々《せいぜい》おつとめになる事を希望致します。*14

このように大田黒は趣味としてヴァイオリンを習うことを徹頭徹尾いましめている。大田黒の念頭にあるのは西欧の一流のヴァイオリニストの音である。自分で好きな曲を演奏して楽しむ、というイメージはここにはすでに存在しない。大田黒はアマチュアが習うのならば、ヴァイオリンよりもピアノを、という明確な考え方を示している。ピアノはまだまだ高嶺の花であったが、楽器を習わせるのならばピアノを、という意識はこの先、どんどん浸透していくのである。

大正中期から、地方都市にも蓄音機とレコードが普及し始め、さらには地方都市もで外来演奏家の公演が行なわれるようになっていく。大正末年にはラジオ放送が始まり、たくさんの洋楽が放送される。こうした状況については、この後の章でくわしく扱うが、こうした中で、和洋合奏は流行しなくなり、いわゆる純粋な西洋音楽が一般的になってくる。

私たちが現在、ヴァイオリンと言ったときに思い浮かべるイメージと大正期の日本人が思い浮かべるイメージとでは異なっていたに違いない。それが、しだいに一つの像を結んでくるのが、昭和戦前期であった。それは、ヴァイオリンが気楽に演奏できる類いの楽器ではなくなっていく過程と連動していた。鈴木ヴァイオリンは昭和に入って、凋落の一途をたどるが、その裏には、単なる不況のほかに、こうした事情がひそんでいたのである。

第3章　第一次世界大戦時の輸出ブーム

1. 第一次世界大戦勃発

一九一四（大正三）年七月、欧州で第一次世界大戦が勃発する。

大戦中、輸出に牽《けん》引されて、日本は高度経済成長を果たした。その結果、日本の国民総生産は五年間で約三倍に、工業生産高は約五倍に増えた。国際収支は黒字続きとなり、外貨保有高は六倍になった。*1

鈴木ヴァイオリンでも、空前の輸出ブームが始まった。

英国がドイツに宣戦布告して、一週間もたたないうちに、ロンドンのマードック商会から鈴木ヴァイオリンに大量の楽器をすぐに出せるかという照会の電報が入った（会社資料などにはムードック商会と記されているがマードック商会が正しい）。それまで英国はドイツから多くのヴァイオリンを輸入していたが、戦争勃発により輸入できなくなったので、日本の鈴木ヴァイオリンに白羽の矢を立てたのである。続いて米国からも同じように電報が入り、工場の拡張に次ぐ拡張がスタートした。当時はある程度機械化されていたとはいえ、まだプレス機械がなかったので、基本は量産ヴァイオリンといえども手工であり、職工も多数必要だった。

当時、鈴木ヴァイオリン工場の輸出部門の責任者であった政吉の娘婿、北村五十彦(一八八一―一九四六)によれば、一九一五(大正四)年から一九二四(大正一三)年にかけての一〇年間に、北米、オーストラリア、南洋、南米、カナダ、イギリス、中国、フランス、その他欧州各地に輸出した楽器の数量は五二万一四六七本、弓類二四九万八〇〇四本に及び、この価格は四四五万一〇五七円に達した。[*2] 日本の洋楽器製造業者としては、もちろん初めてのことであった。

政吉はそれまでにも欧米その他の諸国に輸出を試み、製品の見本を送ったりしていたが、まったく反響がなかったのである。しかし、大戦が勃発すると、これまでの努力と、政吉が得てきた国内外の博覧会での受賞の数々が注文の後押しをして、政吉が一九一〇(明治四三)年に渡英した際に開拓したロンドンのマードック社から無条件の大量注文が来たのを手始めに、ニューヨークのブルノー商会など、世界各地からの発注が舞い込んできた。[*3]

マードック商会

ロンドンのマードック商会は音楽出版と楽器製造を手がけていた。注目すべきは、この会社が音楽顧問の助言を受けて、一八九八(明治三一)年にメイドストーン・スクール・オーケストラという組織を作ったことである。[*4] ここではマードック社の教材を使い、マードック社がリクルートした教師が教え、マードック社の楽器が使われた。楽器は毎週一シリング三〇回の分割払いで購入することができた。ケント州のメイドストーンにある学校がこの方式を取り入れたことからこの名前が付けられた。

マードック社はフェスティバルを主催し、賞状やメダル、さらには奨学金まで与えた。最も盛んな時期には四〇万人もの学童がこの組織に所属したが、これはイギリス全体の国立や公立学校に在籍する学童のおよそ一割に当たった。このプログラムは第二次世界大戦が勃発した一九三九（昭和一四）年まで続いた。その後一九四一（昭和一六）年に会社自体倒産したが、戦後になって、教育省によってクラスが復活した。このメイドストーン・スクール・オーケストラのことを、鈴木ヴァイオリンでは何らかの形で耳にしていたかもしれない。昭和に入って、政吉は小学校にヴァイオリンを普及させようと試みるのである（第3部第3章参照）。

さて、一九一四（大正三）年一〇月二一日付の『名古屋新聞』には、「戦争万歳――戦争のお陰で大儲けの商売」という記事の中で、陶器類と並んで、ヴァイオリンが取り上げられている。

〔鈴木ヴァイオリンは〕バイオリン製造としては我国唯一の工場であるがその需要は殆《ほと》んど内地に止まり海外への輸出はたまたま若干の註文を見るのみであったが、是《これ》も戦争の為《た》めに楽器の製産地である独逸《ドイツ》よりの輸出が絶《た》たれたから、米国では早速同工場へ対して見本品として多数の註文をして来た。同工場では好機逸すべからずとして引受け、材料の選択を為《な》し、ただちに製造に着手せるが、是も思わぬ儲けであろう。何にしても今の中《うち》にせいぜい販路を拡張し置き、戦争終局後たとえ独逸の生産力が回復しても独逸品を駆逐して我《わが》日本品の需要を繁盛《はんせい》ならしめる広いもの〔原文ママ〕である。

この時点で、すでに大戦後、ドイツの生産力が復活した後のことを念頭に置いていることは、それだけドイツの競争力が、平常であれば太刀打ちできるものではないことを日本人が広く自覚していたからであろう。

しかし、当初、クリスマスまでには終結するだろうと考えられていた戦争は泥沼化していき、ドイツ製品が供給されなくなった後を日本が埋める状況が続き、各国からの注文は加速度的に増加した。翌一九一五（大正四）年五月二九日付の『名古屋新聞』には、鈴木ヴァイオリン工場へ、シカゴ、ニューヨーク、マニラ、ホノルルから約二〇〇〇余円の注文があったと報じられている。

一九一七（大正六）年には鈴木政吉が殖産興業の功労者として緑綬褒章を受けている。その受賞を報じた記事（同年八月八日付）には、鈴木ヴァイオリン工場が、第一次世界大戦以前と比較すると、約一二〜一三倍の発展をし、目下一九一九年までの注文を引き受けたものの、それ以上の注文には応じきれないので断っていること、昨今は毎月平均五万円の輸出をしていることが書かれている。輸出先はほとんど米国で、第一次大戦前はドイツから六〇〇万円ずつ輸入していたが、現在の鈴木工場ではその一〇分の一を満たすにすぎないこと、英国では、贅沢品《ぜいたくひん》として輸入を禁じているが、戦乱さえ済めばこの方面からもおびただしい注文がくるので、まず当分は発展の見込みがあると政吉がうれしそうに話していたということが書かれている。

開戦直後、注文してきたのはイギリスのマードック商会であったが、この頃には、英国ではすでに贅沢品として輸入禁止の措置がとられていたことがわかる。それにもかかわらず、政吉は事業拡大の方針を変えることはなかった。

この間の事情を北村五十彦は以下のように述べている。

時運は期せずして世界の大戦乱を惹き起すに至り、之まで鈴木氏の製品の真価を疑い、更に顧みなかった諸外国へもこの偶然の機会によりて紹介せられ、その品質も認識せらるるを得た鈴木氏の工場は大いに決する処あり、即ち大量生産主義に則り、先ず以て工場を増設し一面機械力応用の範囲を拡張し、かつ又熟練工速成の見地から微細なる分業方法を採りて、生産力を増加し、以て海外の需用に応じたところ、品質の精良と価格の低廉とにより、先ず米国、豪州方面に歓迎せられ、次いで加奈陀《カナダ》、南洋、印度、英吉利《イギリス》、南米、欧州各地より註文殺到し、到る処好評を博するに至り、爾来《じらい》年々多少の消長はあるが年額百数十万に達する各種の楽器を内外各市場に供給するに至った。[*5]

つまり、大量生産するために、工場増設、機械のさらなる導入、微細な分業制を進めたことが述べられている。製品を最初に輸入し始めたのはアメリカとオーストラリアで、次いで、カナダ、南洋、インド、イギリス、南米、ヨーロッパの各地に広がったわけである。

この北村五十彦は政吉の長女はなの夫で、長男梅雄と力を合わせて鈴木ヴァイオリンを支えた人物である。岡山の第六高等学校を経て、京都帝国大学工科を卒業したエリートであった。北村は成績優秀で、一九〇六（明治三九）年大学を卒業したのち、当時の財閥の一つであった大倉組に入社。ロンドン支店に四年半勤務し、ハンブルク支店を立ち上げ、支店長として三年を過ごし、一九一三（大正二）年一一月帰国。半年後に大連支店長となり四年を過ごしていたところ、折から義父である鈴木政吉のヴァイオリン事業が第一次世界大戦勃発に伴って拡大し、輸出に精通した人物が求められ、北村に白羽の矢が立った。北村は大倉組に勤めて十数年、内外の事情にも通じていたので、その退社を大倉喜八郎は惜しんだというが、一九一八（大正七）年七月、名古屋に戻って鈴木ヴァイオリンに入社し、輸出部門の責任者となった。[*6]

他国で行なわれている戦争に乗じて儲けることに関して、政吉はどう考えていたのだろうか。鎮一は、この間のことを思い返して、一九三二年に以下のように書いている。

かつては英米仏が軍艦を送り、未開の東洋の一孤島であるに過ぎない日本の門を叩いて以来僅《わず》か50年、欧州大戦の非常時であると言え、自国の楽器の製作の中心地が、東洋の一孤島に飛んだことは一面皮肉なる痛快事である。[*7]

これが、当時の日本人の偽らざる気持ちだったのではないだろうか。日清、日露と、戦争があるたびに、ヴァイオリン産業は発展してきたのである。しかし、日中戦争から始まる十五年戦争の泥沼では、その成功体験が通用することはなかった。

2. 事業の大拡張

政吉は一九一四（大正三）年一〇月頃から、海外の需要に応ずるために事業の拡張を図り、明治銀行から融資を受けて、まず既設工場を拡充し、次いで一九一五（大正四）年に東区石神堂町に敷地二五〇〇坪、建物一二〇〇余坪の分工場を新設した。[*8] 工場の増築・新設に加え、機械の増設、原料の準備などにも力を注いだ。たとえば、一九一五（大正四）年一月時点で、職工の数を従来の四倍にして分業的にその仕事に従事させ、生産力は従来の三倍に上ったが、注文品を生産するためには、五月まで昼夜兼行の作業を要したという。しかし、それでも足りず、一九一八（大正七）年にはさらに千種《ちくさ》町赤萩《あかはぎ》に敷地六〇〇〇余坪、建物五八〇余坪の工場を新設してさらに大量生産に突き進んだのである。

次頁表は愛知県のヴァイオリン生産についての表である。一九一八（大正六）年からは製造所数が複数になっていることがわかる。

鈴木ヴァイオリン工場内部（撮影年不詳、機械が導入されている）

米国禁輸令

一九一八（大正七）年二月一八日、米国は四月一五日以降日本からの輸入を制限する旨を発表した。大戦当初、米国は孤立主義をとっていたが、一九一七年四月六日、ドイツに宣戦布告し、参戦した。

米国政府の禁輸令の目的は船腹の調節と贅沢品の輸入制限であったが、名古屋港から米国に輸出している油類七〇〇〇円、マッチ一一万円、傘類四三円、色木綿二万五〇〇〇円、提灯二万円、玩具類七五万円、綿製品二〇〇円と共に楽器一〇〇万円も輸出不可能になった（『名古屋新聞』一九一八年三月二七日）。楽器が突出して多かったことがわかる。

これに対して政吉は、現在、米国に対して契約中のものが

愛知県のヴァイオリン生産

年度（和暦）	西暦	製造所数	職工数（人）	生産数量（個）	生産額（円）
大正元	1912	1	70	7,304	62,849
2	1913	1	50	4,192	51,607
3	1914	1	〔100余名〕	7,894	60,690
4	1915	1	180	15,599	126,763
5	1916	1	502	32,771	254,091
6	1917	4	862	65,506	562,046
7	1918	3	746	74,864	766,258
8	1919	6	916	111,795	1,101,018
9	1920	6	905	150,588	1,025,193
10	1921	4	309	156,263	713,140
11	1922	6	225	61,521	309,529
12	1923	6	248	60,698	327,909
13	1924	4	251	48,586	278,532
14	1925	2	244	38,516	152,345
15	1926	3	388	60,476	262,659

（主として大野木1981に基づくが、生産額は『名古屋工業の現勢』1936に従い、1915年の職工数に関しては平戸1915の数字を入れた）

約三〇万円あるが、これらはもちろん全部解約されるだろう、製品の消化については、南洋やオーストラリアに販売を拡張するように運動を開始するので製品の持ち腐れなどにはならないと思う、と述べている。南洋やオーストラリアに販路を拡大することで、米国に輸出できない分をカバーして、不良在庫を出さないようにするという考えであった。

禁輸令が発効後、六月一一日付の『名古屋新聞』の「楽器製造景況」には次のように報じられている。この記事では、四月一五日以降、米国の禁輸令のため、米国への輸出がまったく途絶えたため、ヴァイオリン工場では一時製造を縮小したが、最近、オーストラリアやカナダに販路をしだいに拡張し、日本国内でも楽器の流行が著しいので、予定の通り製造を継続するという。また、ワシントンの特約店主が禁輸解除運動を行なっているが、解決は困難の様子だとしている。

しかしその半年余りのち、一一月一一日にドイツは連合国と休戦協定を結び、第一次世界大戦は終結する。

米国の禁輸令はどの程度、鈴木ヴァイオリンに対してダメージを与えただろうか。休戦直前の一一月九日の名古屋新聞の広告欄にはヴァイオリンの「職工大募集」が出ている。

小谷ヴワイオリン製造部による広告で、木工職、塗工職五〇名を募集し、「現在の賃金より二割高」とある。「鈴木政吉殿ヴワイオリン工場職工」はお断りします。というただし書きがあるのは、鈴木ヴァイオリンから引き抜きをしないという意思表示だろう。小谷セルロイド玩具製造部と同じ欄に広告があるので、玩具製造会社がヴァイオリン製造にも手を広げたと思われるが、米国禁輸令が発せられていたこの時期でも、ヴァイオリン製造は外部から参入する価値のある業種だと考えられていたことになる。

一方で、大戦終結後、一二月一日付の名古屋新聞の「目安箱」には「職工の前途」と題して、次のような意見が載っている。

職工の前途　　　大入道

鈴木ヴァイオリン工場作業時間変更を掲示していわく「保護職工のみ七時三十分始業四時三十分終業」と。戦後かくありとはすでに我輩《わがはい》の期待せるところであるが、先に夜業を廃し、今また時間を短縮する如きは心細い次第で、やがては保護職工以外の者にかかり来るや勿論である。我輩はあえて工場主の態度を憤慨するものではない。否、同情をもって見ねばならぬ。ここに当りて政吉氏は、失職する職工の善後策に砕身せられん事を、切に望んで、止まない所である。

ここで、保護職工とは女子と一五歳未満のものを指す。投稿者は、夜業がなくなり、今回保護職工の時間が短縮され、次には、その時間短縮が一般の職工にまで及ぶだろうと予想し、来るべき人員削減を念頭に置いている。実際には、鈴木ヴァイオリンの生産額は戦争終結翌年の一九一九（大正八）年にピークに達し、生産額は一一〇万円、生産数量は一一万二〇〇〇個、職工数も九一六名に達し、その後、減少して行ったのだが、大戦終了直後、その予感は工場内にすでに立ち込めていた。

ヴァイオリン弦の開発

大戦中、鈴木ヴァイオリンは輸入が途絶えて入手難となったヴァイオリン弦の開発に乗り出した。もともと、鈴木政吉がヴァイオリン製造を始めたときに、弦を依頼した先が、三味線の弦を作っていた鈴木音二郎であった。音二郎は三味線の弦にヒントを得たヴァイオリン用のシルク弦を開発したが、高級品は外国産であった。

たとえば、一九〇八（明治四一）年頃の鈴木ヴァイオリンのカタログを見ると、ヴァイオリン糸として、和製一組三五銭、舶来一組一円、舶来糸上等E線四〇銭以上、A線四五銭以上、D線五〇銭以上、舶来糸純銀製G線六〇銭以上、舶来鋼線一〇銭とある。もし、舶来の上等の弦を四本張ると、それだけで一円九五銭以上になり、一番安いヴァイオリン本体が買えてしまう。メーカーの名前が書いていないが、ピラストロあたりだったのだろうか。

この舶来弦はドイツからの輸入品だったが、大戦勃発以来、まったく供給の道が閉ざされてしまった。一九一六（大正五）年八月二九日付の『名古屋新聞』には、政吉が一四、一五年前からその製法を研究した結果、羊の腸を原料にしたものがヴァイオリンの弦として一番理想的であると確かめた矢先に戦乱が始まり、ドイツからの弦の輸入が途絶えてしまったことが書かれている。

その記事によれば、鈴木ヴァイオリンでは、中国から原料の羊腸を購入しようとしたところ、中国では羊がたくさんいるのは確かだが、各人がめいめいに処理するためまとめて買い入れるには難点があり、しかも肝心の腸まで食べてしまうので、何の役にも立てない。そこで、農商務省から羊の飼育の盛んなオーストラリアに視察官が派遣されるのを幸い、羊の腸の買い入れ方について調査を依頼したという。羊の腸で作られたガット弦は代用品として用いられていた絹糸に比べて音響がやわらかであった。

また、山葉寅楠が政吉のために、豚の腸でヴァイオリン弦の試作を行なったというエピソードもある。[*9]

弦に関しては、宮内省式部職楽部においても、大戦のため、ヴァイオリンの舶来弦が払底したため、一九一五（大正四）年一一月の二条離宮大饗第二日の管弦楽に際してもすべて和製弦を使うことにしたという記述があり、大戦を契機に、ヴァイオリンの弦についても、国産品が使われることになったことがわかる。[*10]

また、ニスについても、以前はドイツ製品だけを使用していたが、「今は本邦品を以て之に代用し得可き物を発見して之を使用す」とある。[*11]

こうして、一九二五（大正一四）年になると「今日にては絶対内地に得ることの出来ない二三の材料を除いては、その供給を外国に仰ぐ必要がなくなった」のである。[*12]

ヴァイオリンは外国に輸出したために、国内に回す分が無くなった。名古屋だけは卸売りを少し継続していたので、東京や大阪の業者は名古屋の小売屋の店頭で買っていっても、結構商売になったという。

実際、一九一七（大正六）年五月四日付の『名古屋新聞』朝刊に掲載された文星堂小売部の広告には、山葉オルガン、山葉ピアノ、鈴木ヴァイオリンの三つが並んでいるが、鈴木ヴァイオリンについては「久しく品切れの処《ところ》、本日全部取り揃え申《もうし》候《そうろう》」と書かれており、名古屋でもヴァイオリンが品薄になっていたことがわかる。

鈴木ヴァイオリンが海外に大量に輸出されることに便乗して、鈴木ヴァイオリンの名を騙《かた》った、粗悪な模造品も出回るようになり、鈴木ヴァイオリンでは、S字を三つ組み合わせた登録商標を使うようになった。たとえば一九一八（大正七）年二月五日付の『名古屋新聞』の広告には、「類似品あり。お買い上げの際は必ずこのバイオリンの内部並びに弓にある登録商標にご注意願い上げ候」と書かれている。

また、同年二月一〇日付の『名古屋新聞』には、鈴木政吉が名古屋楽器製造合資会社を特許侵害罪で告訴し、検事が出動したことが報じられている。この会社は政吉が特許を受けたヴァイオリンの付属品をひそかに製造販売していた。

三月二五日付の『名古屋新聞』には、欧州戦後の商戦を見据えて、ドイツその他の舶来品と対抗する準備として、ヴァイオリン弓の破格廉価品を作製し一般の需要に応じることにしたと記されている。また、別の記事には、ヴァイオリンの弓は従来一円ないし二円であったが、新製品は五〇銭、六〇銭、九〇銭、一円二〇銭の四種で、好評を博しているとある。つまり、鈴木ヴァイオリンでは、第一次世界大戦後、さらに廉価品を作る方向へ進んだのである。

3．日本の楽器産業の発展

第一次世界大戦の影響で、ヴァイオリン以外の日本製の楽器の生産も一挙に増えた。まず、ハーモニカは明治後期から売れ始めたものだが、開戦と同時にハーモニカの老舗であったドイツのホーナー社の輸入が途絶えたので、日本楽器の蝶印ハーモニカが大規模に売れるようになり、国内の消費だけでなく、外国にも輸出するようになった。日本楽器以外の中小のメーカーが林立し、ハーモニカの生産は一九一九（大正七）年頃から年額一〇〇万円を突破した。*13

愛知県のヴァイオリン生産を見ると、一九二〇（大正八）年が最も多く、一一〇万円に達していて、ハーモニカ以上の生産高であった。一方、ピアノ・オルガンの生産の伸びも著しく、日本楽器の一九二〇（大正八）年の売り上げは、ピアノ九二万円、オルガン三七万円であった。すでにピアノがオルガンの二倍以上、売り上げがあったわけである。

こうして、日本製の洋楽器はヴァイオリンだけでなく、ピアノやハーモニカも諸外国に数多く輸出された。そのピークは大戦終了の年の一九一八（大正六）年であった。

第4章　ライバル参入の動き

1．一九一五年の鈴木ヴァイオリン工場

海外輸出が軌道に乗り始めた一九一五（大正四）年、『音楽界』の三月号に平戸大による「鈴木ヴァイオリン工場訪問記」が掲載されている。[*1] この記事を手がかりにして、政吉のヴァイオリン工場での楽器の作り方を見てみよう。

県立高等女学校の前を過ぎ行く事数丁にして東区松田町に達す、左側洋風の工場は即ち鈴木政吉氏の経営になれるヴァイオリン工場にして、（……）五馬力電動器二台、技手四名事務員四名、職工百余名許《ばかり》を以《もっ》て日夜楽器の製作に従事せらる。（……）工場はその作業の性質によりて各別の建物に分たれ、板面を削り又は把手の概形を作るが如き粗製の工作場より、順次進みて仕上げ工場に至り、塗り上げの工作に至りて終る。ヴァイオリンの外マンドリン等の多数職工の手によりて作らるるを見たり。

この後、平戸は、ヴァイオリンが作られるまでの工程を記している。

本工場において板面をあら削りする器械は、総て電力を以て運転し、極めて静かに前方より後方に動きつつ、同時に右より左に移動せる台上に置かれたるヴァイオリンの胴の表裏板上に急速力を以て回転せる鋼鉄の薄き歯車様の鋭利なる鉋《かんな》を以て（……）削り行かる。

動力を使ったこの機械は政吉が考案したものであった。記述から、この機械は政吉が発明した表板と裏板を削る機械『ヴァヰオリン』甲板剣削機」であったと思われる。政吉はこのほか、ヴァイオリン頭部の渦巻き状部分を作る「渦巻形削成機」や、その他のさまざまな特殊機械を発明し、工場の機械化を推し進めていた。このことは世に広く知られており、平戸は「単に海外の様式を模倣したる者にあらず我々は鈴木氏が楽器工業に力を尽くされて、海外輸出をまで為すに至りたるその功績に対して感謝の意を表するのみならず、これを製作するに要するに機械の発明に向いて深き敬意を表せざるを得ず」と高く評価している。

さて、木工場を離れて平戸が向かった先は材料乾燥室である。

室内に築かれたる煉瓦造の竈《かまど》より、火気は鉄管を通じて室内を暖むるの装置にして、製作用として適当の大きさに木取れる長方形の木材は床より屋に達するまで高く列をなして積み重ねらる。（……）ヴァイオリンの胴の表面に用いらるる物は、現時総て北海道産の松を用い、その裏板、側部、及び把手等は皆楓樹を用い〔原文ママ〕。楓は以前三重県産の物を採りしかども今は松と同じく北海産の物を用う。これらの樹は総《す》べて秋季樹の水分の少なき時期において伐採し、適当の大さに之《これ》を木取りたる後之を前記乾燥室に積み込み、火気乾燥を行ふ事約五、六ヶ月、それより之を室外に出し、空中において自然乾燥をなさしむ、その日子《にっし》〔日数〕三個年以上八個年とす。

人工的に用材を乾燥させるための火気乾燥室である。ここに用材を入れて半年近く乾燥させてから、自然乾燥へと移るわけである。政吉は音響上から見てもっとも大切な「要条」が「用材の乾燥」だと確信していた。[*2] 用材には、ここでは北海道産のマツとカエデが使われていた。

材質の選定がいかばかり容易ならざるかを知るべし。是《これ》を木取るには、木の中心を省きて放線状に之を引き割り、更に是を中央より縦断して其中軸において之を接ぎ合わす、即ち左右同形同質の一板面を作り出す者にして、ヴァイオリンの胴の中央に一縦線を引く時は、その左右部は一のコングルエント、フィギュアを為す物とす。是れ木質左右全く同じくして、弦の振動を胴に伝ふるの際何らの障害変化なからしめんが為なり。かくの如く此多年乾燥の結果樹の組織中に存じたる樹脂の全く消失し去れる物を採りて初めて、之を製作器械台上に移し、(……) 一定の湾曲したる輪劃《りんかく》を作り、前に記したる如き装置を以て之を粗ら削りし器の縁に並行して繊細糸の如き楓の板を三枚重ね合わせたる物を以て象嵌《ぞうがん》し以て板面の烈傷を予防しかつ胴の表面における音波の散失を阻止するの用に供す。

こうして、ようやく本体部分ができあがる。木取りのむずかしさ、また、樹脂の残っていない材料を使うことの大切さが述べられている。次に、これを仕上げ場に運んで、各種の鉋で上削りを行ない、側面を作り、接《は》ぎ合わせて膠《にかわ》で接着し、別に作った棹の部分をこれに付ける。そして、外形が出来てから、ニスを塗り、附属品を取りつける。

製作に着手せるより仕上げに至るまで実に数十日を要す、一丁三円のヴァイオリンも、十五円の物も、百円の品も、その作業の手続きにおいては毫《ごう》も異なる所なし。唯《た》だ一はその材料を精選し、熟練なる職工の手になりたると、他は普通の材料を以て徒弟の手になりたるとの差あるに過ぎず。その他弓の製造、コマの製作、一として職工が特殊の技能を要せざる物なし。故に本工場においては常に徒弟の養成に力を注ぎ、技術の熟達を図らしめ、熟練したる職工を優遇してその業に安ぜしむ、鈴木製ヴァイオリンの名中外に高き又宜《うべ》なりというべし。

ここでは、安価なものから高級なものまで、製造方法が同じであることが強調されている。アメリカの楽器産業のあり方をモデルにしたピアノやオルガンのメーカーと違い、政吉にはヴァイオリン製作のモデルがまったくなかった。彼はヴァイオリンの製作法を誰からも習ったことがなく、教本もなく、ただ、完成品のヴァイオリンを見て独力でその製造法を考案していった。その際、ヒントになったのは、博覧会で目にする工業製品の製造法ではなかったのだろうか。

ヴァイオリンの製造において、機械化できる部分はすべて機械に任せ、しかも徹底した分業制によって生産効率を上げ、大量生産の道を開くというあり方は、従来、高級品だけでなく普及品についても手工業で作られてきたヴァイオリンの製造のあり方を根本から変えるものであった。これは、政吉がヴァイオリン製作の伝統の中で育ったわけではなく、しかも、その伝統にこだわらなかったからこそ可能だった。

しかし、この一ヵ所集中型大量生産方式により肥大化した工場を、ブームが去った後も維持していくのは非常に難しかった。大戦後、ヨーロッパの情勢が落ち着くと、鈴木ヴァイオリンへのヴァイオリンの注文は激減した。ドイツの生産の復活と共に、新興のチェコスロバキアで低廉な材料と労賃により、製品を盛んに各国に供給するようになった一方、日本では、賃金材料が戦時中から暴騰し戦後も下がらないため、外国市場で価格の点での競争が困難になったからである。[*3] 北村は一九二五（大正一四）年時点で、「国民一般の自覚に依って我国の物価及び労銀の低下する暁においては、輸出拡張易々たることであり、又その実現も近きにあると信ずるのである」と記事を結んだが、こののち国際競争力が回復することはついになかった。結局政吉は、大規模な生産の縮小と人員整理に踏み切らざるを得なくなっていった。

2. 日本楽器の野望

山葉寅楠

第1部でも触れたように、山葉寅楠と八歳年下の鈴木政吉との間には親交がはぐくまれ、終生変わらなかった。

しかし、細かく見ていくと、ことはそれほど簡単ではなかった。山葉は、根っからの楽器職人であった政吉とは異なり、楽器そのものに思い入れがあったわけではない。彼は時の権力と結びつき、次々に事業を展開し、海外にまで進出を図っていった。自社の発展を図る際の山葉の強引なやり方を、政吉は複雑な思いで見ていたに違いない。その火の粉は大正に入ると政吉自身にまで降りかかってきた。

山葉寅楠は政吉同様、内外の博覧会で常に優秀な成績を収め、政吉に先駆けて輸出も始めた。山葉のオルガンは政吉のヴァイオリンよりも、常に一段階上の最高位を受賞していたことは注目される。販売額という点で、ヴァイオリンは学校の楽器となったオルガンには到底太刀打ちできず、それが博覧会での評価にも関係していた。毎回、博覧会では、ヴァイオリンでは最高位を得ながらも、日本楽器のオルガンの評価には届かない、という審査結果に、政吉はほぞをかんだことだろう。

山葉寅楠は一八八九（明治二二）年に合資会社山葉風琴製造所を設立。一八九一（明治二四）年には出資金引き揚げによりいったんは会社を解散するが、河合喜三郎と共同で山葉楽器製造所を設立し、さらに、日露戦争後、一八九七（明治三〇）年に日本楽器製造株式会社に改組した。山葉と鈴木政吉の異なる点は、山葉が浜松の有力者や資産家たちから協力を得ていたことである。地元の資産家たちは、帝国制帽に次ぐこの地方二番目の株式会社の誕生を郷土の誇りとして、資本金募集に応じた。[*4]

一八九九（明治三二）年、山葉は文部省の嘱託として、ピアノ製造の研究と機会・材料の購入のためアメリカに渡る。先述した通り、このときに政吉は、販路の開拓のため、ヴァイオリンを山葉にことづけている。帰国後、山葉は一九〇二（明治三五）年には国産グランドピアノ第一号を完成させ、文部省や農商務省、宮内省からも注文を受けた。この年、遠州森町の日本木工を買収、翌年から高級洋家具製造に着手した。そこからベニヤ生産も始まり、その生産額は、全社生産額の四分の一あるいは三分の一を占めるまでに膨らんでいった。

一九〇三（明治三六）年に開催された第五回内国博覧会では、山葉は自社展示場を天皇の休憩所に充てることに成功し、「玉座」や佩刀架《はいとうか》を製作した。彼は農商務省と静岡県の嘱託として、木工製品の販路・原料調査のため、清国と朝鮮に赴いている。

日露戦争後、楽器の売り上げは急上昇し、一九〇八（明治四一）年には満州に大連支店を作る。これは後藤新平とのコネクションを利用したものだった。この支店は楽器輸出だけでなく、三井物産や髙島屋と提携して、軍部や満鉄を中心とする土木・建築、家具・室内装飾の請負、さらに、満州全域を市場とする食器・什器類の販売を行なっていた。

翌一九〇九（明治四二）年四月、日本楽器は白井練一の共益商社楽器部を乗っ取りのような形で買収する。山葉寅楠はオルガンの販売店をすべて直営にしたいという願望をもっていた。もともと白井の支援があって成功した山葉寅楠であったが、自社の発展を図るためには容赦なかった。こうして、山葉寅楠は自社の直営販売店として銀座に日本楽器製造株式会社東京支店を開設する。もっとも、名称はずっと後になるまで、日本楽器製造株式会社東京支店共益商社と呼ばれ、共益商社の名前は残っていた。直売方式に切り替えたことで、日本楽器は同業他社を完全に圧倒するようになった。

天野千代丸の入社

順風満帆に見えた日本楽器だが、ベニヤの化粧板用にするために富士山麓や伊豆で行なっていた神代杉の開発が失敗し、巨額の損失をこうむってしまう。

山葉寅楠は経営危機を打開するために、静岡県浜名郡長だった天野千代丸に入社を要請した。天野はなかなか首を縦に振らなかったが、山葉から依頼された松井茂（静岡県と愛知県の知事を歴任した）の説得もあって、一九一三（大正二）年八月、副社長の肩書で入社。これ以降、経営の実権は天野が握り、山葉自身は晩年の力を合成化学工業の育成に注いだ。

天野は一八六五年小倉藩で剣術指南役の家の二男として生まれ、萩の旧藩校と松江の師範学校を卒業したのち、内務官僚としての道を歩んだ。彼は事業経営の経験をもっていなかったが、郡長時代のリーダーシップを山葉は高く評価していた。

日本楽器のハーモニカ

一九一四（大正三）年、日本楽器はハーモニカの製造を始めた。当時日本の市場を独占していたのはドイツ製だったが、それに対抗すべく生産を開始した直後に、第一次世界大戦が起こった。ドイツからの輸入は途絶えたため、日本楽器のハーモニカが国内市場を独占したが、それればかりでなく、それまでドイツが押さえていた海外諸国にも進出し、売上高は同社の全製品中、トップの座を占めるようになった（一九一九年全楽器生産額二四七万五四四〇円中、一五五万六四九四円、六二・九パーセント）。また、木琴や卓上ピアノ、卓上オルガンなどの玩具用小楽器の生産もはじめ、国内だけでなく、外国にも輸出するようになった。

日本楽器によるヴァイオリンの試作

さらに、日本楽器はヴァイオリン製作にも踏み込むべく、ひそかに試作にとりかかった。ヴァイオリンの輸出が好調なことに目をつけたのだろう。山葉寅楠と鈴木政吉とが親しかったことを考えれば、日本楽器がヴァイオリンに手を出したことは不思議な気もするが、この時期、日本楽器本体の経営については、副社長であった天野がすでに実権を握っていた。したがって、ハーモニカ、木琴、卓上ピアノ、卓上オルガンなど、輸出できそうなものに手を拡げていったその延長にヴァイオリンがあったと考えれば納得できる。

山葉寅楠自身は腎臓を患い、一九一六（大正五）年死去するが、このころ、日本楽器には槇田某という人物を中心に、ヴァイオリン試作のプロジェクトチームが作られていた。そのチームに加わっていたのが、当時二〇歳の大橋幡岩《はたいわ》（一八九六―一九八〇）である。大橋はのちにピアノ作りの名工として知られるようになる人物だが、一九〇九（明治四二）年一三歳で日本楽器に入社しピアノアクションの製作をしていた。社長命令によりヴァイオリンの渦巻きを機械加工で行なうことに決まり、大橋にその設計開発が命じられ、大橋は苦心惨憺してようやく機械を完成させた。

ヴァイオリンのスクロール（渦巻き）削り装置

大橋幡岩が開発を任されたヴァイオリンの渦巻き削り装置は、鈴木ヴァイオリンでは明治時代に政吉が開発し、実用化していたものである。

鈴木ヴァイオリンがさまざまな機械を多数使って生産していることは周知の事実であったが、政吉は当時、機械の特許を申請していなかった。それを知って、日本楽器側も独自に渦巻きを削る機械の開発に向かったのであろう。政吉がこのスクロール加工機の特許を申請するのは一九一八（大正七）年になってからであるが、政吉が特許を申請したのは、日本楽器との一件があったからであろうか。日本楽器との決着がついてから申請したと見るべきなのか。いずれにしても、この特許によって政吉は発明家としての名声を獲得した。

さて、ヴァイオリン製作用の機械まで新たに作り上げた日本楽器であるが、その後まもなく日本楽器と鈴木ヴァイオリンの両社の合意により、日本楽器はヴァイオリンの製作を中止する。大橋は、あれほど苦労して作り上げた技術がまったく生かされることなく、「大変、ご苦労であった」の一言ですべてが終わり、「とても残念でならなかった」と漏らしていたという。[*5]

試作楽器が残っていることといい、機械の開発といい、日本楽器が当時、本気でヴァイオリン製造への参入を企てていたことがわかる。その日本楽器が参入を断念したのはなぜだったのか。当時経済力でやや勝っていた鈴木ヴァイオリンに対抗することは不利であったからだという。そのとき、仲介したのが、両社の総代理店であった大阪の三木佐助であったとされる。話し合いのとき、鈴木はオルガンを製作せず、日本楽器はヴァイオリンに参入せずと約束したという。[*6]

実際に日本楽器（一九八七年社名をヤマハに変更）がヴァイオリンに参入するのは二〇〇〇（平成一二）年になってからである（電子楽器であるサイレント・ヴァイオリンは一九九七年から参入していた）。一九九八（平成一〇）年鈴木鎮一が九九歳で没したことが契機になったという。[*7]

天野千代丸の社長就任

天野千代丸は山葉寅楠の没後、一九一七（大正六）年に社長に就任する。就任直後、資本金を六〇万円から一挙に二倍の一二〇万円に増資、さらに、一九二〇（大正九）年には三〇〇万円に増資。売上高も飛躍的に増え、釧路にベニヤの原料工場を新設した。第一次世界大戦中、ベニヤ製で陸軍の弾薬箱を作り、納品するようになったことも見逃せない。

一九二〇（大正九）年に始まった戦後恐慌によって、大戦中に乱立した群小のハーモニカ・メーカーは倒産したが、逆に日本楽器の製品は売れ行きを伸ばした。ところが、翌一九二一（大正一〇）年になると、輸出力を回復したドイツがピアノ・ハーモニカの世界市場奪還を目指して逆襲を開始する。日本楽器は六二九人を解雇し、従業員をわずか三五一人に縮小することになった。
このあたり、楽器の輸出に関しては、鈴木ヴァイオリンと状況は似ているのだが、日本楽器が鈴木ヴァイオリンと異なっていたのは、楽器に特化した経営でなかったことである。従業員を三分の一に減らしたこの年、日本楽器は陸軍省の発注で航空機用の木製プロペラの製造を開始。一方、宿敵であった横浜の西川楽器を合併吸収して横浜工場とし、国内市場の九割近くを独占するようになった。

3. 三者協約の緩み

さて、一九一六（大正五）年頃、製造の棲み分けをめぐって鈴木と日本楽器の両者を仲介したとされる大阪の三木佐助は、共益商社の楽器部を乗っ取りのような形で買収した日本楽器に対して好い印象をもっていなかった。

日本楽器は第一次世界大戦が終わると、洋楽器隆盛の波に乗って、一九二二（大正一一）年一月、大阪支店を四ツ橋に開設する。[*8] 三木佐助に対しての宣戦布告である。日本楽器大阪支店は関西全般を席巻し、さらに朝鮮半島まで営業範囲に入れて活動した。それに対して、明治以来長年にわたり、山葉ピアノ・オルガンの関西一手販売元として日本楽器を支えてきた三木楽器店は、山葉製品の取り引きを止め、スタインウェイ・ピアノの日本における販売特約店として活発な活動を始めた。日本楽器はベヒシュタイン・ピアノの日本における販売特約店となり、張り合った。
その後一九二七（昭和二）年、川上嘉市《かいち》が日本楽器社長に就任した際、会社の誇る名工の河合小市《こいち》は退社して独立し、河合楽器を設立するが、そのとき三木佐助は、河合の独立を支援したともいわれる。＊9

実際、三木楽器店と河合楽器とのつながりは強かった。三木楽器店は一九二九（昭和四）年から河合の製品を三木ブランドで売り出している。戦前、河合の製品の八割から九割までが「三木ピアノ・オルガン」として売られていたという。戦後になっても、中部以西は大阪の三木楽器店が総販売元として販売権を握り、東は東京京橋の河合楽器株式会社が販売権を握っていた。そのため、河合楽器の二代目社長河合滋《しげる》にとって、三木楽器から独立することが社長就任後の当面の目標となった。＊10

明治時代に始まった山葉寅楠、鈴木政吉のメーカー二社に対して、当時、東京の共益商社と大阪の三木書店の間で結ばれた三者協約は、大正期に入って当事者の代替わりもあり、そのままでは立ち行かなくなってしまった。

この契約は、メーカーが共益商社と三木書店に独占的に品物を売る代わりに、品物が売れるか売れないかにかかわらず、約束の日に約束した金を必ず送金するという決めがあったことから、メーカー側としては、安定した収入が見込める契約だった。

契約の内容は大野木の論文にくわしく掲載されているが、従来一〇年または五年だった契約期限が三年に短縮され、内容も一部変更された。いずれにしても、日本楽器が共益商社を乗っ取り、さらに、大阪に支店を設け、大阪の三木佐助と険悪な間柄になる中で、鈴木ヴァイオリンの立場は微妙なものとなった。また、鈴木ヴァイオリンの側でも、第一次世界大戦中の大量輸出によって、国内の契約が果たせなくなることがあったという事情があった。

鈴木政吉が一九三〇（昭和五）年まで個人工場を続けたのに対し、山葉寅楠は企業人として会社の多角化をめざし、早くから株式会社の形にした。河合喜三郎と共同で設立した山葉楽器製造所を日本楽器製造株式会社に改組したのは一八九七（明治三〇）年であり、翌年には早くも音叉《おんさ》が三本交わった形の商標を定めている。登録商標は鈴木ヴァイオリンよりもずっと早かった。ともあれ、大正の初め、政吉は手ごわい日本楽器のヴァイオリン製造への参入を防ぐことができた。

4. 政吉の評判

一九一五（大正四）年、大戦の影響で海外から注文が殺到し、ヴァイオリン工場では職工が昼夜兼行で働いているような時期に、『名古屋実業界評判記』で政吉が取り上げられている。

商売は極めて進取的であるが、人物も寔《まこと》に篤実である。勧業協会などへは自ら進んで尽力し種々の役員になって奔走する。温厚見るから莞爾《にこやか》な人で、商売柄長唄が上手、自ら三味線を取って客の御馳走にと遣り始めると夢中になって、客は辟易《へきえき》して何時《いつ》の間にか退散[*11]……

温厚でにこやか、長唄が上手という政吉である。客に披露するのは、ヴァイオリンではなく、三味線の長唄であった。しかも、客がいなくなっても弾き続けるほど、長唄好きだった政吉の姿は興味深い。

常磐津《ときわず》語り、岸沢和佐寿への支援

政吉は、名古屋において開かれるヴァイオリンの演奏会を数多く主催したが、政吉が音楽家を直接支援したことで知られているのは一例だけ、しかも、それは常磐津語りの女性であった。常磐津は、三味線伴奏の語り物である江戸浄瑠璃《じょうるり》の一流派である。

政吉は親孝行と評判の常磐津語り、岸沢和佐寿の芸を世に紹介するため、その独演会を開くに当たって後援を頼む人を集めて、東山の自分の邸で相談会を行なった。一九二五（大正一四）年二月八日のことである。その際、余興として、政吉が三味線を弾き、息子の梅雄が長唄《吾妻八景》を歌った（『名古屋新聞』一九二五年二月八日）。梅雄もまた、長唄小唄共に上手であった。

一方、一九二一（大正一〇）年になると、政吉は、『名古屋新百人物』の中で、次のように描かれている。

鈴木さんを商人と見るは間違いだ、一般商人に見る卑劣なところが無い。事業家と見るのも間違いだ、縦横の策略が無い。発明家と見るは最も当れるに近いもので畢竟《ひっきょう》するに［つまるところ］鈴木式ヴヮキオリンを発明してその製造を逐年拡充して行き終《つい》に今日の誉れと富を獲《え》たのであってその径路を顧みれば甚だシンプルなものである。だからその性格中には商人根性も無ければ事業家根性も認むることが出来ない。

和服姿の政吉（1921年頃）

政吉（1920年）

政吉（1921年）

昔《むか》しの武士気質其儘《かたぎそのまま》でただ堅い正直な人というが最も鈴木さんを説明し得た言葉であろう。[*12]

書き手の目に映った政吉は、商売人でもなく、やり手の事業家でもなく、発明家が一番近いが、要は「昔の武士気質そのまま」であった。還暦を過ぎてからは、武士気質が前面に出てきたようで、これは一九二七（昭和二）年のミハエリスの「古風な純正日本人」という政吉評（第６章）とも通じるものであった。

第5章　三男、鈴木鎮一

鈴木政吉は子沢山で、二人の妻との間に九男（うち七男と八男の二人は夭折）四女があった。

長男梅雄は高等小学校卒業後、ただちに父の工場に入った。次男六三郎は愛知一中を卒業後、東京美術学校に進学を希望したが、父から、「学校を出ても腕がなければ何もならない、兄に続け！」と命じられ、こちらもすぐに工場に入った。[*1]三男鎮一も名古屋市立商業学校卒業と同時に工場に入った。しかしその後、鎮一はプロのヴァイオリニストとしての道を歩み、ドイツで勉強し、父のヴァイオリン製作にも大きな影響を与えることになった。

ここでは鎮一と政吉とのつながりに焦点を当てる。鎮一はヴァイオリンの教授法として全世界に広がっているスズキ・メソードの創始者であることはよく知られているが、[*2]それとは別に、政吉の晩年の仕事の方向性は、鎮一が実際にドイツに留学したことによって、新たな局面を迎えたからである。それは日本の洋楽受容の動向とも深く関係していた。

鈴木鎮一の教育法に関しては、国内外を問わず多くの研究者によって研究されてきた。鎮一の著作も二度にわたって全集が刊行されている。しかし、鎮一自身に関するまとまった評伝はまだ刊行されていない。鎮一の生涯に関して言及される際の典拠は、その多くが鈴木自身の著作にあるエッセイに依っているが、自身の記述の中にも相違があり、扱い方には注意する必要がある。

1．鎮一、ヴァイオリンに目覚める

政吉の三男鈴木鎮一は、一八九八（明治三一）年、名古屋市東門前町に政吉と良（―一九二八）の間に生まれた。長男の梅雄と次男の六三郎は進学の希望があったにもかかわらず、梅雄は高等小学校まで、次男は中学校しか学校に行かせてもらえなかったが、三男鎮一は商業学校に通わせてもらっている。将来会社の経理を担当することを期待されていたようだ。

鎮一は父のヴァイオリン工場で夜業で働く工員たちから講談の主人公の武勇伝を聞くのが楽しみで小学校時代を過ごした。[*3] ヴァイオリンは鎮一にとって身近な存在だったが、鈴木家の生活に西洋音楽はなく、「商品」であっても「楽器」ではなかった。

名古屋商業学校に入学してからは、夏休みには工場を手伝うようになった。この間に鎮一はヴァイオリン製作のひと通りのことを覚えた。卒業する前に、家に蓄音機が入る。モーターではなく、朝顔型のスピーカーのついた、手回し式の蓄音機だった。そこで買ってきて聴いたのが、エルマンの弾くシューベルトの《アヴェ・マリア》であった。その甘美な音に鎮一は魂も揺さぶられる心地がした。ミッシャ・エルマン（一八九一―一九六七）はウクライナ生まれのアメリカのヴァイオリニスト。ペテルブルク音楽院でアウアーに師事し、「エルマン・トーン」と呼ばれる甘美な音色で一世を風靡《ふうび》した。

「ヴァイオリン工場で育ち、きょうだいげんかのときなど、ヴァイオリンでたたき合ったり」していた鎮一にとって、ヴァイオリンは「おもちゃの一種」であった。ところが、このエルマンのレコードがきっかけで、おもちゃのように思っていたヴァイオリンの本当の音色を知り、ヴァイオリニストへの道を歩み出すことになった。

鎮一は工場から一つヴァイオリンをもらってきて、「エルマンのレコードで、自分でできそうなハイドンの『メヌエット』を聴いては、その音を出す」ように試みて、悪戦苦闘の末、どうにか音が出るようになった。このエピソードは鎮一の代表的著書『愛に生きる』によるものだが、その一方、一九二七（昭和二）年に出版された『現代音楽大観』の鈴木鎮一の紹介には、以下のように記されている。

（……）幼少の時より絃楽器に対する趣味を有していた。当時君の家には山田ホテルの管絃楽指揮者として知られていた藤井氏が寄寓していたので同氏よりヴァイオリンの奏法に関して初歩より親切に教えられ研究を開始したのがそもそも楽界に身を投ずる第一歩とも云うべきであって、爾来殆《ほとん》ど独学的に苦心研究する所あり[*4]（……）

つまり、この記述によれば、鎮一は、ヴァイオリン奏法の手ほどきはプロの音楽家にしてもらっていたわけで、最初から完全に独学であったわけではない。兄の梅雄も東京に出向中は、東京音楽学校専科でヴァイオリンを習っていた。

ともあれ、鎮一はレコードでエルマンの演奏に接して、「エルマン・トーン」に衝撃を受けたことは確かで、それ以降、レコードを頼りに、独学でヴァイオリンを練習した。

2. 演奏家への道

名古屋商業学校を卒業すると、鎮一は工場の輸出係として荷造りや帳簿の仕事を担当した。ところが、二年後に身体をこわし、三カ月間、興津《おきつ》で療養生活を余儀なくされた。療養先で鎮一は北海道根室の実業家である柳田一郎の一家と親しくなる。柳田に誘われて、鎮一は、徳川義親《よしちか》侯爵率いる北千島探検旅行に参加することになった。一九一九（大正八）年の夏のことである。柳田は徳川義親の学習院時代の学友であった。鎮一がここで徳川義親に出会ったことが、彼のその後の人生を決めた。徳川義親に関しては、改めて述べる。

一カ月をかけて千島列島を船で回った探検旅行の間、鎮一は、一行の一人、幸田延と親しくなった。延は日本の洋楽黎明期を支えた人物でありながら、東京音楽学校から排斥され、野に下っていたが、その後は「審声会」を立ち上げ、上流階級の子弟にピアノの個人指導に当たっていた。延は兄（幸田露伴の兄）の郡司成忠《ぐんじなりただ》海軍大尉（一八六〇―一九二四）が北千島の探検・開発に尽力した縁で、この旅行に参加したらしい。

船上のサロンで、鎮一は幸田延のピアノでヴァイオリンを演奏した。ヴァイオリニストでもあった延は、それ以前から政吉とは知り合いで、一九〇八（明治四一）年には鈴木ヴァイオリンの推薦文を妹のヴァイオリニスト安藤幸とともども書いていた。また、政吉が一九一〇（明治四三）年、日英博覧会でロンドンを訪れたとき、現地で会っている。

千島の旅が終わりに近づいたころ、徳川義親は鎮一に「ヴァイオリン工場で働いているより、正式に音楽をしたら……」と勧められ、幸田延も賛成した。鎮一は父が音楽の勉強を許してくれるとは思っていなかった。鎮一によれば、政吉は音楽家、特に演奏家に対しては無理解で、「いくら好きでも、あんなにたくさんのひとの前で頭をさげる仕事などしなくていい。もし音楽が聴きたかったら、りっぱな仕事をして、そういうひとを呼んで聴かせてもらえばいいのだ」と言っていた。

ところが、千島から帰って、秋になると、名古屋の自宅に徳川義親が政吉を訪ねて来て、鎮一に音楽の勉強をさせたらどうか、幸田さんも見込みがあるとのことだから、と頼んでくれたところ、意外にも政吉はそれを承知した。政吉は義親に「音楽の勉強をさせますから、よろしくお願いします」と言ったのである。

3. 徳川義親侯爵との出会い

徳川義親は一八八六（明治一九）年、もと越前福井藩主松平慶永《よしなが》（春嶽）の五男として東京に生まれ、一九〇八（明治四一）年尾張徳川家の養子となり、同家第一九代を継ぎ、翌年先代長女米子《よねこ》と結婚した。学者肌で、物腰が穏やかで、偉ぶるところのない人物だったという。[*5] 義親は鈴木鎮一にベルリン留学を勧め、のちには才能教育研究会の名誉会長を務めるなど、公私にわたり鎮一を支援し、一九七六（昭和五一）年、長い生涯を閉じた。

義親は一九一一（明治四四）年東京帝国大学文科史学科を卒業したのち、帝国大学理科に学士入学し、植物学を専攻し一九一三（大正二）年卒業。大正時代には生物学研究所と林政史研究所を個人で始めている。一九三一（昭和六）年には、小牧山《こまきやま》を小牧町に、名古屋別邸の広大な敷地の大半を名古屋市にそれぞれ寄付。名古屋別邸の場所が現在の徳川園になっている。また、財団法人尾張徳川黎明会を興して祖先から受け継いだ「源氏物語絵巻」（国宝）など一万数千件もの物品を寄付して徳川美術館を作り、研究所も財団の研究機関に組み込んだ。[*6]

1925（大正14）年11月16日　鈴木政吉邸にて
鈴木政吉邸で園遊会があったときの写真らしく、徳川黎明会に所蔵されているもの。徳川義親（後列右端）、政吉（後列中央）、一時帰国中の鎮一（前列右から2人目）、鎮一の母良（後列右から3人目）らの顔が見える。名古屋の東山に建設された政吉の邸には広い日本庭園があった。

多彩な経歴の持ち主であり、さまざまな活動を行なった義親であるが、音楽面で注目されるのは、一九二七（昭和二）年発行の『現代音楽大観』の記述に、当時貴族院議員でもあった義親が「長唄に趣味を有し特に笛には頗《すこぶ》る堪能である」と書かれていることである。

長唄趣味という点では、義親と政吉は通じるところがあったわけである。鈴木政吉の息子たちで結成された鈴木クワルテット（鎮一、二三雄、章、喜久雄）は戦前、「徳川義親氏の笛と秩父宮ご夫妻と長うたの合奏を行ったこともあった」という。[*7]

政吉は、大正の終わりから昭和にかけて、楽器の音の鳴り方をよくする「済韻《さいいん》」の方法を考案するが、ヴァイオリンだけでなく、義親愛用の笛にも、その「済韻」を施している。

また、この方法を「済韻」と名付けたのも義親である。

4．ドイツ留学

一九二〇（大正九）年春、鎮一は上京し、徳川義親の家に寄宿しながら、幸田延の妹、安藤幸にヴァイオリンの個人レッスンを受け始めた。安藤の勧めもあって、上野の東京音楽学校入学を目指すが、同校の卒業記念演奏会での学生の演奏を聴いて失望し、受験をやめる。結局、鎮一は音楽学校で勉強することは一度もなかった。

以後、鎮一はヴァイオリンのレッスンの他に、弘田龍太郎に楽典を、田辺尚雄に音響学などを学んだ。また、徳川侯爵家を訪れる物理学者の寺田寅彦、音声学者の颯田琴次らからも薫陶を受けた。ちなみに、颯田は兄の梅雄が東京音楽学校に通っていた時分、師事していた頼母木こまから一緒にカルテットを組まないかと言われたときのメンバーの一人だった。鎮一はこうして当時としては非常に恵まれた環境で勉強した。

一九二一（大正一〇）年一〇月、鎮一は徳川侯爵らの世界漫遊旅行に同行し、ドイツへ留学する。鈴木ヴァイオリン工場の経営も順調であった時代で、政吉は鎮一が徳川義親と世界旅行するための費用として一万五〇〇〇円をポンと用意した。鈴木家では、ちょうど、長男梅雄が一九二〇（大正九）年七月に渡米し、欧州を回って、翌年に帰国したところだった。

こうして、鎮一は東京音楽学校に入る代わりに、当時、日本最大の客船で、これが処女航海であった箱根丸に乗船して、ヨーロッパを目指した。彼はフランスのマルセイユまで徳川義親らに同道し、

鎮一と徳川義親（1922年ベルリン）

そこで一行と別れて、船で親しくなったドイツ人の案内でベルリンに赴く。一九二二（大正一一）年一月のことだった。それからおよそ三カ月、鎮一はコンサートを聴き歩き、自分が師事すべき音楽家を探した。

フレッシュ、フォンラール、マルトー、ハーベマン、フーバマンなど、さまざまな演奏家を聴いたが、これはと思うヴァイオリニストには出会えなかった。[*8] あきらめてウィーンに行こうかと思っていた矢先、鎮一はクリングラー弦楽四重奏団のオール・ベートーヴェン・プログラムをジングアカデミーで聴き、その演奏に心を打たれ、ベルリン高等音楽学校の教授であったクリングラーに弟子入りしようと決心した。

鎮一は誰の紹介もなく、英語で直接、弟子にしてほしいとクリングラーに手紙を書いた。その後、現地の日本人音楽家から、クリングラーは弟子をとらないと聞いてがっかりしたが、意外にもクリングラーからは返事が来て、レッスンを受けられることになった。

このあたりの事情を、デイヴィッド・シェーンバウムは、クリングラーはのちにユダヤ人のヴァイオリニスト、ヨアヒムの像を守ったことからも人種差別主義者ではなかったし、世界の果てから来た一七歳〔原文ママ、実際は二三歳〕の初心者の挑戦がクリングラーの心を動かしたのであろうと書きつつ、一方で、第一次世界大戦後のハイパー・インフレが進行していた当時、実価貨幣でレッスン代が受け取れるのも魅力であっただろうと分析している。[*9] 確かに、一回につき邦貨で二〇円というレッスン代は高額だった。これは鎮一が日本で師事していた安藤幸のレッスン代の二倍ということで取り決めたものだったが、[*10] 当時の小学校教員の初任給が四〇円から五五円であったことを考えれば、およその見当がつく。

鎮一はクリングラーのレッスンでは最初の四年は協奏曲とソナタ、後の四年は室内楽を教えてもらった。シェーンバウムは最初の四年間は主に練習曲と音階練習をしていたと記述しているが、もちろん、練習曲と音階の練習も行なっただろうが、協奏曲とソナタを勉強していたことは確かである。というのも、鎮一がアインシュタインのホームコンサートで当時勉強していたブルッフの協奏曲を演奏したという話があり、さらには、一時帰国した際、披露演奏会でバッハの協奏曲とフランクのソナタ

鎮一から梅雄に宛てた1922年10月21日付の絵はがき。表はクリングラー教授の写真。
文面は「拝啓　当地では昨日わずかながらも降雪を見ました。それほど気候が日本と違っております。私の先生のクリングラー教授の絵はがきを買いましたからちょっとお目にかけます。だんだんと独逸の状態が悪くなってゆきますので面白くありません。10月21日。ベルリン　鎮一」 まるでブロマイドだが、ベルリンの音楽学校の教授の写真が絵はがきになって売られていたわけである。

を演奏しているからである。

ちなみに鎮一はマンフレード・グルリット（一八九〇―一九七三）のピアノで、一九二八年にフランクのヴァイオリンソナタをベルリンで録音し、ドイツ・グラモフォンからリリースする。これは日本人初のソナタ全曲録音で、日本人演奏家による本格的なヴァイオリンのレコードとして初めて海外でリリースされた。日本ポリドールから発売されるのは一九三八（昭和一三）年である。[*11]

ピアノを担当したグルリットはドイツの指揮者・作曲家で、ベルリンで作曲をフンパーディンクに師事し、一九二四年ベルリン国立歌劇場の指揮者に就任。一九三三年ナチスにより解雇され、三九年に来日し、オペラやコンサートに活躍した。グルリットは日本のクラシック音楽の発展に貢献した人物として知られるが、鎮一と共に録音したのは来日前であった。どのような経緯で録音が行なわれたのかは不明である。

録音を行なった一九二八年、鎮一は急遽母危篤の報を受けて帰国し、その後は日本で活動する。彼はすぐに弟たちと鈴木クワルテットを組織し、日本ではまだ珍しかった弦楽四重奏団として、室内楽の普及に取り組むことになった（第3部第1章参照）。

5. カール・クリングラー

鎮一が師事したカール・クリングラー（一八七九―一九七一）は、シュトラスブルク（現フランス領ストラスブール）生まれのヴァイオリニスト・作曲家。父はシュトラスブルクの劇場オーケストラのヴァイオリン奏者だった。[*12] クリングラーは生地の音楽学校を経て、ベルリン高等音楽学校でヨゼフ・

ヨアヒムにヴァイオリンを、マックス・ブルッフとローベルト・カーンに作曲を師事。一九歳で作曲のメンデルゾーン賞を受賞する。一九〇四年ベルリンフィルハーモニー管弦楽団の第二コンサートマスターに就任し、一方で、ヨアヒム弦楽四重奏団ではヴィオラ奏者を務める。一九〇五（明治三八）年、クリングラー弦楽四重奏団を組織し、演奏活動を始める。その一方で、彼は一九〇四年からベルリン高等音楽学校で後進の指導に当たった。ヨアヒムの愛弟子だったクリングラーの楽器のストラディヴァリは、ヨアヒムが持っていたものであった。

鎮一はクリングラーを、深さを持った温かい立派な大家として尊敬した。マーガレット・メールによれば、一九〇八年から一九二六年までベルリン高等音楽学校で教鞭をとっていた名教師カール・フレッシュが、『ヴァイオリン奏法』において、ヴァイオリン演奏の生理学的な側面に重点を置いたのに対して、クリングラーのアプローチは「哲学的な」アプローチであったという。クリングラーはすぐれたテクニックの持ち主であったが、テクニック至上主義ではなく、テクニックが音楽に奉仕することを望んだ。

ヴァイオリンを本格的に勉強し始めたのが遅かった鎮一にとって、こうしたクリングラーの姿勢はありがたかった。クリングラーは鎮一を自宅で開くホームコンサートに迎え入れた。そこで鎮一は音楽家はもとより、ベルリンの音楽好きの知識階級のブルジョワたちとも知り合いになったのである。

鎮一はクリングラーからヴァイオリンの演奏だけではなくその人格からも大きなものを得た。一九三六（昭和一一）年、ナチスドイツが台頭すると、ベルリン高等音楽学校の正面にあったヨアヒムの胸像の撤去が命じられた。ヨアヒムはユダヤ人であった。そのとき、クリングラーはその像を守り、ついには自身が音楽院を追われてしまう。クリングラーは信念の人であった。

6．ベルリンでの日々

これまで知られていなかったが、鈴木鎮一は一九二三年の春、ベルリン高等音楽学校の入学試験を受けていた。一九二二年四月ごろからクリングラーに師事して、一年後のことである。結果は不合格であった。このときの受験者は四四人。合格者は一二名だった。[*13]

ベルリン芸術大学で調査したところ、鈴木鎮一は試験でヘンデルのニ長調のヴァイオリンソナタを演奏していた。試験成績の欄には曲目とともに「空席があれば合格」と記載され、備考欄に「スズキはクリングラー教授の指導を希望」とあった。合格の欄に記入しかけた跡が見えることから、あと一歩だったと思われる。[*14]

クレンゲル教授のポートレート

ベルリン高等音楽学校の試験で不合格だった鈴木鎮一は、一九二八年に最終的に帰国するまで、学校に入ることはなく、クリングラーの個人レッスンを受け続けた。

一九二三年八月には、鎮一の弟で、政吉の五男、二三雄《ふみお》（一九〇〇―一九四五）がライプツィヒに留学する。二三雄は鎮一同様に名古屋市立商業学校の出身で、卒業後、しばらく工場を手伝った後、一九二〇（大正九）年、上京して東京音楽学校教授、ヴェルクマイスターに二年間師事。その後、一九二三年八月にドイツに留学し、ライプツィヒで名教師ユリウス・クレンゲル（一八五九―一九三三）教授に師事して四年間過ごし、一九二七（昭和二）年一月に帰国した。クレンゲルはドイツのチェロ奏者、作曲家である。彼は音楽一家に生まれ育ち、一五歳からゲヴァントハウス管弦楽団で演奏、一八八一（明治一四）年から一九二四（大正一三）年まで首席チェロ奏者を務めた。一八八一年以来ライプツィヒ音楽院教授。ソリスト、ゲヴァントハウス四重奏団メンバーとしてヨーロッパ各地で演奏活動を行った。クレンゲル教授の下では、先に高勇吉《こうゆうきち》（一九〇一―一九五一）が学び、さらに、チェリスト、指揮者、音楽教育者として知られる斎藤秀雄（一九〇二―一九七四）もライプツィヒ音楽院でクレンゲルに学んだ。

当時のドイツは大変なインフレで、日本円は強く、ドイツで暮らしていくのに不自由なかったという背景もあるが、第一次世界大戦を契機として、ヨーロッパで実際に勉強する音楽家が増え、日本人の洋楽受容のあり方が一変したことは確かである。

7．グァルネリの購入

鎮一がベルリン留学中、ドイツは空前のインフレに見舞われていた。田辺尚雄によれば、ベルリンの鈴木鎮一が自分に絵はがきを送って来るのに、三二万マルクの郵便切手が貼ってあったという。*15 当時、外国郵便のはがき代はわずか四銭であった。つまり、日本の四銭がドイツの三二万マルクに当たっていた。第一次世界大戦前はドイツの一マルクは日本の五〇銭に相当した。

それほどひどいインフレだったので、ドイツ人で立派な名器を所持していた人たちも、生計に困って、秘蔵の名器を売る者が多く、それを一まとめにしてアメリカに持って行って売るために船で運んだという。その船が途中で日本の横浜に寄港したので、それらの名器を集めて日本橋の三越デパートの一室で陳列して、特別に音楽家を招待して展覧させた。その時田辺も招かれて行った。いろいろ比較できて大いに参考になったという。管理者であるドイツ人にその大体の価格を尋ねてみたところ、当時の金額にして大体ストラディヴァリが一五万円、グァルネリ（グァルネリウス）が一〇万円、アマティが五万円。ほかは一万円ぐらい、またはそれ以下とのことで、これが一九二一（大正一〇）年頃の相場であったという。[*16]

鎮一のベルリン滞在中、グァルネリの銘器が売りに出た。しかし、当時はまだ戦後の混乱時代で、電報為替の制度が復活していなかったので、名古屋の父から金を送ってもらう時間の余裕がなかった。ぐずぐずしているとその銘器はアメリカ人などの手にわたってしまうと焦った鎮一は折からイギリスにいた徳川義親に相談し、その金を融通してもらい、入手したという。

グァルネリはイタリアのクレモナで活躍したヴァイオリン製作者の一族で、アマティの弟子であったアンドレアが初代。孫がジュゼッペ（一六九八―一七四四）、通称デル・ジェスで、ストラディヴァリと並び称される名工である。

このグァルネリ購入のいきさつについて、会社所有の『帝発タイムズ』大正一五年九月三日付の記事によれば、次のように書いてある。

　大正十年翁〔政吉〕の息鎮一君はヴァイオリン演奏研究のため独乙《ドイツ》へ渡航した。その留学中伯林《ベルリン》の某旧家の未亡人から、昔よりその家に伝わるガルネリユース作のヴァイオリンを買い取って呉れぬかとの交渉を受けたのであった。夫人は戦後の窮迫に際し該器の処分を思い立ったが、当時ドイツの状態では日本人か米人位に売るのが一番有利と考えたのであろう。ヴァイオリン弾きの鎮一君をその選に当った次第である。驚きかつ喜んだ鎮一君は、早速折柄滞英中の徳川侯に応援を乞い、百四十万万マークを投じて該器を買い取った。

一体ガルネリユース等の楽器が滅多に手に入るものではないが、鎮一君は実に幸運であったと云うべきである。

該器はその後ベルリンの某楽器商が一万二千円なれば何時にても買い取りたしと申込んで来たそうであるが素《もと》より応じなかった。昨春帰朝に際し持帰って政吉翁に捧げた。

鎮一が夫人と交渉している間に、インフレがさらに進み、銘器グァルネリが二日のうちに半額になった。土曜日に四〇〇〇〇円であった二〇〇万マルクが日曜日のうちに暴落しており、二〇〇〇円で二〇〇万マルクになったという。楽器に関しては、鎮一によれば、楽器の中のラベルを見ると、「Josef Guarnelius 1725——古銘器は偽物が多いので、鑑定眼のない私が、真偽のほどを見分ける力はもちろんないが——ベルリンの楽器製作者、オット・メッケルの鑑定書がついている。それによると、息子の Petrus Guarnelius の作であり父のヨセフのところで働いている時代に、父の助手として作ったもの」と記されていたという。*17

鎮一は一九二五（大正一四）年一時帰国する際にこの楽器を持ち帰り、父政吉に手渡した。政吉はその楽器を徹底的に研究し、自作高級手工ヴァイオリンの製作に乗り出すのである。

第6章　アインシュタインとミハエリス

1. アインシュタイン博士の来日

第一次世界大戦後、日本を訪れた外国の著名人は演奏家ばかりではない。相対性理論で知られるアルベルト・アインシュタイン博士（一八七九―一九五五）は、二〇世紀最大の物理学者とも、現代物理学の父とも呼ばれ、二〇世紀の天才の代名詞ともなっているが、アインシュタインもまた、一九二二（大正一一）年日本を訪れ、各地で熱狂的な歓迎を受けた。改造社の招きで来日したアインシュタインは一九二二（大正一一）年一〇月八日、マルセイユで日本郵船「北野丸」に乗船し、一一月一七日に神戸港に到着。その後四三日間日本に滞在した。当時の日本で、アインシュタインの名前は子どもまで知っていた。

実はアインシュタインと同じ船で日本に帰ってきたのが、徳川義親侯爵であった。一九二一（大正一〇）年一〇月二七日、「箱根丸」で鈴木鎮一を伴ってヨーロッパに向かった義親は、およそ一年後にマルセイユを出帆して帰国の途についたのである。長い船旅の途中、二人は知り合いになった。義親はアインシュタインの日本滞在中、博士を自宅に招き、米子夫人の琴や娘たちの踊りでもてなした。

また、博士自身も得意のヴァイオリンを披露した。

ヴァイオリンが好きで、日本でも演奏を披露したアインシュタインのこと、義親との間で、ベルリンでクリングラー教授にヴァイオリンを師事している鈴木鎮一のことは当然話題になったはずである。クリングラーは当時のベルリンでも非常に評価の高いヴァイオリニストであった。曽孫《ひまご》の第二二代尾張徳川家当主義崇《よしたか》氏が述べているように、「ベルリンに鈴木を置いてきたので、よろしく頼む」ということがあっても確かに不思議ではない。[*1] その後、ベルリンに戻ったアインシュタインは鎮一を自宅のホームコンサートに迎え入れることになる。

さて、アインシュタインは日本各地を回り、大評判となった。博士は東京で二回、仙台・名古屋・京都・大阪・神戸・福岡で各一回の計八回、一般向けの講演を行ない、一万四〇〇〇人ほどの聴衆を集めた。名古屋の国技館で講演が行なわれたのは一二月八日夜である。一九二二（大正一一）年一二月六日付の『新愛知』新聞には、「ア氏は（……）その深奥な学理を極めて通俗的に述べる筈である。当日午前十時五十七分国府津発午後四時四十一分名古屋着の特急で夫人及び通訳の石原博士同伴来名、直ちに名古屋ホテルに入る予定である」と報じられている。

また、同記事には、講演会の当日かまたは翌日、愛知医大で博士の歓迎会を開きたい希望があるが、博士はもともと形式張った歓迎会などにひっぱり出されることを大変嫌っているので、せっかくの好意を無にするようなことがあるかもしれないと世話役の改造社の人が言っていると述べられている。

ここでなぜ愛知医大かといえば、思い当たるのは、ちょうどアインシュタインが名古屋を訪れる少し前に、愛知医科大学に新設された医化学教室の初代講師として、レオノール・ミハエリス博士が赴任していたことである。アインシュタインは一二月一〇日には次の講演が京都で控えていたが、ミハエリスの仮住まいでアインシュタインのヴァイオリンとミハエリスのピアノで合奏したというエピソードが残っている。[*2] 八日には名古屋のホテルで合奏したともいう。[*3] アインシュタインとミハエリスは友人だった。

2. 名古屋でのミハエリス博士

レオノール・ミハエリス〔ミカエリス〕（一八七五―一九四九）は、ドイツのベルリン出身の世界的な生化学者・医師で、近代酵素学の創立者の一人である。現在でも「ミハエリス＝メンテンの式」とミハエリス定数は酵素学の基礎としてすべての生化学の教科書に載っているという。ミハエリスはフライブルク大学で学んだのちベルリン大学に移り、博士号を取得した。ドイツのベルリン大学の員外教授を経て、一九二二（大正一一）年、愛知医科大学の生化学講座教授に就任した。その後、一九二六年にアメリカのジョンズ・ホプキンス大学に移り、さらに一九二九年にはニューヨークのロックフェラー医学研究所に移り、同研究所を退職したのち、同地で死去した。

一九二〇（大正九）年七月に大学令によって愛知県立愛知医科大学が発足した時期に、当時の宮尾舜治愛知県知事は、公立大学になった以上、何らかの特徴ある施設を整えたいと念願し、山崎学長の医化学教室充実の希望を入れて人選を進め、ベルリンのノイベルヒ博士の推薦でミハエリスに白羽の矢を立てた。愛知医科大学では、ミハエリスの招聘が決定すると、医化学教室の開設に着手した。

一九二二（大正一一）年、一二月一日、神戸港に到着したミハエリスは二日、午後〇時八分の特急で名古屋に着き、山崎学長の出迎えを受けた。医化学教室創設の資材として、当時の価格で一〇万円程度の薬品や機器が、ミハエリスによりドイツから輸入され、愛知医科大学へ納入された。また、ミハエリスの年俸は一万二〇〇〇円で、山崎学長の年俸の二倍であった。教室が開設されると、ミハエリスの名声を聞いて全国から研究生が集まった。北は北海道から南は九州まで、さらには朝鮮からも来名し、活発な研究を行なった。ミハエリスはまた日本の数カ所で講演も行い、日本の生化学全体の発展に大いに貢献した。

その後、ドイツから夫人と二人の娘が来日し、一家は医化学教室に隣接した建物に住んだ。ミハエリスはアメリカのジョンズ・ホプキンス大学から招聘を受け、一九二六（大正一五）年三月三一日、愛知医科大学の任期満了を待って渡米し同大学に赴任。残りの人生をアメリカで過ごし、生化学や分子生物学など、新たな学問分野を発展させた。

このようにミハエリスは生化学研究の第一人者であったが、同時にすぐれたピアニストでもあった。ベルリンに生まれ、ベルリンに育ったミハエリスはギムナジウム（中等教育機関）を終えたときに、科学の道に進むか、音楽の道に進むか迷ったが、家庭が裕福ではなかったので、医者の道を選んだ。しかし、ピアノの演奏は専門家の域に達していたという。

先に述べた、アインシュタイン来名時二人の合奏のエピソードをはじめ、ミハエリスの夫人が来名してからは、夫人がミハエリスの伴奏で独唱する風景がしばしば見られたという。鈴木鎮一によれば、ミハエリスはピアノの名手で、夫人はウィーン音楽学校の声楽科を出ていたという。ミハエリスはあるホームコンサートで、「かぜ気味だから半音下げてちょうだい」という夫人の耳打ちに、『よし、よし。』とこたえながら苦も無く半音下げて」演奏した。「しかも、ブラームスのむずかしい曲を譜面なしに」だったのでびっくりした、と記している。[*4]

ミハエリスは名古屋に滞在していた間に公の場でもピアニストとして演奏していた。一九二六（大正一五）年一月三〇日、折から一時帰国していた鈴木鎮一が名古屋で開いたヴァイオリンの演奏会ではミハエリスがピアノを受け持っている。また、ミハエリスは徳川義親とも親しく、東京の徳川の自宅を家族も連れて何度も訪れていた。[*5]

3．アインシュタインと鈴木鎮一

ベルリンで鎮一はアインシュタインに紹介される。『愛に生きる』では、鎮一はアメリカに発つことになったミハエリスが「これから、あなたのお世話ができなくなるから、わたしの友だちに、あなたのことを頼みましょう」と言って、アインシュタインの家に鎮一を連れて行ったと書かれている。

これはメールが指摘しているように、鎮一の記憶違いであろう。[*6] ミハエリスは一九二六（大正一五）年まで名古屋に住み、その後、アメリカに移っているので、ミハエリス自身がアインシュタインの家に鎮一を連れて行ったことは考えられない。しかし、鎮一はミハエリス経由にせよ、徳川義親経由にせよ、あるいは、クリングラー経由にせよ、ベルリンのアインシュタインに紹介され、彼の家に出入りするようになった。

アインシュタインの家で、ある日鎮一はブルッフの協奏曲を弾いた。その演奏を聴いた老婦人がアインシュタインに「わたしにはどうもわからない。（……）鈴木は日本というわたしたちとはまったくちがった感覚のなかで成長した。それにもかかわらず、かれの演奏から、わたしはたしかにドイツ人ブルッフを感じた。いったいこんなことがありうるのか」と聞いた。すると、アインシュタインは「人間はみんな同じですからね、奥さん」と答えた。この言葉に鎮一は強く打たれたという。

鎮一は、アインシュタインやそのグループから大きな影響を受けた。さらに言うならば、当時のベルリンのユダヤ人の知識階級の家庭音楽のあり方に衝撃を受けた。鎮一は、ミハエリスを始め、音楽に対する能力を身につけた人は、他の分野に行けば、その分野の高い能力を示すという信念を持ち、その後、自ら教育で実践することになった。

4. ベルリンの音楽生活

メールが述べているように、鎮一が学んだ一九二〇年代のベルリンはヨーロッパの芸術音楽を学ぶのに適した場所だった。[*7] ベルリンを本拠地にしていた音楽家には、テオドール・シャイドル、のちに日本にやってくるレオニード・クロイツァー、ピアニストのアルトゥール・シュナーベル、指揮者のヴィルヘルム・フルトヴェングラー、作曲家のパウル・ヒンデミットやアルノルド・シェーンベルクなどがいた。ピアニストのアルフレッド・コルトー、チェリストのパブロ・カザルス、ヴァイオリニストのフリッツ・クライスラーは定期的にベルリンを訪れて演奏していた。

シェーンベルクやアルバン・ベルク、バルトーク、ヤナーチェク、ストラヴィンスキー、ヒンデミット、ミヨー、オネゲル、クルト・ヴァイル、エルンスト・クルシュネクなどの新しい作曲家の新作もベルリンで演奏されていた。しかし、ベルリンの音楽愛好家の大部分は保守的な好みで、彼らにとっては、いわゆるクラシックの大作曲家たちの作品が「真の」音楽だった。

鎮一が師事したクリングラーは一九三六年までメンバーは途中で入れ替わりながらもクリングラー弦楽四重奏団の活動を続けた。メールによれば、クリングラー弦楽四重奏団のコンサートでは、ヒンデミットやシェーンベルクの作品がまれに演奏されることもあったが、その主なレパートリーは古典派とロマン派で、ブラームスとベートーヴェンが中心だった。鎮一がクリングラーに弟子入りを決めたのも、このカルテットによるオール・ベートーヴェン・プログラムを聴いて感激してのことだった。公開演奏会のほかに、クリングラーは自宅でも自分の家でもホームコンサートで演奏していた。鎮一はそういうベルリンの豊かな音楽文化に浸っていたのである。

5．ミハエリスの政吉評

一九二五（大正一四）年鎮一は日本に一時帰国し、翌年秋、再渡欧する。兄の梅雄も後を追った。そのとき、二人は父政吉が製作した高級手工ヴァイオリンを持参して、ドイツ・オーストリアの名演奏家を歴訪した。そのとき、二人はアインシュタインの元にも政吉のヴァイオリンを持参し、プレゼントした。

会社資料の中に、アインシュタインから政吉に宛てた一九二六年一一月二日付の礼状が残っている。それによれば、アインシュタインは梅雄と鎮一の二人が政吉作のヴァイオリン四本を持ってアインシュタイン宅を訪ね、その中から一本を選ぶようにと言われたこと、自分の家には二本のヴァイオリンがあり、一本はベルリンの由緒ある製作家が作った楽器で自分が愛好している物であること、その一本と政吉のヴァイオリンとを比較したが、すべての点において比較したこと、鈴木政吉の息子二人も

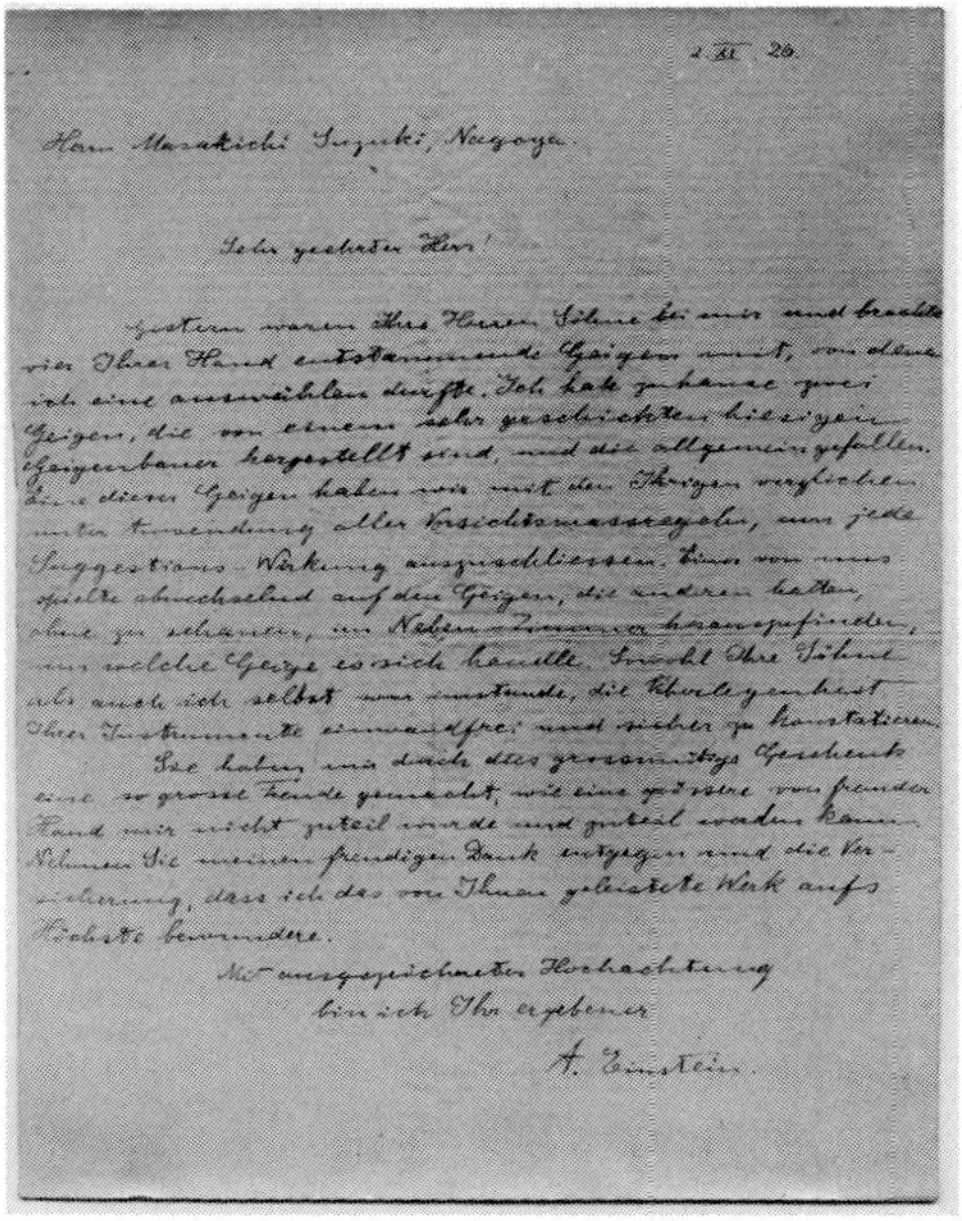

2. XI. 26.

Herrn Masakichi Suzuki, Nagoya.

Sehr geehrter Herr!

Gestern waren Ihre Herren Söhne bei mir und brachten vier Ihrer Hand entstammende Geigen mit, von denen ich eine auswählen durfte. Ich habe zuhause zwei Geigen, die von einem sehr geschickten hiesigen Geigenbauer hergestellt sind, und die allgemein gefallen. Eine dieser Geigen haben wir mit den Ihrigen verglichen unter Anwendung aller Vorsichtsmassregeln, um jede Suggestions-Wirkung auszuschliessen. Einer von uns spielte abwechselnd auf den Geigen, die anderen hatten, ohne zu schauen, im Nebenzimmer herauszufinden, um welche Geige es sich handle. Sowohl Ihre Söhne als auch ich selbst war imstande, die Überlegenheit Ihrer Instrumente einwandfrei und sicher zu konstatieren.

Sie haben mir durch das grossmütige Geschenk eine so grosse Freude gemacht, wie eine grössere von fremder Hand mir nicht zuteil wurde und zuteil werden kann. Nehmen Sie meinen freudigen Dank entgegen und die Versicherung, dass ich das von Ihnen geleistete Werk aufs Höchste bewundere.

Mit ausgezeichneter Hochachtung
bin ich Ihr ergebener
A. Einstein.

アインシュタインから政吉に宛てた礼状（1926年）

自分も共に政吉のヴァイオリンの方が優れているという意見に一致した、と述べており、その楽器を贈ってもらったことに感謝し、政吉に称賛の言葉を寄せている。

鎮一はまた、アインシュタインから、同じ頃、自画像を贈られている。

注目されるのは、この政吉の楽器について、アインシュタインがどう思うか、ミハエリスが一九二七年一月二五日付の手紙で尋ねていることである。ミハエリスはすでにアメリカに渡っていた。そのなかに以下の一節がある。

> 私たちの若い友人、スズキサンが、あなたのお宅を訪問したことを知りました。私は、彼が持って行ったヴァイオリンについて、あなたの本当の意見——日本的礼儀正しさで金めっきされたものではないもの——を聞きたいです。スズキ翁（Der alte Suzuki）はとても興味深いです。古風な純正日本人です。彼は40年来楽器の中で、もっとも日本的でない楽器を作り続けているにもかかわらず、西洋音楽を少しも理解しません。それなのに、ヴァイオリンの音色を判定する際にはとても力量があるのです。*8

名古屋で鈴木政吉たちと親交があり、しかもすぐれた音楽家であったミハエリスならではの貴重な証言である。ミハエリスの目に年長の政吉は古武士のように映ったのかもしれない。ミハエリスは政吉が西洋音楽をまったく理解しないにもかかわらず、ヴァイオリンの音色に関しての耳は確かなものである、と書いている。

この手紙に、どのようにアインシュタインが返事をしたのかはわからない。

一九三一年にミハエリスがアインシュタインに宛てた手紙には、アメリカを訪れたアインシュタインがミハエリスと再びヴァイオリンとピアノで合奏したことが記されている。[*9] その後、アインシュタインはナチスの手を逃れて最終的にアメリカに定住するが、そのときに持参したヴァイオリンは、残念ながら政吉の製作したものではなかった。[*10]

鎮一に贈られたアインシュタインの自画像（1926年）

6．鎮一の婚約

ベルリン滞在中、鎮一はアインシュタイン邸を始め、当時のドイツの知識階級が集うホームコンサートに出入りするようになった。そこで出会った一七歳の娘がワルトラウト・プランゲ（一九〇五―二〇〇一）である。ベルリンの音楽一家で育ったワルトラウトは声楽が好きで、聖歌隊で歌っていた。

二人はベルリンで多くのコンサートに足を運んだ。フルトヴェングラーやブルーノ・ワルターの指揮するベルリンフィルハーモニー管弦楽団とクライスラーやほかのすぐれた独奏者たちの演奏を聴き、シュナーベルのすばらしいベートーヴェンのソナタの演奏を聴いた。ジングアカデミーでの室内楽コンサートにもしばしば足を運んだ。[*11] ブッシュ弦楽四重奏団の演奏会を欠かしたことはめったになかったが、鎮一が師事していたクリングラーが第一ヴァイオリンを担当するクリングラー弦楽四重奏団のコンサートは「絶対に」欠かさなかった。ワルトラウトが後年回想するように、当時、ベルリンは文化の絶頂にあった。

ワルトラウトと鎮一は五年にわたって愛を育み、一九二八（昭和三）年二月八日、ベルリンのカトリック教会で結婚式を挙げる。その四カ月後、鎮一は母、良危篤の報を受け、急遽夫婦で名古屋に帰ってくることになった。

第7章　名演奏家の来日と蓄音器の普及

1．演奏家の訪日ラッシュ

第一次世界大戦後、世の中の混乱とインフレのため、生活の不安を覚えた欧州の演奏家が競ってアジアに演奏旅行に訪れた。たとえばアルト歌手のシューマンハインク・ファーラー、ピアノのゴドフスキー、ヴァイオリンのエルマン、クライスラー、ハイフェッツ、ジンバリスト、モギレフスキーなど、世界的に有名な声楽家や演奏家たちが相次いで日本を訪れた。

もっとも、それ以前にもすぐれた演奏家が日本を訪れていなかったわけではない。たとえば、小松耕輔は、一九〇九（明治四二）年、珍しく二人のヴァイオリニストが同時期に日本を訪れ、楽壇を賑わせたことを記している。ジョルジュ・ヴィニェッティとレオポルド・プレミスラヴで、二六歳のヴィニェッティはパリのスコラ・カントルムの出身でアルマン・パランの弟子、プレミスラヴはポーランドの出身でヨアヒムの流れを汲んでいた。ヴィニェッティはヘンデルの二長調のソナタ、ヴィエニアフスキーの《マズルカ・コンチェルト》、ルクレールの二長調のソナタ、サラサーテ《サパテアード》などを演奏し、プレミスラヴはバッハの《アリア》、ドオルザークの《ユーモレスク》、サラサーテの《ツィゴイネルワイゼン》、ヴィエニアフスキーの《ファウスト幻想曲》などを演奏した。ヴィニェッティはその渋目の曲目からも想像がつくように、おとなしく美しい音色で弾いたし、プレミスラヴは情熱的にぐんぐんと弾きまくり、《ツィゴイネルワイゼン》に聴衆は「呆然として聴きとれ」たという。ただし、聴衆は少なく、プレミスラヴは「こんな聴衆の尠《すくな》い音楽会に初めて出た」と言ったほどだったという。小松耕輔はこのヴィネッティのリサイタルで永井荷風《かふう》と知り合ったが、クラシックの聴衆はまだごく少数の愛好家に止まっていたのである。[*1]

小松耕輔によれば、ヴァイオリンの技術は当時まだ幼稚で、安藤幸や多久寅《おおのひさはる》を除けば、独奏家として一家をなし得る人は非常に少なかった。しかし、ヴィネッティとプレミスラヴの来日公演がきっかけとなって、ヴァイオリン熱が急に高まってきたという。折から、大家の録音したレコードが輸入されるようになったこともヴァイオリン熱を後押しした。

大正時代に入ってからも、外国人演奏家が何人か日本を訪れているが、第一次世界大戦後は世界的な演奏家が次々に訪れるようになった。ミッシャ・エルマンに始まる大家の来日ラッシュのさきがけとなったのが、一九一八(大正七)年五月のチェリスト、ボグミル・シコラの来日である。

シコラの成功

シコラはピアニストのキャスリン・キャンベルを伴奏者として、東京音楽学校奏楽堂でリサイタルを開き大成功を収めた。小松耕輔はシコラについて、「立派な芸術家で、実に優れた技巧をもっていた。当時、彼にまさる音楽家がまだ来朝しなかった。聴衆はほとんど魅せられてしまった。(……)拍手は急霰《きゅうさん》の如く下って止むところを知らなかった」と記している。[*2] 演奏されたのは、サン゠サーンスのチェロ協奏曲イ短調、エックレスのソナタ、チャイコフスキーの《ロロコ風の主題による変奏曲》などであった。音楽評論家の牛山充もこのシコラの来日公演を、「厳密な意味で日本に弦楽らしい弦楽の根を下ろすようになった」きっかけだったと評価している。[*3]チェロはヴァイオリンよりも一般に認知度が低かったが、そのチェロの演奏に対して観客は惜しみない拍手を送った。

大物ヴァイオリニストの来日ラッシュ

シコラの「空前の成功」に目をつけたのが、上海の音楽仲介業者アレクサンダー・ストロークである。彼は帝劇の山本専務とかけあい、一九二一（大正一〇）年二月、エルマンをアメリカから連れてくることに成功した。一日四〇〇〇円という破格の高額な契約金に、帝劇の山本専務は腹を据えて、入場料を二円から一〇円、ボックス席一五円に設定し、音楽学校生と軍楽隊員とには大割引をして優待するという価格設定を行なった。これが大成功し、エルマンの公演は、専属俳優による二五日興行の収入を上回る好成績を五日間で上げた。エルマンは大阪中之島公会堂で三日間公演した後、再び帝劇で三日間公演した。[*4]

エルマンの成功で味を占めた帝劇はその後もストロークを通じて世界的な名演奏家を次々に招聘し、日本は洋楽の世界マーケットの一翼を担うようになった。エルマンの来日に続き、弦楽器奏者だけを挙げても、一九二二（大正一一）年五月のジンバリスト、同年七月のピアストロ、一〇月のパーロウ、一九二三（大正一二）年三月のブルメスター、同年五月のクライスラー、同年一一月のハイフェッツが帝劇に出演した。

ピアストロのヴァイオリン

前ロシア皇帝ニコライ二世から兵役免除の勅許《ちょっきょ》を受けたと報じられているピアストロについての記事で、ヴァイオリンの価格が話題になっている。『読売新聞』の記事で、「彼の所持する古ぼけたヴァイオリンは時価十万円である。と云うのはこの楽器は四百二十年の歴史を有し、代々名音楽家の手にばかり触れた物だ。尚これ以上のヴァイオリンで世界に現存する物には独逸のクラクスラー〔原文ママ〕の所持する物が二十五万円、ハンガリーのイザエの所持するのが十五万円の相場であると[*5]「古ぼけた」ヴァイオリンが古銘器であって値段も高いことが話題になっていることがわかる。クレモナの銘器という概念が一般に浸透してきたのである。

パーロウと政吉作のヴァイオリン

キャスリン・パーロウは、カナダ出身の女性ヴァイオリニスト（一八九〇―一九六三）で、サンフランシスコでヴァイオリンを修めたのちにイギリスに渡り、さらにアウアーに師事するため、ロシアのペテルブルク音楽院に入学した。音楽院では四五人の生徒の中で紅一点、しかも、初の外国人留学生だった。一年後、彼女は一七歳で華々しくデビューし、国際的に活躍するようになる。

パーロウは難曲をさらりと弾きこなすヴァイオリニストで、幸田延は「その奏法の豪胆勇健な事」を称賛し、[*6]山田耕筰もやはり「豪胆」な弓の使い方や音色の豊かなことに注目し、バッハの《シャコンヌ》を弾きこなす手腕に驚嘆した。[*7]

パーロウが使用していたヴァイオリンは一七三五（享保二〇）年製のグァルネリ・デル・ジェスの

名品で、パーロウ以前にも、イタリアのヴィオッティやフランスのピエール・バイヨなど、著名な演奏家が持ち主であった。パーロウは一八歳で、後援者のノルウェーの富豪からこの楽器を贈られた。来日当時の日本でもこの楽器が高価で貴重なものであることは有名で、時価三万五〇〇〇円という記載もある。[*8]

読売新聞社は「世界的女流音楽家の来朝を長く記念するため」、パーロウに日本製のヴァイオリンを寄贈した。その楽器は読売新聞社が特に日本楽器を通して、鈴木政吉に委嘱して製作させたもので、表板が北海道産のヒメコマツ、裏板と横板が三重県産のカエデを用いて造られていた。東京の帝劇では一〇月一四日から一七日までマチネーでコンサートが開かれ、初日、舞台上で政吉のヴァイオリンが贈呈された。パーロウは帝劇では番外として政吉のヴァイオリンで一曲演奏することになっていた。政吉のヴァイオリンについてパーロウは「木と糊が大変に良い之《これ》で駒《こま》がモウ少し薄ければ、どんなに良い音《ね》が出るだろう」と述べたという。[*9]

実際パーロウはその後大阪で『大阪毎日新聞』のインタビューにこたえて「嬉しかったのはお国で出来たヴァイオリンを贈りものとして頂戴したことで、あんな立派な楽器が出来ようとは思っていませんでした」とある。[*10]

パーロウはこの後、二一日には名古屋で演奏会を開き、さらに、二四日には大阪を訪れている。鈴木ヴァイオリン工場は『名古屋新聞』に公演の広告を掲載し、「エルマン・ジンバリストをお聞きになったお方はパーローをお聞き洩らしになる事は出来ません」とエルマン、ジンバリスト、パーロウを並べて宣伝した。[*11]

政吉に宛てたハイフェッツのポートレート（1923年東京）

当時、帝劇に出演した大ヴァイオリニストたちの入場料を比較したものがある。それによれば、エルマン、ジンバリスト、クライスラーが特等一五円から四等二円まで、パーロウは特等一〇円から四等二円まで、ブルメスターが七円から一円半までだった。[*12]

ブルメスターは一八六八年にハンブルクで生まれたドイツの名手で、少年時代ハンス・フォン・ビューローに認められ、しばしば合奏したという。一八八二年からベルリンでヨアヒムに学んだ。ブルメスターはヨーロッパでは大家として通っていたが、日本人には比較的なじみがなかったので、クライスラーほどの人気は出なかった。クライスラーはビクター赤盤芸術家として日本のファンに親しみ深かったのである。レコード発売とセットになって、初めて演奏家の人気が出る、というかたちがすでにこの頃広まっていた。

一方、ハイフェッツのチケットは、それまでの演奏家と違い、白券一〇円と青券六円の二種類であった。これは、一九二三（大正一二）年九月一日に起こった関東大震災のため、帝劇が焼失し、一一月九日から三日間、帝国ホテルの演芸場を借りて公演することになったからだった。

ハイフェッツは震災後、焦土と化した東京の真ん中で開いたリサイタルであったにもかかわらず、前売りが非常に売れたので、自身、罹災東京市民のためにチャリティーコンサートを開きたいと申し出で、ハイフェッツ、ストローク、帝劇の山本専務の三者共催で、十一月十二日、日比谷公園の野外音楽堂でコンサートが開かれた。一円均一の入場料で会場は大入り満員となり、純益三〇〇〇円が東京市の震災救護事業に寄付された。

その後も一九二四（大正一三）年一二月にはジンバリストが帝劇を訪れるなど、日本を訪れる外国の有名演奏家はひきもきらなかった。こうして大正後半以降、日本の聴衆は洋楽の本格的演奏に親しんでいった。

政吉と写したジンバリストの写真（1922年名古屋）
中央は伴奏ピアニストのアッシュマンであろう。

名古屋において、これらの外来音楽家たちの演奏会を主催したのも、また彼らの楽器を調整したのも政吉であった。[*13] 弦楽器に関して言えば、一九一八（大正七）年一〇月と一九二〇（大正九）年六月にチェリストのシコラ、一九二一（大正一〇）年三月にはヴァイオリニストのエルマン、一九二二（大正一一）年五月にはヴァイオリニストのジンバリスト、一〇月に先述したパーロウ、一九二三（大正一二）年五月にはヴァイオリニストのクライスラーが名古屋を訪れて演奏会を開いている。

こうした世界の一流の弦楽器奏者の「音」を聴き、その楽器を調整した政吉は、そこから多くのことを学びとった。政吉のヴァイオリンをはじめ、ヴィオラ、チェロなどの楽器作りはこの頃転換点を迎えている。工場で作る大量生産品とは別に、こだわりぬいて作った「自作品」を高値で販売するということを始めたのである。

政吉の楽器を求めて、わざわざ名古屋を訪れた外国の演奏家もいた。一九二三（大正一二）年「墺国ヴィアナ〔ウィーン〕国立音楽学校教授兼宮廷楽士ホルマン教授が徳川頼貞侯の招請に応じて来朝中東京において鈴木二三雄氏の所持せる翁《おう》自作のセロを見て……わざわざ名古屋に来り翁の工場を訪れて其《その》一器を求めて喜び帰られたり」という。[*14]

ホルマンのポートレート

ヨーゼフ・ホルマン（一八五二―一九二七）は「音楽の殿様」として知られる紀州家の徳川頼貞《よりさだ》（一八九二―一九五二）と親しかったオランダ出身の名チェリストである。その彼が、東京で政吉の五男、二三雄（一九〇〇―一九四五）のチェロを見て、わざわざ名古屋に来て一台買っていったと娘婿の北村は書いているのである。会社資料には、ホルマンのサイン入りのポートレートが残っている。二三雄は当時、東京音楽学校のヴェルクマイスター教授に師事していた。二三雄はこの年、ライプツィヒに留学して、名演奏家のクレンゲルにチェロを師事することになる。

2. 蓄音機の普及

トーマス・エジソンによって蓄音機が発明されたのは一八七七（明治一〇）年のことだが、それが商品化されて日本に輸入された最初は一八九六（明治二九）年横浜ホーン商会によってであり、三年後には最初の蓄音機専門店三光堂が浅草並木町にできた。当時は円筒（初めは錫《すず》管、のちに蠟《ろう》管）に録音したもので、不便であったが、その後、ドイツ人ベルリナーによって平円盤レコードが発明され、それが一八九七（明治三〇）年頃から日本に輸入されるようになり、日露戦争後には日本でもしだいに普及した。明治末期にはアメリカのコロムビアやビクターの盤が輸入発売されたが、当時はほかの物価に比べて高価であったため、かなり裕福な人でなければ容易に入手できなかった。

一九一四（大正三）年、日本蓄音機商会が設立されると、レコード盤は国産品として比較的廉価に入手できるようになり、また、ビクターも「赤盤」として世界の名演奏家の吹き込みに力を入れたので、全国に洋楽が普及するのに大きな力となった。

これらのビクターの赤盤によって、声楽のメルバ、ファーラー、シューマンハインク、カルーソー、ピアノのパデレフスキー、ラフマニノフ、バックハウス、ヴァイオリンのエルマン、ハイフェッツ、クライスラーらは、日本に多くの愛好家を獲得した。

実際に外国の演奏家たちが日本を訪れるようになったとき、従来、レコードだけでその演奏を知っていた日本の音楽愛好家たちは熱狂的に彼らを迎え、入場料が高価なのにもかかわらず、会場は常に満員の盛況となった。こうして外来音楽家の演奏は、蓄音機の普及とあいまって、その後の日本の洋楽の展開に大きな影響を与えた。

蓄音機自体、日本で廉価に製作できるようになった。大正の半ばまでは主に朝顔花型のラッパの付いた機械が使用されたが、大正末期になるとラッパを内部に収めた箱型のものがもっぱら使用されるようになった。

鈴木鎮一のように、蓄音機で名演奏家の演奏を聴き、ヴァイオリン音楽に目覚めるという現象は、程度の差はあれ、日本のあちらこちらで起きていたと思われる。その下地は、国産ヴァイオリンが容易に入手でき、ヴァイオリンという楽器そのものに日本人が違和感をもたなくなっていたことで作られたものだった。しかし、それまで唱歌などを曲がりなりにも弾いて自分で楽しむことで満足していたアマチュアが、名演奏家の演奏に接したとき、その音楽の深さ、その楽器の真のむずかしさに直面する。

第一次世界大戦の大戦景気以降、ヴァイオリンが輸出はもちろん、日本国内でどんどん売れなくなっていき、昭和に入るとどん底の状態に至るが、その裏にはこうした事情もあった。

ヴァイオリン音楽に人々が飽きたので、ヴァイオリン離れが起こったのではなく、ヴァイオリン音楽の奥深さを人々が知ってしまったために、ヴァイオリン離れが起こったとも言えるだろう。

3. ラジオ放送開始

一九二五（大正一四）年、初めて日本で放送が開始され、東京・大阪・名古屋の三局がそれぞれ独立の法人として作られた。一九二六（大正一五）年八月六日、その三局は合併して社団法人日本放送協会となった。大正一四年度に東京放送局が聴取者一〇万を数えた際に、全聴取者にアンケートして演芸種目の好みの順位をつけてもらっている。

その結果が次の通りであった。[*15]

①ラジオドラマ、落語　②舞台劇、講演、映画物語　③琵琶、浪花節　④オーケストラ　⑤長唄、義太夫、漫談　⑥俚謡《りよう》、ヴァイオリン　⑦吹奏楽、ハーモニカ　⑧シンフォニー、ピアノ　⑨人情噺《ばなし》、三曲、掛合噺　⑩清元、新内、常磐津、箏曲　⑪歌劇　⑫端歌、小唄、マンドリン、合唱、独唱、音曲噺、太神楽《だいかぐら》　⑬浮世節、新日本音楽　⑭哥沢《うたざわ》、説教節、室内楽、抒情詩　⑮謡曲、狂言、ジャズ

当時の聴衆の好みが新旧和洋入り乱れていたことがよくわかる。その中で、ヴァイオリンは洋楽のうちではオーケストラに次いで、ピアノを押さえて六位に入っている。同じく六位の俚謡とは、民謡のこと。聴取者はその後増加し、昭和三年九月に五〇万、昭和七年二月には一〇〇万を越し、昭和一〇年五月二〇〇万突破、昭和一四年一月四〇〇万突破、昭和一八年三月には七〇〇万を突破した。[*16]放送が最初から公益法人の独占事業として経営されたことで、放送番組の作成に当たって、文化向上のために指導する考えの方が強かったという。昭和初期に入って、ラジオは音楽普及に大きな力となった。

第8章　クレモナの古銘器をめざして

1．日本人ヴァイオリン製作家の登場

鈴木政吉は一八八七（明治二〇）年からヴァイオリンを作り始め、明治、大正を通じて大量生産への道をひた走った。明治時代、政吉のほかにヴァイオリン製作を手がけていたのは、東京では頼母木源七を始祖とする頼母木系統があった。頼母木は鈴木と同じ頃製作を始め、その頼母木に指導を受けた山田縫三郎がその後を引き継いでヴァイオリンの製作を続けた。[*1]

一九〇七（明治四〇）年頃、丸山信、鎌滝鋼次、平松某の三人に製法が伝えられ、そのうち丸山信だけが引き続き一九五〇年代後半頃まで板橋で製作を続けていたという。[*2]

それとは別に、深川の齋藤某、浅草寿町の松永某がいたが、いずれも自然消滅したという。

文化の中心である東京で、地の利を得ながらも、ヴァイオリン製作がほとんど発展しなかったことは、名古屋の鈴木ヴァイオリンの力が大きかったからであった。

宮本金八

しかし、大正に入ってから、日本人で初めてヴァイオリン製作家として独立する人物が現れる。宮本金八（一八七九―一九七二）である。宮本は東京に生まれ、のちに浜松の日本楽器に入社し、当初はオルガンの修理をしていたが、一九一〇（明治四三）年から日本楽器銀座支店に移り、楽器の修理のかたわら、独自の研究を重ねてヴァイオリン製作家となった。

宮本は一九一九（大正八）年、日本楽器を退職して、ヴァイオリン製作家として独立。名人として高く評価され、その楽器は高値で売られた。

鈴木政吉の三男、鎮一は一九三二（昭和七）年に著した「日本ヴアイオリン史」の中で、日本人製作家として、父の鈴木政吉、兄の鈴木梅雄、そして、宮本金八の三人を取り上げ、宮本の楽器を次のように評価している。

> 氏は実によき細工をなし得る腕を持って居られる。今年に入り筆者は最近の氏の作になるヴァイオリンを一個拝見した。その姿、及び細工は又美しきものであった。音質もデリケートであり甘美である、然《しか》し音の深さ、即ち音量がもっとあってほしいと思わせられた。氏は研究家である、恐らく近き将来において、尚一層優れたる逸品を製作せられることであろう。
> 　用材もよく選まれヴニスもよく研究されてある。*3

宮本金八は、鈴木政吉の長男、梅雄が日本楽器東京支店に派遣されていた明治末年、一緒に楽器の修理をしていた。梅雄によれば、「金八さんは、わたしよりお齢上でしてね、出身が大工か指物屋さんでした。非常にスジのいい人でして、オルガンの木部の修理を担当してました」という。[*4]

梅雄が大正初年、諒闇《りょうあん》不況で名古屋に呼び戻された後、宮本がヴァイオリンの修理を手がけるようになり、さらに、ヴァイオリンの製作へと進んだのである。宮本のヴァイオリンは東京音楽学校の外国人教師クローンに認められたのを手始めに、エルマン、ジンバリスト、ハイフェッツ、クライスラー、ブルメスター、モギレフスキー、エルデンコなど、来日演奏家たちの賞賛を集めたという。亡くなる一年前まで製作を続け、生涯に、ヴァイオリン二七〇本、ヴィオラ三〇本、チェロ二八本を作ったといわれる。

宮本金八は強気の価格設定を行なった。無量塔は「ヴァイオリン製作者として生存中彼ほど高価に売った人は彼以前にはだれもいないでしょう」と書いている。[*5]

逆に言えば、当時の日本には、日本人作の高価な手工ヴァイオリンを購入する層が生まれていたのである。

たとえば作曲家の貴志康一(一九〇九―一九三七)は裕福な家庭に生まれ、ストラディヴァリを購入した日本人として知られる(のちに売却)。その彼が一九二六年ジュネーヴに留学する際、親に買ってもらった宮本金八製作のヴァイオリンは一〇〇〇円だった。当時一〇〇〇円といえば平屋のまともな家の建築費に相当した。鈴木ヴァイオリンは工場製が六円から一二〇円、特別注文で作らせても三〇〇円止まりで舶来品の一例として、ドイツのハンミッヒ工房製は六五円から三五〇円というのが相場であったという。[*6]

宮本は高級手工ヴァイオリンというジャンルの楽器を日本で作り始めた最初の製作者だったといえ

よう。

菅沼源太郎

宮本が日本楽器を退職した後、その後任となったのが、ヴァイオリン製作家として知られる菅沼源太郎（一八九五―一九七五）である。[*7] 菅沼は静岡県出身。浜松の日本楽器で山葉直吉がヴァイオリンの研究をしていたときにその手伝いをしていたが、宮本が退職するというので、一九一九（大正八）年一月八日に上京して日本楽器の東京支店に入る。菅沼は宮本とはこのとき二ヵ月間、一緒に仕事をしたという。菅沼は一九二一（大正一一）年までヴァイオリンの修理を専門に働いた後、大阪へ転勤となった。その間、一九二三（大正一三）年にヴァイオリン第一号を製作。一九二七（昭和二）年に日本楽器で大争議が起きた後、日本楽器を辞職し、ヴァイオリン製作家として独立した。菅沼は一九二七（昭和二）年に香惇皇后にヴァイオリンを献上している。

無量塔によれば、菅沼は「昔気質の気骨ある人格をもった明治の職人で、几帳面な仕事を好んで」していたという。[*8]

こうして、大正年間、日本のヴァイオリンの受容は変化を見せる。量産品と高級手工ヴァイオリンの区別が認識されるようになり、高級なヴァイオリンを一つひとつ手作りする製作家とその市場が現れたのである。

この頃から、工場生産される鈴木ヴァイオリンの製品、つまりは量産品に対して、それまでとは違った物言いがされるようになる。
たとえば、次の記事は『名古屋新聞』一九二四（大正一三）年四月五日付朝刊に掲載されたものだが、微妙なニュアンスが現れている。

しかしながらヴァイオリン製作の如きは一種の芸術製作とも云うべきもので、美妙にして精巧なる技術を要するもので、普通の工業製品と同一視の出来ないもので、ドイツ辺の名人の製作物になると数万金にも価するものがあって、工場製品として発達すべきものでなくその人のみが持つ技術であるから、真似は出来ない訳である。とにかく名古屋に世界唯一である所のヴァイオリン製作の工場組織、しかして品質も好く、割安であるというので殆《ほとん》ど競争者のないという世界的生産品のあるという事を名古屋人として誇って好かろう。

この記事では、ヴァイオリンが芸術品であり、普通の工業製品とは一緒にはできないこと　名製作者の手になる楽器は高価なことが述べられている。芸術製作という意識が現れていることは注目される。その一方で、鈴木ヴァイオリンは世界唯一の工場組織で、品質がよく割安であることが述べられている。

鈴木ヴァイオリンが「工場製品」であり、工場に多くの機械が導入されていることは、それまではまったく問題にならず、むしろ、賞賛されるべきことであった。しかし、大正後年になると、量販品と手工ヴァイオリンとの違いや、クレモナ製の銘器の存在がクローズアップされてきて、日本人の量産ヴァイオリンに対する意識が変化したことが、この記事からうかがえる。

その意識は、昭和初年になると、ますます強まり、それが鈴木ヴァイオリンの売上高が激減する原因の一つになったと考えられるが、この点に関しては、第3部第4章で再び触れる。

2. 政吉の手工ヴァイオリン製作

鈴木政吉はすぐれた楽器職人であったが、いわゆる「芸術的作品」としてのヴァイオリン製作を始めたのは一九二二（大正一一）年頃からである。それまで、政吉のヴァイオリン製作の主眼は、いかに無駄を省き、安価に、効率よく、迅速に、良品を作り出すかということにあり、量産品としてのヴァイオリン製作を目指していた。世界に類を見ない、工場組織でのヴァイオリンの大量生産の仕組みを立ち上げたのも、その意識の表れであり、機械を積極的に導入したのも、その一環であった。

一九二二（大正一一）年四月、政吉は愛知県工場会理事ならびに工業部会長に推薦されている。ヴァイオリンは工業製品の一つだった。

しかし、この同じ年、政吉は「工場製品に飽き足らず、初めて後世に遺すべき名器の製作に没頭し始めた」と鎮一は述べている。[*9] その背景には、ヴァイオリン製作家として独立し、名前が知られるようになった宮本金八の存在もあっただろう。

また、前節で述べたように、数多くのヴァイオリンの名演奏家が日本を訪れ、彼らの楽器の調整を通じて政吉が、古銘器に触れる機会を得たことも大きな要因であった。

一九二二年は、読売新聞社が日本楽器を通じて政吉にヴァイオリンの製作を依頼し、ヴァイオリニスト、キャスリン・パーロウに寄贈した年でもあった。

ヴァルネリの研究

芸術作品としての楽器製作にかける政吉の情熱は、鎮一が一九二五（大正一四）年夏、一時帰国する際に、ベルリンで入手したヴァルネリを持ち帰ったことによって火がついた。政吉はこの年、商業会議所の議員、勧業協会、商工会、貿易協会その他の役員など、一切の公職を離れ、東山の屋敷の敷地内に研究室を建て、製作三昧の生活に入った。この研究室はバンガロー式のこざっぱりしたスタジオだった。

政吉は文字通り寝食を忘れて、このヴァルネリの研究に熱中し、クレモナの古銘器の「鳴り音」を目指した楽器作りに精魂傾けた。その結果、政吉はヴァルネリの「神髄」を会得し、その「秘法」を使って、自分の満足の行く楽器を数個作り上げ、発表した。この「クレモナの鳴り音」の研究については、後で述べる。

高級手工ヴァイオリン完成

政吉のヴァルネリ研究が実り、満足いく楽器が出来上がったのが一九二六（大正一五）年である。[*10]高松宮所蔵で、現在皇太子殿下がお持ちの政吉自作のヴァイオリンは一九二六年製で、すばらしい出来栄えである。この年、政吉は次々と高級手工ヴァイオリンを世に出す手を打った。

新聞取材

一九二六（大正一五）年三月初旬、政吉は複数の新聞から、新しい手工ヴァイオリン製作についての取材を受けている。

まず、『名古屋新聞』の一九二六年三月四日付の記事には、写真入りで政吉のことが大きく取り上げられ、「一代の傑作を完成した巨匠鈴木政吉さん――ヴァイオリン王老後の精進は遂に泰西の名作を凌駕した」という見出しがつけられている。この記事は「うき草の蝮ヶ池を隔てて、東山一帯の緑の森をガラス戸越しに眺めながら、（……）老バイオリン王の鈴木政吉氏は静かに語り出す」という書き出しで、ヴァルネリを研究した結果、ほとんど同じような音色の楽器が数個すでにできあがったこと、「この音いろは新しい品では出ない筈です。近く東京で音楽会を開いて、ガルデニー［グァルネリ］の作品と弾きくらべて一流音楽家の批判を乞うつもりです」と語ったことなどが書かれている。

ちょうどこの日から名古屋新聞では「財界立志伝」というシリーズで、四回にわたり政吉が取り上げられている（三月四日、五日、六日、一〇日）。政吉の生涯は、立志伝として、しばしば新聞に取り上げられているが、この連載はかなり詳しく信頼が置けるものである。

さらに三月一二日付の『貯金研究新聞』（会社資料）にも政吉のことが取り上げられ、こちらは「巨万の富を擁して静かに余生を楽しみつつ、晩年の気を名作の没頭に親しみつつ在《あ》る翁」と書かれている。実は当時、すでにヴァイオリンの販売は不振になっていたのだが、政吉が「巨万の富」を持つ大金持ちだという認識が広く行きわたっていたことがわかる。

しかし、政吉は、静かに余生を楽しみつつ、ヴァイオリン製作を気の向いたように続けよう、などという消極的な考え方の持ち主ではなかった。彼は、高級手工ヴァイオリンを、鈴木ヴァイオリンの販売品目の一つに加え、さらにヴァイオリン工場のブランド力を高めようとしていた。

一九二七（昭和二）年から鈴木ヴァイオリンのカタログには、政吉と梅雄の手工品である「済韻」

シリーズが新たに登場する。政吉の方は済韻一号から三号まで、それぞれ五〇〇円、七〇〇円、一〇〇〇円の定価が付けられ、梅雄の作品は済韻一号から四号まで、一五〇円、二〇〇円、三〇〇円、五〇〇円の値が付けられていた。[*11] 政吉の最高級品に一〇〇〇円という価格が設定されたのは、宮本金八が一九二六年に貴志康一に売ったヴァイオリンがその値段だったことも関係していたのかもしれない。

新聞取材を受けた三ヵ月後、政吉は新作楽器を東京で披露する。

3．楽器披露会

東京での楽器披露会

一九二六（大正一五）年六月初め、政吉は新しく作った五つの楽器とグァルネリを持って上京した。六月三日、徳川義親と小山作之助の肝いりで華族会館において専門家三〇余名を集めて楽器披露会が開かれるためである。[*12]

徳川義親がこの披露会の開催を手助けしたことは不思議ではないが、ここで小山作之助の名前が挙がっていることは注目される。小山作之助（一八六四―一九二七）は、明治から昭和にかけての作曲家、音楽教育家。《夏は来ぬ》《敵は幾万》などの唱歌や軍歌を数多く作曲した人物である。東京音楽学校教授の職を辞した後、日本楽器の顧問を務めていたので、その関係からであろうか。当時、鈴木ヴァイオリンの関東販売権は共益商社を買収した日本楽器に一任されていたのである。

一方、同年九月五日付の『帝発タイムズ』（会社資料）の記事には、六月の東京での披露会の様子がくわしく書かれている。ちなみに、会社資料として残されているこの記事には、出席者名の間違いなど、赤字で修正されており、資料として内容的に信頼がおける。この記事は「鈴木バイオリン工場主鈴木政吉翁――壱万円の価値ありと評せられたる鈴木政吉翁自作ヴァイオリン」という見出しの長いものである。記事の前半は約二〇〇年前クレモナを中心として輩出した名工たちの作品が高く評価されていること、鎮一がグァルネリをベルリンで購入して持って帰って来たこと、その楽器を研究して、その神髄を会得したことが書かれている。そして、東京での六月三日の披露会の様子が次のように書かれている。

当夜の会衆は提琴界の権威者安藤、多の両教授を始め幸田女史、近衛子、頼母木、奥村〔一〕杉山末吉、多忠亮海陸軍楽長〔原文ママ〕の諸名士その他三十余人の専門家を網羅した批判演奏は始まって、鎮一君の持ち帰ったガルネリユースと、翁の作品は交々《こもごも》演奏された。

壱万幾千円の価値を称うるガルネリユースと翁の作品は更にその雌雄を分たなかった。会衆の専門家は舌を巻いて驚嘆された。一通りの演奏の後両作品は各大家に依って手に手に試弾された。而《しか》して〔こうして〕讃嘆は感激に移った。満堂の大家は楽界のため氏の成功を心からの喜びに夜の更けるを忘れた。

こうして、政吉の自作ヴァイオリンの東京での披露会は成功した。この記事に、日本のヴァイオリン界の権威者として名前が挙がっている、安藤、多の両教授とは、当時の東京音楽学校教授であった、安藤幸と多久寅《おおのひさはる》である。多久寅（一八八四―一九三一）は雅楽の多家の出身で、宮内省の楽師を務めた後、ドイツ留学を命じられ、ベルリンでヴァイオリンを学び、一九一四（大正三）年に帰国し、東京音楽学校の教授になった。持ち管は笙、西洋楽器はヴァイオリンであった。教授の職は一九二三

（大正一二）年に退いた（『芸能人物事典』）という。幸田女史は幸田延。近衛子とは、指揮者・作曲家で子爵であった近衛秀麿（一八九八―一九七三）である。頼母木は梅雄が東京にいた時代に東京音楽学校の選科でヴァイオリンを師事した頼母木こま、奥村は大正八年に東京音楽学校を卒業した奥村艶のことだろうか。杉山は東京音楽学校で安藤幸に師事したヴァイオリニストで、作曲家としても《出船》などで知られる杉山長谷夫（一八八九―一九五二）、末吉は東京音楽学校卒のヴァイオリニスト末吉雄二（一九〇八―？）であろう。多忠亮《おおのただすけ》（一八九五―一九二九）は、大正―昭和時代前期のヴァイオリニストで、東京音楽学校卒業後、東洋音楽学校、陸軍戸山学校、東京音楽学校、宮内省雅楽部で指導し、演奏家としても室内楽団のメンバーとして活躍していた。

この記事には、続けて、すでに、安藤、多の両教授、頼母木、杉山、窪、芝、多忠亮は政吉作のヴァイオリンを愛用し、さらに、「今後の作品に対して大家の申し込みのもの尠《すくな》からず、又某有名オーケストラ団にては将来団の絃楽器全部を翁の作品にて取り揃えたき希望にて準備中のものもありと聞く」と書かれている。

この好評に勢いを得た政吉は、早速、次の手を打った。

自ら手がけた高級手工ヴァイオリンをヨーロッパに持って行き、直接かの地の大家たちに弾いて「鑑定」してもらおうというのである。鈴木ヴァイオリンが量産品以外にも、手工の高級品を作っていることを伝え、欧州での販路の拡大を目指したのである。

政吉は長男梅雄を再度欧州に派遣する。ベルリンから一時帰国していた鎮一も、このとき相前後してヨーロッパに戻った。

先ほどの『帝発タイムズ』の記事には、その事情が説明され、以下のように結ばれる。

鈴木翁は尚進んで自作品を世界中に批判を求むべく、目下残暑を事ともせず其製作に余念なく、近々完成の筈にて其作十数個は十月初旬息梅雄、鎮一両氏持参して渡欧独乙を振出しに世界中の、大提琴家を訪ね試弾を乞ひ、且各大家の所蔵に依る銘器との比較演奏を求むる由。実に壮なりと云ふべしである。

やがて鈴木政吉作品なる詞が世界中のヴァイオリン大家の間に、ストラドヴァリーやガルネリユースに於るが如く、憧憬の的となる日も遠くない事であろう。

鈴木政吉翁は当年六十八才心身矍鑠《かくしゃく》として壮者を凌ぐ、願《ねが》わくば大匠健在なれ。

数えで六八歳の政吉は当時は高齢者であるが、さらにもう一段、自作の手工ヴァイオリンを武器に世界への進出をねらっていた。

渡欧前の披露会

政吉はヨーロッパに息子たちを派遣する前に、楽器を集めて、再度、東京の華族会館で披露会を開いた。主催は徳川義親侯爵であった。一九二六（大正一五）年九月一六日付の『名古屋新聞』には「鈴木ヴァイオリンが欧州へ宣伝行脚《あんぎゃ》」という見出しで、次の記事が掲載されている。

近く令息梅雄、鎮一の両君をして最近の力作にかかるヴァイオリン、ヴィオラ、セロ等数点を携え渡欧せしめ欧州各地の諸名家の鑑定を乞う事になった。

来る二十一日午後五時から華族会館において徳川義親侯爵主催のもとに朝野の名士を招待してその力作

になる楽器を展覧し、晩餐後、これが演奏をなし、更に来賓の演奏や批評を聞くはずである。

今回はヴァイオリンの専門家だけでなく「朝野の名士」が招待され、晩餐会が催され、その後に楽器演奏、来賓の演奏や批評などが行なわれる予定だったことがわかる。

翌九月二二日には東京の日本青年館で、鎮一が「渡欧送別ヴァイオリン独奏会」を開いている。一方、政吉のヴァイオリンの披露会は東京に続いて名古屋でも披露会が行なわれた。こちらは九月二四日、午後五時から名古屋商業会議所楼上で開かれた。「来会者は市内は勿論近県各地の音楽家、教育家、新聞記者等百数十名」。楽器の試奏とグァルネリとの比較演奏もされた。こちらも晩餐会があり、「一同晩餐を共にし、長唄、舞踊などの余興があって盛会だった」と報じられている。[*13]

このあたり、東京の華族会館での催しとはだいぶ様相が異なっている。西洋楽器、それもクレモナの楽器に迫ろうという意気込みで作られたヴァイオリンをヨーロッパに持って行く前の披露会で、名古屋では余興として長唄や日本舞踊などがあった、つまり芸者による接待があったのである。

第9章　ヨーロッパへの「宣伝行脚」

1. 政吉の手工ヴァイオリンをドイツへ

一九二六（大正一五）年一〇月一日、事業の縮小が続く中で、政吉は再度梅雄を欧州に派遣する。梅雄の主な目的は、父政吉の作った高級ヴァイオリンを持参して、ドイツ・オーストリアの名演奏家を歴訪することだった。合わせて、ドイツとチェコスロバキアなどの弦楽器生産の調査を行なう。鎮一の許嫁《いいなずけ》となったワルトラウトがどんな女性か会ってみることも目的の一つだったようである。[*1]

今回は短期間の旅行で、梅雄はベルリンに戻る鎮一と相前後して一〇月一日に日本を出発し、シベリア経由で一六日にベルリンに入り、ここに一カ月半滞在して用事を済ませ、すぐにパリ、マルセイユを経て帰国の途についた。

このときライプツィヒにいた二三雄も一緒に帰国した。

その間、日本では、一二月二五日に大正天皇が崩御し、元号が昭和と改まった。明治天皇崩御の際は、音曲停止となり、政吉のヴァイオリン工場は大打撃を受けたが、今回は音曲の停止令は出なかった。

梅雄は一九二七（昭和二）年一月一六日に日本郵船の白山丸で神戸に戻り、一七日午後、東山の邸に帰宅した。

今回の旅行に関して、梅雄は帰宅直後、名古屋新聞のインタビューに答えて、次のように語っている。


親父が苦心してこしらえた最高級のヴァイオリン十二ちょうを持参し、世界的な斯界の権威者たるドイツのフレッシュ氏の弟子、ウオルスター教授やヘス教授、クリングラー三大家に試聴を願ったところ、イタリーで造った二百年前の名器と少しも変らぬ立派なものだと、折紙をつけて頂きました上、ベルリン〔の〕ジムロック楽器店に供給する契約も成立しました。イタリーのヴァイオリン製造は目下不況で、ドイツ品のみがわずかに家庭工業として製出されるくらいで、私共の工場が一日四百ちょうも造るときいて驚いていました。私共は之《これ》を機会に米国その他世界的市場でドイツ品と争うつもりです。*2


威勢のいい話ぶりである。この旅行について記した梅雄の『渡欧報告』は現存しておらず、その内容については、大野木からの引用に頼るしかないが、それによれば、クリングラー、ヴィリー・ヘス、ヨーゼフ・ヴォルフスタール、ユリウス・クレンゲル、そしてアマチュア音楽家としても知られる物理学者のアルバート・アインシュタインなどから、クレモナ巨匠の遺作に匹敵する絶品という高い評価を得たという。

まず、鎮一の師であるクリングラーは、「かねて秘蔵する二個のストラディバリ」と政吉の楽器をかわるがわるあらゆる奏法によって試弾し、政吉の楽器を絶賛したという。

ヴィリー・ヘス（一八五九―一九三九）はヨアヒム門下の高名なヴァイオリニスト。作曲家のマックス・ブルッフと親しく、ブルッフの後押しで、ベルリン高等音楽学校のヴァイオリン科首席教授に就任した人物である。ヘスは高等音楽学校で弟子たちのいる場で試弾してもらい、賞賛を得たこと、心ゆくまで弾いてみたいので自宅にもってきてくれないかと頼まれ、数日後、届けたことを、梅雄は記している。

ヨーゼフ・ヴォルフスタール（一八九九―一九三一）はカール・フレッシュの高弟だったヴァイオリニスト。ベルリン国立歌劇場のコンサートマスターであった。ベルリン高等音楽学校では貴志康一を教えたが、インフルエンザで夭折した。梅雄によれば、ヴォルフスタールも政吉の楽器を賞賛し、この楽器ならば弾き慣らすことをしなくとも、今晩の演奏会でも演奏できると言ったという。

ヴォルフスタールについては鎮一も「その音質の優れたる点につき感謝と賞賛の手紙が来ている」と書いている。*3

ユリウス・クレンゲルはライプツィヒで二三雄が師事していた名チェリストである。梅雄の『渡欧報告』では、クレンゲルがゲヴァントハウスの教授たちを一夕自宅に招待して、梅雄たちを紹介してくれたこと、彼らから賞賛されたことが記されている。クレンゲルは二三雄のほかに高勇吉や斎藤秀雄が学んだ師であり、日本人に対する理解もあったのだろう。

アインシュタインから政吉に送られた礼状に関しては、第6章で触れた。梅雄によれば、アインシュタインはドイツ人製作家の手になる現代のヴァイオリンよりも良いと賞賛し、音楽家や学者たちに紹介するといい、また、「ベルリンにおいて最大の権威ある新聞ベルカー・ターゲブラッテ紙上に大々的紹介記事を出さしめるとて、熱狂的に尽力」したとのことである。[*4] この新聞は『ベルリーナー・ターゲブラット』紙のことだと考えられるが、今のところこの記述に該当するような記事は見つかっていない。

このほか、梅雄はベルリンとライプツィヒで、著名ヴァイオリン製作家を訪ね、意見を交換している。ベルリンでは、マクスメッケル、オットメッケル、ケスラー、ハンミッヒ、プレペリッチ、ライプツィヒではウルファーの名前が挙がっている。

梅雄の『渡欧報告』には、これらの製作家について次のように書かれている。

これら著名製作家は「ビルディングの二階三階位に五、六室の部屋を持って、その内の一つが店、一つ乃至《ないし》二つが仕事場、その他が住居となっております。……自分自身の他は助手が一人か二人、而して主としての仕事は、修繕を事として、製作の方面は多数ではありません。但し、大抵は出入りの職工を持っておりまして、自己の好みによって製作させ」、それに若干手を加えて出荷させるのであります。[*5]

こうしたヴァイオリン製作家にとって、政吉のように、一日数百本ものヴァイオリンを工場方式で製作し、かつ、その一方で、高級手工ヴァイオリンを手がける、それも、東洋の島国で、ということは考えられないことだったに違いない。

梅雄によれば、彼らは日本にヴァイオリンの製作家がおり、しかも、そのヴァイオリンがベルリンの大家たちによってイタリアの銘器と比較して批評されたということについて驚いている。中でも、ハンミッヒらは、政吉の自作であるとどんなに説明しても承認しなかったという。

実は、これらのベルリンの当代の製作家たちが作る楽器の質は、もともと政吉が目標としていたものだった。先に挙げた『帝発タイムズ』の一九二六（大正一五）年九月五日付の記事に、政吉は自作の手工ヴァイオリンが、ドイツの「ケスラー、ハンミッヒ、コッホ等の作品に比して優る共劣らぬ自信はあるが」、昔のクレモナ作の逸品にはかなわないことを知って、徹底的にグァルネリの研究を行なったというくだりがある。政吉は、グァルネリを入手する以前からこれらのドイツの同時代の製作者たちのヴァイオリンを日本で知っており、彼らには負けない自信を持っていたのである。

梅雄が、『渡欧報告』で強調しているのは、ベルリンの大家たちが、父政吉の楽器を評価し、政吉のヴァイオリンが新しい製作とは思えない、すばらしい音色を持っているという点だった。政吉が精魂傾けた「鳴り音」の研究の成果が演奏家たちに実感されたといえよう。

しかし、先に触れたミハエリスがアインシュタインに宛てた手紙の一節を思い出してみよう。「私たちの若い友人、スズキサンが、あなたのお宅を訪問したことを知りました。私は、彼が持って行ったヴァイオリンについて、あなたの本当の意見——日本的礼儀正しさで金めっきされたものではないもの——を聞きたいです」

果して、はるばる日本から楽器をもってやってきた梅雄たちに対して、演奏家が厳しい意見を述べるものだろうか。しかも、彼らはその楽器を購入しろというのではなく、プレゼントしてくれるというのである。

さらに、ここでの証言は、大野木が抜粋した梅雄の『渡欧報告』にのみ依っているのも問題である。実は「鈴木政吉、鈴木梅雄　自作品之栞」と題されたカタログ（発行年不明）に海外からの多くの推薦状が掲載されており、ヘス、クリングラー、カール・マルキー、ウォルフスタール、ナオム・ブリンダー、アルノルト・ロゼ、フランツ・マイレッカー、クレンゲル、アインシュタインが書いた推薦状が、それぞれ邦訳と共に掲載されている。しかし、そこから原文を判読することは不可能である。

なお、梅雄は「ベルリン一流の楽器商ジムロック会社の懇請を容れて、鈴木バイオリンの一手販売権を同店に委任した」と書いている。ジムロックは楽譜販売会社として知られているが、楽器も扱っていた。のちに政吉の六男喜久雄が東京営業所で古銘器の輸入販売を手がけるようになるが、一九三九（昭和一四）年の『フィルハーモニー』三月号の広告にジムロック社の名前が取引先として挙がっている。

2. ウィーンへの紹介

さて、政吉が梅雄に託した当初の渡欧目的はベルリンとウィーンの名演奏家たちに試弾してもらうことだった。しかし、梅雄がベルリンに滞在したのは一カ月半であった。その間、二三雄がいたライプツィヒには赴いたが、『渡欧報告』にも、帰国後の新聞インタビューにもウィーンの話は一切出てこない。

では、ウィーンのヴァイオリニストたちに試弾を乞う話はどうなったのかといえば、梅雄の帰国後、九月に入って、鎮一が一人で政吉の楽器を持ってウィーンのヴァイオリニストの元を訪れたようである。

これは二通の推薦書（会社資料）からわかることで、どちらも一九二七（昭和二）年九月にウィーンで書かれている。一通目はフランツ・マイレッカー（一八七九—一九五〇）、二通目はアルノルト・ロゼ（一八六三—一九四六）によるものである。共にウィーン・フィルハーモニー管弦楽団のコンサートマスターで、名ヴァイオリニストとして知られていた。ちなみに、アルノルト・ロゼは作曲家グスタフ・マーラーの妹ユスティーネと結婚していた。

二通の内容は次のようなものである。

1．マイレッカーによる推薦書

ウィーン、一九二七年九月九日

日本の名古屋のヴァイオリン製作家、鈴木政吉さま

息子さんが今日、あなたの工房で作られたヴァイオリンを私に見せてくれました。私はそれを弾いて、この新しい楽器の音質に思いがけず驚いたことを喜んでお伝えします。

このヴァイオリンの音は、より長く弾くことでさらに良く洗練されたものになるだろうと思います。

敬具

フランツ・マイレッカー

2．アルノルト・ロゼによる推薦書

ウィーン、一九二七年九月

日本の名古屋の鈴木政吉氏の工場で作られたヴァイオリンを弾きました。この楽器の音の豊かさは驚くべきもので、とりわけあらゆるニュアンスの明瞭さには信頼が置けます。とても好ましい形をしていて、ニスの色合いが美しいです。私が思うに、鈴木氏のヴァイオリンはヨーロッパの市場で非常に認められることでしょう。

宮中顧問官　アルノルト・ロゼ

これらは二人の名ヴァイオリニストによる自筆の推薦書であり、リップサービスの分を差し引いても、それなりの客観性がある。両方とも政吉の楽器について好意的である。マイレッカーの方は、弾き込むことで、さらに良く、洗練されたものになるだろう、と締めくくられており、イタリアの古銘器と比較して云々の大げさな表現がない分、楽器そのものの真価を正当に評価しているように思われる。

鎮一はマイレッカーとロゼを師のクリングラーを通じて紹介されたのだろうか。ここで、政吉がヴァイオリンを「鑑定」してもらった先は、いずれも名ヴァイオリニストであるが、独奏ヴァイオリニストとして世界的に活躍している、たとえば、クライスラーのような演奏家ではなく、音楽学校で教鞭をとり、オーケストラや室内楽で活躍している演奏家たちだったことは注目される。これは、鎮一や二三雄の先生であったクリングラーやクレンゲルを通して、鑑定してもらう演奏家を紹介してもらったことを意味しているのかもしれない。

3．ベルリン高等音楽学校への寄贈

さて、政吉の娘婿北村五十彦は、政吉が亡くなった二年余りのち、一九四六（昭和二一）年八月に『聖匠鈴木政吉の足跡』という小冊子を残している。まだ、工場も名古屋に戻っておらず、疎開先の信州中野方村で、政吉の思い出を記したもので、追慕の念にあふれている。この年の暮れ、北村は急性肺炎で死去したので、これは北村の最後のメッセージとなった。この小冊子の中で、北村は梅雄の「宣伝行脚」で政吉と梅雄が製作した楽器がドイツ・オーストリアで絶賛されたことを述べ、続けて、「爾来伯林《ベルリン》高等音楽学校の註文に応じて数回に亘《わた》りて鈴木父子の自作品を納入せり」と書いている。[*6] これに関してはほかの史料では触れられていないが、果たして事実だったの

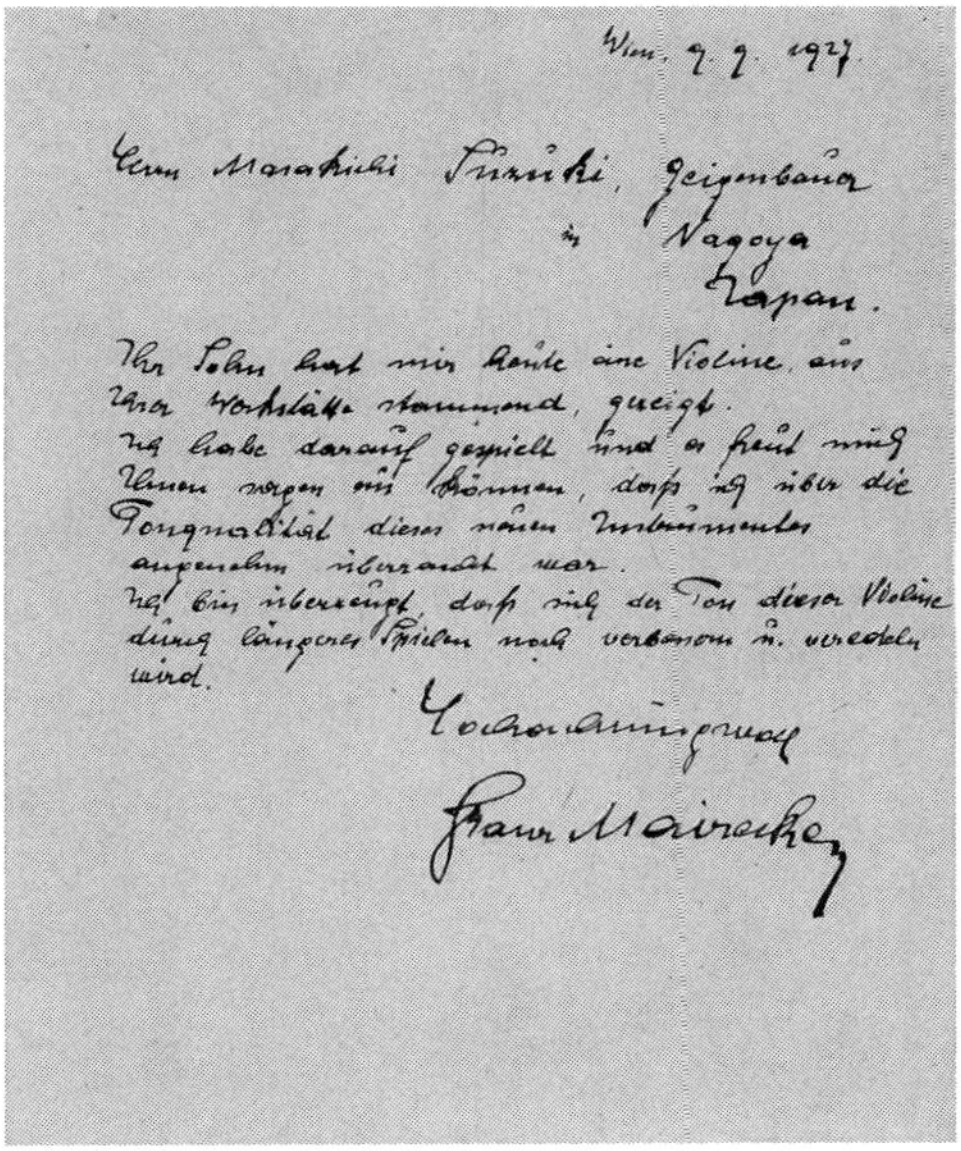
Wien, 9.9.1927.

Herrn Masakichi Suzuki, Geigenbauer
in Nagoya
Japan.

Ihr Sohn hat mir heute eine Violine, aus Ihrer Werkstätte stammend, gezeigt.
Ich habe darauf gespielt und es freut mich Ihnen sagen zu können, dass ich über die Tonqualität dieses neuen Instrumentes angenehm überrascht war.
Ich bin überzeugt, dass sich der Ton dieser Violine durch längeres Spielen noch verbessern u. veredeln wird.

Hochachtungsvoll
Franz Mairecker

マイレッカーによる推薦書（1927年ウィーン）

だろうか。

実は鈴木政吉はベルリン高等音楽学校に楽器を「寄贈」していた。これはシェーンバウムの記述を手がかりに、ベルリン芸術大学の資料室で調査したところ明らかになったことで、資料室には一九二七年二月から一九二八年一〇月までの間に副校長ゲオルク・シェーネマンと鈴木ヴァイオリンとの間でやりとりされた計九通の手紙が「鈴木社の寄贈に関する記録」として保存されている。[*7] シェーネマンからはドイツ語で、鈴木ヴァイオリンからの手紙は英語で書かれている。

それによれば、一九二七年二月の手紙で、政吉はシェーネマンに宛てて、「私の良いヴァイオリン（複数）を、もしあなたが望まれるならば、今後、貴校を卒業するすぐれた生徒に、あなたの手を通じてプレゼントしたい」と提案し、シェーネマンがそれを望んだところ、一九二八年一月に鈴木政吉から二本のヴァイオリンが郵便小包でベルリンに送られた。これらは「学生に褒賞として送ったヴァイオリン」であることから税金を取られることはなく、ベルリン高等音楽学校で、実際に楽器を必要とする生徒に貸与された。

一九二八年一〇月一五日付の鈴木政吉に宛てた礼状で、シェーネマンは次のように述べている（畑野小百合訳）。


二本のヴァイオリンは破損することなくこちらに到着し、すぐに授業で使われ始めました。片方のヴァイオリンは、まもなく褒賞として、あるオーケストラ奏者に貸与されます。もう一方は次の楽器に別の若いヴァイオリン奏者に貸与されます。二本のすばらしい楽器に対して心から御礼申し上げます。これらは良い楽器を買うことができない私たちの学生にとって本質的な助けとなっています。

一九二八年一一月五日付の手紙で、政吉は二本のヴァイオリンが無事に届いたことを喜び、それが学生たちの褒賞として役立ててもらえてうれしいと述べている（写真）。

つまり、楽器は確かにベルリン高等音楽学校に「納入」されたが、それらの楽器は鈴木ヴァイオリンから「寄贈」され、学生たちへの褒賞として「貸与」されたのであった。また、北村は数回にわたって納入したと書いているが、日本からベルリンに送られたのは、残された資料から見て、一回だけだったようである。

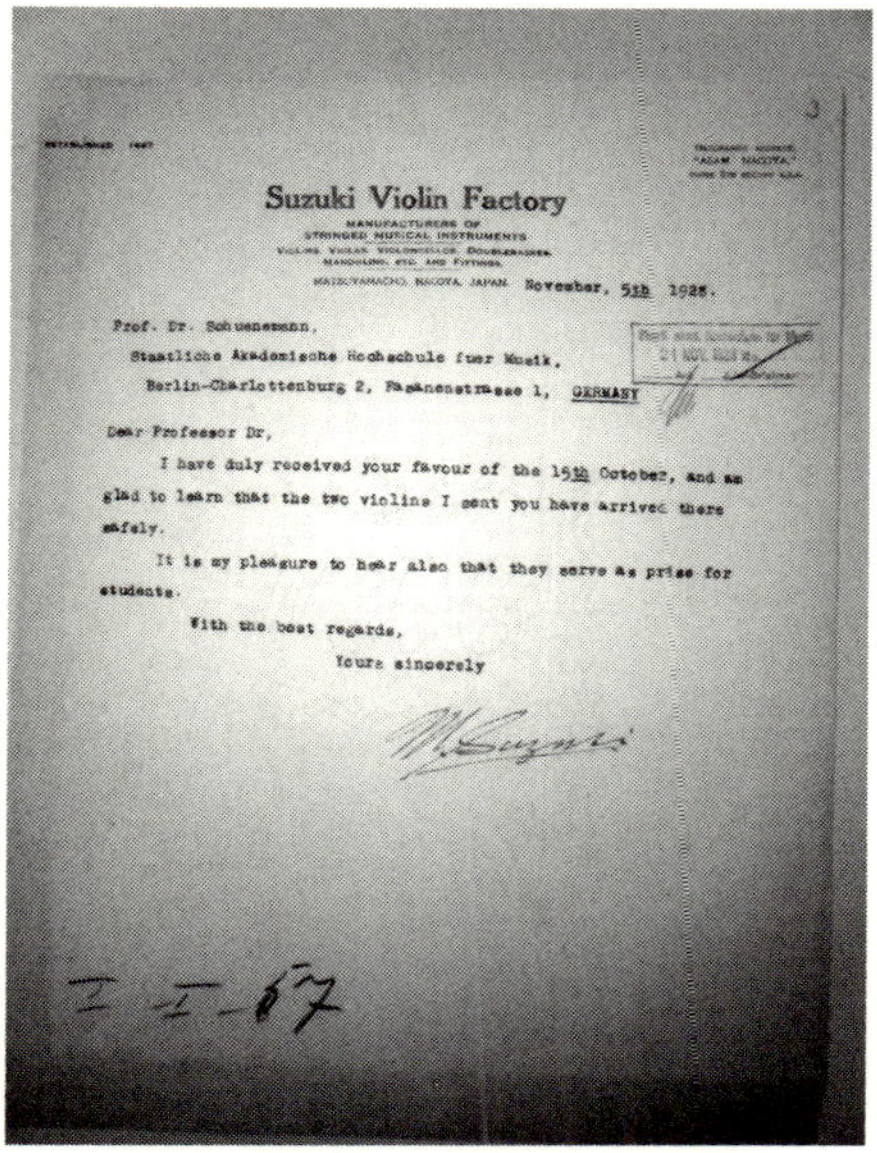

Suzuki Violin Factory
MANUFACTURERS OF
STRINGED MUSICAL INSTRUMENTS

November, 5th 1928.

Prof. Dr. Schuenemann,
Staatliche Akademische Hochschule fuer Musik,
Berlin-Charlottenburg 2, Fasanenstrasse 1, GERMANY

Dear Professor Dr,

I have duly received your favour of the 15th October, and am glad to learn that the two violins I sent you have arrived there safely.

It is my pleasure to hear also that they serve as prise for students.

With the best regards,
Yours sincerely

鈴木政吉からベルリン高等音楽学校副校長シェーネマンに宛てた手紙（1928年）　政吉の英語のサインがある。

このように、政吉は自作品をドイツ・オーストリアに広め、販路の拡大を目指そうとしたわけだが、残念ながら、その望みが叶えられることはなかった。

しかし、帰国した梅雄は、政吉の手工ヴァイオリンがベルリンで好評を得たことを積極的に宣伝した。たとえば、一九二七（昭和二）年四月二四日付の『大阪朝日新聞』に掲載された記事には「ストラデヴァリーの再現」という派手な見出しがつけられ、以下のように書かれている。

工業的楽器製作に大成した彼〔政吉〕は尚進んで真の芸術的の作品の研究に没頭したのであった。二百年来、失いたる楽器製作の神秘をさぐるべく懸命の努力を尽した。

四十年独創的の研究にあらゆる失敗の体験は今最も偉大なる教訓となってイタリーの巨匠ガーネリユースの名作品より遂《つい》にクレモナ時代の製作の神秘を探り、ここに画期《かっき》的の大成を為し遂げたのであった。昨年秋東京における音楽大家の間にその作品を発表して日本の楽壇を驚かし、つづいて彼は世界的の批判を乞うべく、作品十数個を携帯せしめ彼の息子《そくし》をして音楽の本場ドイツに送った。しかるにこの世界的の発表においても前述の如く驚くべき成功を納め日本に再生したストラデヴァリーと呼ばるるに至った。

だが、こうした宣伝にもかかわらず、ヴァイオリン全体の売り上げは激減し、ヴァイオリン工場の経営はさらに困難になっていくのである。

第3部　昭和編

第1章　昭和初年の栄誉

1．昭和二年の表彰

一九二七（昭和二）年一月、梅雄が四男の二三雄と共にヨーロッパから帰国した。政吉は梅雄から、自作の楽器がベルリンとライプツィヒでヴァイオリンの大家たちから賞賛されたことを聞き、大きな自信を得た。独力で切り開いてきた自分の楽器製作の方向が正しかったことを改めて確認したのである。六月には自作の新作ヴァイオリンの試演会を開催して成功を収めた。[*1] 一方、二三雄は帰朝披露のチェロリサイタルを一一月一二日に名古屋市東区朝日町の八重小学校で後援会主催、『新愛知』新聞後援で開催。ピアノ伴奏は一九二五（大正一四）年来日して東京音楽学校で教えていた、ポーランドのピアニスト、レオニード・コハンスキー（一八九三―一九八〇）であった。[*2]

この年、名古屋商業会議所は、明治節（明治天皇の誕生日）の制定を機に、「工業都市」名古屋市が誇る二人の大工業家、大発明家を表彰した。それが豊田佐吉（一八六七―一九三〇）と鈴木政吉であった。自動織機を発明し、また、織布事業を広く経営していた豊田佐吉と並んで、ヴァイオリン製造業の鈴木政吉が表彰されたのである。政吉は、戦前の日本を代表する工業人とみなされていた。表彰の理由としては、以下のように記されている。

鈴木氏は洋楽の我が国に伝えらるるや、将来必ずその流行を見るに至ることを予察し、ヴァイオリンの製作を企てられた。併《ただ》し当時はヴァイオリンの輸入せられたものも少《すくな》く、それを見ることすら容易ならぬ有様で、況《いわ》んや製作の参考品としてそれを分解するが如きは到底及ぶべきではなかつた。されば氏は単にその外形を一見したのみで、全く創造の苦心を以て明治二十一年に第一作を成就せられ、爾来《じらい》〔それ以後〕拮据《きっきょ》〔仕事に励むこと〕経営身を刻み骨を削るの辛苦をなして各種の製作用機械を発明し、一方においては用材塗料の研究をなして、遂《つい》に外国品を凌駕する優良精巧な楽器の多量生産に成功し、それを海外に輸出せらるるに至ったのである。而《しか》も発明心と芸術的良心とに燃える氏は、古代伊太利の巨匠が製作した世界の逸品をして顔色なからしめる作品の完成を企図し、刻苦精覈《せいかく》の結果神韻縹渺《ひょうびょう》〔すぐれた趣きが感じられるさま〕実に古今に冠絶せる名器を大成して、世界における音楽界並《ならび》に斯業界の権威者を驚嘆せしめられた。なお氏はヴァイオリン以外にも各種の優良な楽器を製作し、又斬新なる絃楽器をも発明せられたのである。*3

つまり、政吉が見よう見まねで第一作のヴァイオリンを作ったこと、さまざまな機械を発明し、ニスの研究も進め、外国製品をしのぐ優良精巧な楽器の大量生産に成功し、それらを海外に輸出するに至ったこと、さらに、イタリアの古楽器の名品に負けない楽器を作ることを試み、苦心の末に、古今を通じて傑出した名器を完成し、世界の音楽界や其道の権威を驚嘆させたこと、ヴァイオリン以外にもさまざまな楽器を製作し、新しい弦楽器も発明していることなど、これまでの業績が記されている。

豊田佐吉と鈴木政吉は共に名古屋を代表する発明王とみなされていた。この二人は、前年一九二六（大正一五）年一〇月、日本産業協会からも表彰を受けていた。この協会は、一九二一（大正一〇）年にその前身である博覧会協会と国産奨励会の合併により発足したもので、当時は国産品を奨励し、輸出を促進する目的で見本市の開催、博覧会への出品の斡旋、産業功労者の表彰などの事業を行なっていた。

一九二七（昭和二）年一一月は、政吉にとって、もう一つ名誉な出来事があった。陸軍大演習を統監するために名古屋に駐泊された天皇に単独拝謁を仰せつけられ、工場には侍従の御差遣があった。

しかし、このような栄誉を受ける一方で、この年は、日本で金融恐慌が起きた年でもある。各地で銀行に、預金者が預金引出しのために殺到する「取り付け」が起こり、休業する銀行が続出した、その中で、神戸の鈴木商店の経営破綻が明らかになり、関連して台湾銀行が経営危機に陥った。それが一九二九（昭和四）年浜口内閣の金解禁・緊縮デフレ政策により開放体制をとった日本に、一〇月二四日のニューヨーク株式市場の暴落から始まった世界恐慌の衝撃が加わり、昭和恐慌へとつながることになる。

ヴァイオリンの売れ行きはますます振るわなくなり、鈴木ヴァイオリン工場の経営は悪化していった。

2. 鎮一夫妻の帰国

一九二八（昭和三）年二月、鈴木鎮一とワルトラウトはベルリンで結婚したが、新婚生活四カ月目、鎮一は母、良が危篤との報を受ける。急遽、夫妻はシベリア鉄道経由で五月三〇日に帰国する。鎮一は結婚前も後もワルトラウトに「我々はスイスに住みましょう」と言っていたが、結局この後、二人は生涯日本で暮らすことになった。

ワルトラウトの見た日本

鎮一夫妻が到着した名古屋は、ベルリンから来たワルトラウトの目には「村」に見えた。[*4] 彼女の手記によれば、政吉は「ビリヤード・ルームのついた心地よい大きな家に住んでおり、和風の庭は美しく造園して」あった。

鎮一の兄の一人は、家からまっすぐ向かいの小高いところにある美しい西洋館に家族と共に住んでいた。そこに、政吉は鎮一夫妻の家も建てようと考え、材木はすでに敷地に置いてあったが、ワルトラウトは名古屋に住みたくなかった。

政吉はお抱え運転手付きのパッカードを持っており、ワルトラウトは一週間に一度、一人で使ってよいと言われた。しかし、ワルトラウトはほどなく外出をやめてしまう。ドイツ人の彼女は名古屋で行く先々で人々の好奇の目にさらされることが我慢できなかった。東京に引っ越したいと彼女は鎮一に訴えるようになった。

名古屋でのワルトラウトの一番なつかしい思い出は、徳川義

新婚時代の鎮一とワルトラウト

親侯爵の美しい邸宅をたびたび訪問したことだった。そこで、侯爵は能などの日本の伝統文化に触れさせてくれたという。

名古屋に住んでいた一年の間に鎮一の母は亡くなり、鎮一夫妻は東京に引っ越した。

鈴木クワルテット結成

鎮一はヴァイオリンの独奏者《ソリスト》として成功していたが、「自分よりももっとよくできる立派な芸術家が大勢いるから」と言って、その道を進もうとはしなかった。*5 代わりに鎮一は帰国直後の一九二八（昭和三）年六月三日に、三人の弟たちと共に鈴木クワルテットを結成し、活発な活動を始めた。鈴木兄弟は同年一〇月一八日、まず、東京の日本青年会館で、次いで一〇月二七日には名古屋で第一回のコンサートを開催した。

CD『鈴木クワルテットの遺産』のジャケット写真

メンバーは第一ヴァイオリンが政吉の三男の鈴木鎮一、第二ヴァイオリンが六男の喜久雄《きくお》（一九〇四〔明治三七〕年生）、ヴィオラが四男の章《あきら》（一八九九〔明治三二〕年生）、チェロが五男の二三雄（一九〇〇〔明治三三〕年生）であった。

四男の章の出身校は不明だが、しばらく会社の現場で製作に従事した後、安藤幸に師事し、ヴァイオリンとヴィオラを弾いていた。名古屋の楽壇では知られた存在で、ソリストとしてラジオでしばしば演奏していた。ラジオの人気投票では、ヴァイオリニストの部門では、兄の鎮一に次ぐ得票を得た。[*6]

ライプツィヒに留学していた五男の二三雄は鈴木クワルテットの中でも、音楽的に鎮一と並ぶ存在であった。二三雄は作曲活動も行なっており、一九三〇（昭和五）年新興作曲家連盟に加入している。[*7]鈴木クワルテットでは、弦楽四重奏への編曲者としても活躍した。

六男の喜久雄は名古屋市立商業学校卒業後、慶應義塾大学経済学部に進学。同大学ワグネル・ソサエティーで活躍するかたわら、章と同じくヴァイオリンを安藤幸に師事した。

当時日本では室内楽団が少なかったので、鈴木クワルテットはステージだけでなく、日本各地へコンサートツアーを行ない、レコード録音やNHKの放送出演などにひっぱりだこの毎日だった。こうして、鈴木クワルテットは兄弟による本格的な弦楽四重奏団として有名になった。

鈴木クワルテットが東京に進出してからも、春と秋には名古屋での演奏会が行なわれ、そのほかに、鈴木邸でのホームコンサートで鈴木クワルテットが試演することも多かった。

秩父宮の前での御前演奏

大正天皇の次男、秩父宮（一九〇二―一九五三）が名古屋の徳川義親の邸に宿泊した際、鈴木クワルテットが御前演奏を行なった。演奏後、秩父宮は政吉に向かって、楽器はどこの国で製造されたものかと質問した。政吉が「演奏者も楽器も私の自作で純国産でございます」と答えたところ、秩父宮は「楽器も演奏者も、みな自作とは珍しい」と面白がられたという。[*8]
実際に兄弟四人で、しかも使用楽器のいずれも父の手になるクワルテットは古今を通じて、世界に類がなかった。

3．「済韻《さいいん》」命名

「音の発明」

大正末年から、政吉は鎮一がベルリンで購入し、持ち帰ったクレモナの古銘器グァルネリの「鳴り音」を自分の楽器で再現しようと、研究に研究を重ねついに「秘法」を発見した。最初、政吉はそれを「音の発明」と呼んでいたが、一九二八（昭和三）年、徳川義親によって「済韻《さいいん》」と名付けられ、以後、この方法はヴァイオリンだけでなく、尺八、三味線、琴、ギター、マンドリン、鐘、笛、蓄音機のサウンドボックスなど、さまざまなものに応用され、大いに宣伝された。

この「済韻」については不明な点が多く、批判もされてきた。政吉自身が自分の言葉で語った文章を読んでみても、肝心なところは具体的な言葉では語らず、煙に巻かれてしまう。[*9] その一方、当時の雑誌などの広告には「済韻」について「世界的発明」というような大げさなキャッチフレーズが使われており、読んだときにいかがわしさを感じる。

しかし、政吉が亡くなるまで、晩年の約二〇年を「済韻」の研究に費やしたことも事実である。ここでは、「済韻」がどのようにして生まれ、応用されていったのか、まずはまとめてみよう。[*10]

政吉は、大正年間、工場生産品とは別に、芸術的な手工ヴァイオリンを手がけるようになった。第一次世界大戦の影響で日本にヴァイオリンの注文が殺到するようになり、政吉は裕福になった。高額納税者の一覧に名を連ねたこともある。彼は覚王山に大きな邸を建て、不動産にも投資した。

そのころ、政吉は鎮一の言い方を借りるならば、「芸術品」としてのヴァイオリンの製作を始めたのである。資金に不自由していないので、ヴァイオリンを作るのに当たって最高の材料を使うことができたはずである。

すぐれた楽器職人であった政吉は、しばらくすると、満足のいく楽器が作れるようになった。新品に関しては、外国から輸入される高級品にまったくひけをとらない水準まで行ったと彼は感じた。

次に目指したのが二〇〇年以上前に作られたクレモナの銘器の音であった。

一九二五（大正一四）年、鎮一がベルリンからグァルネリを持って一時帰国すると、政吉はその楽器をあらゆる角度から研究した。

このグァルネリがコピーではなく本物であったかどうか、ということも実は問題である。楽器が残っていないので確かめようがない。しかし、鎮一が「鑑定眼のない私が、真偽のほどを見分ける力はもちろんないが」と断りながらも、ベルリンの楽器製作者オット・メッケルによる鑑定書がついていたと書いていることや（第2部第5章参照）、師であるクリングラーが、ケースの中のこの楽器を見るなり、「おお、どうしてこんなすばらしい楽器を手に入れましたか」と驚いたこと[*11]を考えれば、本物だったと思えるのである。クリングラーはストラディヴァリを二本持っていた。

グァルネリを手に入れた政吉は、新品のヴァイオリンとクレモナの古銘器の音の違いは何なのだろうか考え抜いた。そして、次のような結論を出した。

> バイオリンの新品ではこれ以上進歩の余地はないが、二百年以前に製造されたものに比較すると、新品は音の点で雲泥の差があるが、これは二百年間弾き込んだからに違いない。弾き込めば妙音が出るものなら、良品となる素質は新品にもあるのだから、二百年とか百年乃至《ないし》五十年弾き込まないで、二、三ヶ月で

同様の効果を上げ得るに違いない。ヨシッ一つ他の人の考えていない音を作ってみようと決心しました。

そこで私は音を作るべく研究の結果、古いバイオリンは長期間弾かれるために終始振動し、かつ用材が乾燥するため木質細胞に変化を来している事を顕微鏡に依って知りました。*12


つまり、新品とクレモナの古銘器との差は、「弾き込み」の差であると政吉は考えた。良品となる素質は新品にもあるのだから、二、三カ月で長年「弾き込み」をしたような状態にしてやれば、新品でも良い音が出るに違いない。そして、政吉はそのような状態に楽器をもっていく方法を編み出したというのである。


この方法で作った手工ヴァイオリンが外国で賞賛されたことで、政吉は自信を深め、いよいよ「サイインを施した」ヴァイオリンを売り出したところ愛好家から歓迎された。

そんな折、笛の名手であった徳川義親から、愛笛の音色の調整を依頼された。政吉は理論上笛にもサイインを施すことが可能だと考え、実行したところ、非常に調子がよくなったので、他の一本にもサイインを施した。徳川義親がこの方法を「済韻《さいいん》」と名付けたのはこのときだという。音を整えるという意味で、楽器が音の全性能を発揮させるという意味だった。

三味線は稀音家《きねや》六四郎と今井慶松のものを手がけた。今井からはこんな弾き良い三味線はないと褒められ、政吉がサイインを施した三味線を二五〇円で買ってくれた。稀音家は銀婚式の祝いに弟子からもらった蒔絵を施した東郷平八郎の書入りの豪華の三味線を持っていたが、それが弾きにくかったのを、政吉がサイインを施して、たいへん弾きやすくなった。杵屋佐吉の三味線にもサイインを施したところ非常に好調となり、感謝状までもらった。三味線はヴァイオリンと違って音が長く続かないので、サイインを施してもヴァイオリンほどには変わらないが、サイインを施した後は非常に音が良くなる。

そのほか、吹きにくくて放置してあった陸軍軍楽隊のオーボエやトランペットにもサイインしたところ、調子が良くなった。蓄音機のサウンドボックスについても成功した、と政吉は語る。

一方、北村は、この「サイイン」を、政吉が発見したクレモナの謎、と呼び、次のようにまとめている。[*13]

一、音の発生の原理に基き全器体各部の調和、均整を得るこの方法こそ「クレモナ」において二世紀前に絶えて伝わらざりし所のものにして現存する世界何れの製作者も他に之を獲得せし者なし。

二、従来広く「バイオリン属の楽器は製造後多年のひきこみに依りてのみ始めて妙音を発する」と信ぜられたるもこの製法に依る時は製作直ちに妙音を発し得て而《しか》もその音質、音量後年に至るも衰えざるものなり。

この「サイイン」について、大野木は「決して批判がないわけではない」と述べ、無量塔の意見を引用している。[*14]

鈴木政吉が日本のヴァイオリン製作史に残した功績はきわめて大きく、のちのすべての製作者がなんらかの形で影響を受けているといえます。しかし、彼の研究のなかに「済韻《さいいん》」というものがあります。どのようなことをしたのかは不明ですが、この方法によると、すべてのヴァイオリンは音質、音量が自由自在に変化改良される大発明であると称されます。効能書を信ずるかぎりではストラディヴァリやガルネリの必要はまったくなく、極端にいえばいちばん安物で十分であるような宣伝をしました。これは偉大な鈴木政吉の生涯にあってただ一つの汚点のように私には思えるのですが。

一方、大野木は別の個所で「済韻」について、「電気バイブレーターで木質をいじめ、人為的にそれを枯らす〝済韻〟の極意を、梅雄は秩《さとし》〔梅雄の次男、三代目〕に伝えなかった。否彼は、選び抜かれた良木の、長年にわたる自然の枯れこそが、バイオリン不可思議の神秘だと感得して、息子には〝済韻〟の委細を語らなかった」と述べている。この文章から、「済韻」は、電気バイブレーターを材料の木材にかける方法であったと思われ、それを梅雄は受け継がなかったことがわかる。[*15]

出来上がったばかりのヴァイオリンは十分に鳴らないので、ある程度の「弾き込み」をして慣らす必要がある。たとえば現在でも、製作楽器のコンクールに出す楽器は、一ヵ月ほど弾き込んでいい音にしてから出すという。また、機械を使って「弾き込み」の効果を出す方法もあり、実際にヴァイオリンに装着して音色を良くする「楽器熟成器・弾き込み器」という機械も販売されている。

そうしてみると、政吉が考案した「済韻」は、その先駆け的存在だったわけである。

問題は誇大宣伝ともいえる宣伝の仕方だったのではないだろうか。典型的なのが、「音質世界一のサウンドボックス」という表現や、次のような大げさな文章である。

一度翁《おう》がサイインされますと、翁新作のバイオリンが、数百年弾きこなした泰西の名器以上の音色《おんしょく》を出し、三味線は百年以上弾きならしたもの、尺八は六十年以上吹き込んだものに勝さる音色《ねいろ》を出します。又釣鐘、拍子木、銅鑼《どら》は素張《すば》らしい清澄の音《ね》を出し、蓄音器、ラヂオ及び拡声器からは一切の騒音がなくなります。*16

政吉自身は、本当にこう考えていたのだろうか。いくら宣伝文句とはいえ、話に尾ひれがついて誇大広告になっている。

一方、息子の鎮一は「済韻」の技術を評価し、この発明によって、最近の政吉作のヴァイオリンは「実に音響柔らかく、音量あり、音色澄み亘《わた》り、優れたる古楽器に近い音を持っている」と述べている。そして「クレモナの楽器に比して鈴木政吉作のヴァイオリンに今一層ヴニス〔ニス〕の研究あらば正に申し分なしと信ずるのである」と続けている。*17

つまり、鎮一は政吉の楽器について、古楽器を「超える」音だとは言っていない。彼は手放しで褒めているわけではない。これでさらにニスの研究を進めれば、完璧になると注文をつけている。

ここで思い出されるのが、「このヴァイオリンの音は、弾き込めば、さらに良く、洗練されたものになると思います」という、ウィーンのヴァイオリニスト、フランツ・マイレッカーによる鑑定書の文面である。マイレッカーが試奏したのは、自慢の済韻を施した楽器だったはずだが、演奏家たちはなお弾き込みが必要だとは感じたのである。しかし、彼は、楽器の音質自体は高く評価された。

数百年来の名人による楽器の「弾き込み」に着目し、それを人為的に短期間に作り出そうとする「済韻」の方法は、結局、すべてを解決する魔法ではなかった。

政吉の手工ヴァイオリンは「済韻」されたからすぐれているわけではなく、その楽器自体の作りに依っている。良質な材料を使い、すぐれた技術で製作されたヴァイオリンそのものの良さが決め手だったといえよう。

第2章　懸命の努力

不況と流行の変化により、日本のヴァイオリン離れが進むなか、政吉は一族の力を結集し、さまざまな試みを行なって、事態の打開を模索した。

まず、洋楽器と和楽器を合体させた楽器の開発である。現在から見れば、世界的に評価を受けるまでになったヴァイオリンを脇に置いて、和洋折衷楽器の開発に乗り出す必要があるのかと不思議に思われるが、政吉にとっては単なる遊び仕事ではなかった。こうして発表されたのが、「マンドレーラ」と「ヤマト・ピアノ」である。

1．和洋折衷楽器の開発

「浄化されたる三味線」マンドレーラ

マンドレーラは政吉が発明した新楽器で、マンドリンと三味線を合体させたものである。マンドリンの棹を長くした形の楽器で、弦の張り方や演奏の仕方は鈴琴《すずこと》と同じであった。

一九二八（昭和三）年六月に発行された「マンドレーラ」の案内書には、「家庭用新楽器　三味線に代る新しい邦楽器」と書かれている。

そこで新楽器マンドレーラについて以下のように説明されている。

新楽器マンドレーラは三味線に代る新時代の家庭楽器として、近来しきりに唱道さるる新邦楽の編成に主要楽器たるべく弊工場主多年の考究を実現して今般製作いたしましたものであります。

つまり、マンドレーラは、鈴琴で政吉が目指した三味線に代わる家庭楽器というコンセプトを受け継いでいる。さらに、「新邦楽」の主要楽器になるという第二のアピールがある。新邦楽は新日本音楽のことであろう。このころ盛んに行なわれていた和楽器と洋楽器のコラボレーションによる新日本音楽にも使える、と政吉は述べているわけである。続けて、政吉は次のように述べる。

埃及《エジプト》太古の楽器にナボルと呼ばれる絃楽器がありました。この楽器がアラビアに入り、次いでペルシャ、印度、支那と漸次移入し、その構造も段々変化して来ましたが、今より約三百六十年前、始めて我が国に渡来して参りましたのが、今日の三味線の起因となりました。また一方、この古楽器が西進して欧羅巴《ヨーロッパ》に渡って発達したものがマンドリン属の楽器となったのであります。

このように、政吉は歴史をさかのぼって、太古のエジプトの弦楽器から説き起こし、それが西と東に伝播して、一方が東に進んで日本に達し三味線となり、もう一方が西に進んでマンドリン属になったという。

同一の楽器より起こって東洋西洋に各々《おのおの》、その発達の経路について案じますと、その間よく民族性の相異をうかがうに足りますが、新楽器マンドレーラはこの両者進化の特徴について研究の結果、我が三味線の粋を継ぎ、マンドリン属楽器の長所を採りて、始原楽器ナボルの理想を斟酌《しんしゃく》して精練されたる我が三味線の楽想を発揮して、遺憾なくかつ三味線に求めて得られざる和声法による演奏の開拓を可能たらしめたものでありまして、この点は苦心製作の中心であると同時に、新楽器マンドレーラの特徴であります。

ここでは、三味線の粋とマンドリン属の長所をミックスさせて、三味線では演奏できない和声を演奏できるということをアピールしている。鈴琴を完成させてから一七年の月日が流れていた。その間、宮城道雄や本居長世《もとおりながよ》の進める新日本音楽は確実に地歩を固めていた。

当時、邦楽関係者のあいだでは、日本には洋楽のような和声がないということが根強い劣等感として存在していて、「日本的和声」について盛んに議論されていた。広い音域と和声を支える低音は洋楽の顕著な特徴であり、たとえば、宮城道雄の考案した低音箏、十七弦箏等に代表される低音楽器の開発はこの音域と和声を手に入れたいという願望の現れだった。政吉のマンドレーラはまさしく、その路線に位置するものだったのである。

政吉はマンドレーラの説明の締めくくりとして、以下のように述べる。

なお、マンドレーラは調絃奏法等全く三味線と異なりません。従って、長唄、清元、哥澤《うたざわ》、常磐津《ときわず》等、三味線の素養ある方なれば、直ちに三味線同様に弾奏が出来ます。又その形状は近代的の雅味豊かなるものでありまして、音質は高尚優美余音《よいん》〔韻〕に富み、ことに三味線における皮の張り替えの不便と不経済を排除して、まことに家庭楽器として大方諸賢の要求に合致するものと確信するところであります。
幸い御愛用を得ますれば、弊工場の本懐であります。

こうして、三味線を弾ける人ならばそのまま弾けることをアピールし、さらに皮の張り替えがいらないので経済的であることを挙げて説明を終わる。

マンドレーラを弾く和服姿の政吉（1924年）

マンドレーラの構え方は三味線と同様で、ピックを使う。弦は説明書によれば、鈴琴同様、スチール弦を用いていた（東京藝術大学小泉文夫記念資料室に所蔵されているマンドレーラは二本はナイロン弦、二本がスチール弦である）。

政吉はマンドレーラを日本人の感性に合う、和魂洋才の新楽器として開発した。そこで目指されたのは、新しい邦楽、つまり新日本音楽の担い手になる楽器、花柳界を連想させる野卑な音色の楽器ではなく、家庭にふさわしい楽器であった。定価は二〇円に設定された。

一九二八（昭和三）年九月四日に掲載されたマンドレーラの新聞広告では、「今井慶松先生、杵屋六四郎先生、宮城道雄先生御推奨」と書かれ、「家庭向新楽器」「浄化されたる三味線」と宣伝されて

マンドレーラの説明書表紙（1928年）
マンドレーラを洋服姿の政吉が弾いている。

いる。[*1] 今井慶松（一八七一—一九四七）は山田流箏曲の名人で、一九〇二（明治三五）年以降、東京音楽学校教授を務めていた。稀音家六四郎は三代目（一八七四—一九五六）だろう。一九二九年から東京音楽学校に長唄の選科が開設されると講師を務め、のちに教授になった。宮城道雄（一八九四—一九五六）は生田流箏曲の第一人者で、箏曲の近代化を図り、いわゆる「新日本音楽」の活動を展開したことで知られる。こうして、政吉は、箏の山田と生田の両派と長唄の代表的な演奏家たちからお墨付きを得て、マンドレーラを売り出したのである。

政吉はこの自作楽器マンドレーラを愛用した。

ヤマト・ピアノ

マンドレーラと同時期に発売されたのがヤマト・ピアノである。これは古典的な琴（箏）をモダンにしたもので、金属弦が張られ、大きさは琴の半分くらいだが、響板と響袋との装置により、音量は倍増している。琴柱はなく、糸巻きで調弦する。ヤマト・ピアノは定価六〇円、専用椅子一〇円、専用琴爪五〇銭で販売された。

マンドレーラとヤマト・ピアノは一九二八(昭和三)年に開かれた御大典奉祝名古屋博覧会に出品され、本館の入口に陳列された。九月二一日付の『名古屋新聞』朝刊記事には、「日本音楽を世界的に向上させたいという大本願から」これらの楽器を政吉が製作したことが記されており、ヤマト・ピアノを演奏する政吉の写真が掲載されている。

この博覧会は、名古屋勧業協会が主催した博覧会で、鶴舞公園を会場として開催し、会期中一九四万人を超える入場者を集めた。博覧会の目的は、昭和天皇の即位記念と生産の改善・商勢の拡大にあり、本館・機械館・農林館・電気館のほか、大礼館・国防館・美術館・衛生館・歴史館などが作られ、展示品は約一〇万点にも及んだ。名古屋勧業協会副会長の政吉はこの博覧会でも副会長の一人であった。

この博覧会では通常通り出品物が審査され、褒賞が与えられたが、不思議なことに、第五部製作工業品の第九九類の「楽器」の部は「琴、三味線、其他諸楽器」というくくりで和楽器が中心であった。審査概評を読む限り、オルガンはあるものの、ヴァイオリンの弦楽器類もピアノも一切出品されていない。[*2] したがって、マンドレーラとヤマト・ピアノは、「楽器」の部の審査対象としてではなく、単にデモンストレーション用に展示されたのである。

一九二八年は、不況の上に、ヴァイオリン離れが始まり、鈴木ヴァイオリンにとっては非常に苦しい時期であった。政吉はそこで、ヴァイオリン以外の楽器にも活路を見出そうとした。しかし、新楽器開発は、状況を打開するためだけの方策ではなく、政吉がかねがね考えていた、日本人にとって真にふさわしい楽器を探すための方策でもあった。

とはいえ、マンドレーラもヤマト・ピアノも売れた様子はない。東京の小野ピアノ店が一九三二（昭和七）年から一九三四（昭和九）年まで出していた広告には、ホルーゲルピアノと並んで「ヤマトピアノ」が掲載されているが、五〇〇円よりと書かれているところから、政吉の「ヤマト・ピアノ」とは別物の、普通のピアノであろう。[*3] ピアノ自体が、高価で誰にでも手が届く楽器でないにしても、すでに人々の憧れの楽器として定着していた当時、琴もどきの「ヤマト・ピアノ」が流行する余地はなかった。

こうして、邦楽のための新楽器を製作するという政吉の試みは頓挫したが、彼の意欲はその後も衰えることがなかった。一九三八（昭和一三）年六月二五日の徳川義親の自筆日記には、「十一時半、鈴木政吉、喜久雄来訪。新発明の三味線を持って来る」と書かれている。[*4] 当時政吉は満七八歳。すでに社長の職を退き、知多郡大府《おおぶ》に居を移していたが、ヴァイオリン製作を続けるかたわら、三味線改良の研究も相変わらず行なっていたのである。

義親の日記にある「新発明の三味線」は世間に発表されることはなかったので、どんな楽器であったのかはわからない。この年、国家総動員法が発令され、楽器の製造はますます困難になっていった。

2. 東京営業所設置——古銘器の輸入販売

ヴァイオリンの事業不振の難局を打開するために、政吉は、いくつもの手を打った。前に述べた新楽器開発や小学校での需要の開拓のほかに、大戦中に増設した石神堂町《いしがみどうまち》の分工場を洋家具・室内装飾・各種木工品の専門工場に切り替えたのもその一つである。この工場で作られた家具を鎮一の妻、ワルトラウトは高く評価していた。「私たちのダイニングルーム・セットはそこで作られたものでした。私は今でもそれを使っていますが、美しい家具です」と記している。[*5]

さらに政吉は東京に営業所を設置し、六男喜久雄と九男の士朗（一九一三―?）に販売・修理を担当させた。大野木によれば、日本楽器との特約が存続していたので、鈴木ヴァイオリンが直売所を東京に設けることは表向きできなかったが、政吉は一九二八（昭和三）年の秋頃、喜久雄を東京に派遣し、日本楽器の暗黙の了解の下に、四谷内藤町に設けた事務所でヴァイオリンの修理・販売に当たらせた。[*6]一九三〇（昭和五）年には士朗をその助手として派遣した。

その後、喜久雄は日本楽器との特約が切れた二年後の一九三二（昭和七）年、事務所を「鈴木バイオリン東京営業所」に昇格させる。そこで、新たに始めたのが、イタリアとドイツの「古銘器」の直接輸入販売である。

一九三二（昭和七）年六月号の『フィルハーモニー』の広告には、「今回伊太利並に独逸の真に芸術的価値のある古銘器の直接輸入販売を致す事になりました」と書かれている。これは戦前の日本におけるヴァイオリンの受容の変化を示す事例といえるだろう。メーカーである鈴木ヴァイオリンがイタリアとドイツの「古銘器」の輸入販売に手を広げたのである。このころ、第4章で述べる工場製の鈴木ヴァイオリンへの風当たりが強まっていたこととも関係していた。

「済韻蓄音器」の製造販売

「鈴木バイオリン東京営業所」を任された喜久雄は、さらに、蓄音機の製造販売にも乗り出す。最初は、「済韻」の技法を使って、蓄音機のサウンドボックスを調整するということから始まった。

一九三三（昭和八）年、「バイオリン王　鈴木政吉翁」の大発明を使って、サウンドボックスを調整するという広告が『フィルハーモニー』同年一月号に登場する。サウンドボックスとは、蓄音機の再生部で、雲母、アルミニウム、ジュラルミンなどの振動板の中心に再生針を取り付けたものである。レコードの溝をなぞる針先の振動が音に変換され、これを朝顔形の拡声器で拡大して聴くわけだが、そのサウンドボックスを「済韻」の技法で調整すると音が良くなるというのである。どんなサウンドボックスでも預かれば、調整料五円、期間約二週間以内でその加工をするという宣伝だった。政吉によれば、サウンドボックスの中心にあるジェラルミンをサインによって調整し、カバーとの「調和をとる」ことにより、騒音強音を除くことができるというのである。[*7]

次に、喜久雄はサウンドボックス自体「プリーマPrima」と名付けて一二円で売り出し、一九三三年三月号の『フィル

サイイン蓄音器広告

ハーモニー』)、続いて、そのサウンドボックスを使った蓄音機それ自体を売り出した。定価二八〇円の最高級品 Prima R6 から四五円のポータブルまで、政吉の「世界的大発明」をうたい文句とした蓄音機は、同年一一月号の『フィルハーモニー』では、すぐに「済韻蓄音器」と改称され、「日本の誇り、純国産」というキャッチコピーが付けられている。

この蓄音機は大々的に宣伝されたが、これが失敗して、「鈴木バイオリン東京営業所」は閉鎖となる。しかし、喜久雄はすぐに「合資会社鈴木バイオリン」を設立し、本社(小売部)を銀座三丁目、卸売部を新橋に設置して、再起を図った。[*8]

しかし、こうした「サイイン」製品は、どれも売れた様子がない。発明王の誉れ高い政吉だったが、成功することはなかった。

第3章　子どものためのヴァイオリン

ヴァイオリン離れが深刻になった昭和初期、政吉は製品の新しい販路を求めて、小学校に目をつけた。「新たな需要の創出」を試みたのである。大野木は、政吉が大阪にサービス・ステーションを設け、これを委ねた次男の六三郎夫婦に、ひそかに学校需要の開拓を図らせたと述べているが、[*1]小学校を念頭に置いていたと思われる。というのも、一九二九（昭和四）年、小学生が簡単に演奏できるように普通のヴァイオリンに特殊な弾奏助成装置を施した「速成練習用バイオリン」が発売され、そのすぐ後に、名古屋や東京で、実際に小学校の課外授業として、ヴァイオリンの合奏をする試みが始まったことが報じられているからである。これは小学校で児童の情操教育のために楽器演奏を取り入れると良いという意見が出てきたこととも関連していた。[*2]

ちなみに、一九二九（昭和四）年六月二七日、名古屋で初めてのトーキー（音声の出る映画）が封切られている。松竹座はパラマウント社サウンド映画、ゲーリー・クーパー主演の「狼の唄」を公開。[*3]トーキーの出現は映画音楽伴奏者を追放し始めていた。

1. 小学校での課外教育

一九二九（昭和四）年七月一八日付の『名古屋新聞』は、名古屋市内の小学校でヴァイオリンの練習が大流行、という記事を掲載している。それによれば、同年五月上旬から名古屋市の東新尋常小学校で四年女児のヴァイオリン課外授業が始まり、二カ月で《春の小川》など五曲が合奏できるようになった。二学期からは三年生にも練習させ、ゆくゆくは二年生以上の希望児童には全員練習させたいと報じられている。

東新小学校は現在の東桜小学校の前身で、政吉の子どもや孫たちが通っていた。政吉は一九一三（大正二）年から一九三一（昭和六）年まで、この学校の教育後援会会長として尽力し、[*4]講堂の設計など、ほとんど独力でやり遂げた。[*5]したがって、政吉が小学校の課外授業にヴァイオリンの導入を考えたときに、東新小学校をモデル校にしたのは当然のことだった。

東新小学校に少し遅れて、小川小学校や高岳小学校でもヴァイオリンの課外授業が開始され、夏休み明けには南久屋小学校でもヴァイオリンの課外授業開始予定であると書かれている。問題は指導者の育成であるが、それに関しても、名古屋音楽普及会と名古屋市小学校女教員研究会後援で、八月に一〇日間、初心者の教師のためのヴァイオリン講習会が東新小学校で開催されると報じられている。[*5]

さらに、『名古屋新聞』の後援により、「学童オーケストラ・リーグ」という名前で、同年七月六日、松坂屋で発表演奏会が開かれ、前津小学校ブラス・バンド、一宮第一小学校ハーモニカ・バンド　高蔵小学校ハーモニカ・バンド、南久屋小学校少年音楽団、旗屋小学校マンドリン・オーケストラなどが参加した。

一方、同年九月一一日付の『新愛知』には「擡頭《たいとう》して来た小学生のヴァイオリン熱」という見出しで、「東新小学校を皮切りに生れたヴァイオリン熱は今や全市の小学校に波紋を描かんとしている」と報じている。その記事には、「ヴァイオリン王鈴木政吉氏が自分の孫の今年尋常二年になるお嬢さんの伴奏に依って演奏された之等《これら》いたいけない少年音楽手の合奏を聞いて「オー！」と云ったきりで、あとは感激の涙にむせんだと云うこともある」とも記されている。

「可愛らしい音楽家の群れ」『大阪毎日新聞』（1930年3月21日付）

小学生によるヴァイオリン合奏は、昭和五年まで、さまざまな新聞に取り上げられたことが会社資料のスクラップ記事からわかる。大阪では、阪急沿線小学校連合の大音楽会が開かれ、鷺洲第一小学校の五年生のヴァイオリン合奏で《子羊》《子供の行進》が演奏されて好評だったことが報じられている（日時不明）。さらに、この動きは朝鮮半島にも輸出され、平壌の山手尋常高等小学校には十数丁の「促成練習用バイオリン」が備え付けられ、希望児童にヴァイオリンを教えているという記事も写真入りで出ている。*7

また、一九三〇（昭和五）年三月二一日付大阪毎日新聞大阪版（会社資料）には「可愛らしい音楽家の群れ」という見出しで、おおぜいの児童がヴァイオリンを合奏している写真が載せられている。こうした写真は、後年の鈴木鎮一による才能教育での子どもたちの合奏の光景とそっくりである。この時期、鈴木鎮一はすでに帰国して、ちょうど名古屋にいた。こうした子どもたちのヴァイオリン合奏の現場に居合わせたこともあったのではないか。もちろん、当時は戦後のスズキ・メソードのような教育システムは確立しておらず、小学校の教師が部活動の指導のような形で子どもたちにヴァイオリンの弾き方を教えていたので、後年のスズキ・メソードによる合奏とは内容が違うが、たくさんの初心者の生徒がそろって同じ旋律を弾くというスタイルは似ている。

小学校の課外授業の団体用に、子どもたちが簡単にヴァイオリンを弾けるように開発されたのが、新案の「弾奏助成装置」を付けたヴァイオリンであった。独習用にも適していると宣伝された。

2. 新案 弾奏助成装置付きヴァイオリン

この速成練習用バイオリンは普通のバイオリンに特殊な弾奏助成装置を施したもので、パンフレットによれば、次の三つの特長があった。

一. 助奏装置によって容易に弾奏できる。
二. 音階と音譜の観念を鮮明に意識するのに最も便利である。
三. 独習用にも団体の教授にも使える。

弾奏助成装置とは、まず、指板の上に音階が刻まれ、色分けされていること。さらに、「運弓正導装置」というものが付けられていることである。ヴァイオリンの指板はギターのようなフレットがなく、何も目印がないが、この速成練習用バイオリンでは、指板に初めから音階が刻み込まれ、しかも、色分けされているのである。大日本家庭音楽会のヴァイオリンの通信教育で壺紙《フレットシール》を貼りつけたのと似た原理である。また、戦後、鍵盤楽器の教育で盛んになる「色音符」とも似ている。一方、「運弓正導装置」は、指板の下から駒の方に向かって鍵型の金具を突き出し、金具の端は第二、第三弦をはさんで、弦の上に張り出す。その張り出した金具に添って弓を動かすと、自然に弓が弦と直角に動き、良い音が出るという仕組みである。

この速成練習用バイオリンは、次の三つのタイプがあった。

1／2型　小学児童用　三、四年生用　四円五〇銭
3／4型　小学児童用　五、六年生用　四円五〇銭
並型（フルサイズ）　六円

ここでは、子ども用として二つのサイズが作られているが、子ども用の分数ヴァイオリンの生産自体は早くから始められていた。一九一二（明治四五）年に開かれた「こども博覧会」では、政吉は児童用ヴァイオリンによって名誉賞を受賞していた。

3. 女工たちのヴァイオリン合奏

一九三〇（昭和五）年には、大阪の東洋紡績の三軒家《さんげんや》工場寄宿舎で「速成練習用バイオリン」を使った合奏の試みが大規模に行なわれたことが報じられている。[*8] その記事によれば、女工のうち、一二〇人余りの有志者は大阪音楽学校の清水彦二と名古屋鈴木ヴァイオリンの丹波康吉について、工場の仕事が終わったあと、毎日二時間ずつ稽古している。速成練習用に作られているため、初心者にもすぐ弾けるので、六日目には《越後獅子》を終わり、《荒城の月》を習い始めているとある。安価なので、各自、楽器を一つずつ入手したとも書かれている。

女工たちは四月二九日の天長節（天皇誕生日）の催しのために練習を積み、四月三〇日付の新聞では、「驚くばかりに達者なバイオリンの大合奏」を披露したことが写真入りで報じられている。[*9] 当時、鐘淵紡績（その後、カネボウ）では昭和恐慌期の代表的争議として知られる労働争議の最中であった。新聞では、その鐘紡の「血みどろの争議」と東洋紡ののどかなヴァイオリン合奏を対比させている。

昭和初期から、すでに各地の工場や会社などでは従業員の音楽活動が広がっていた。[*10] 一九三七（昭和一二）年の日中戦争以降、工場の数がいちじるしく増加し、工場の音楽団も激増するが、その内容は、ブラスバンド、合唱団、ハーモニカ・バンドが主なものであった。[*11] その動きに先駆けて、工場の女工たちを対象としてヴァイオリンの合奏が試みられていたのである。楽器が安価で初心者でもすぐに演奏できるというのが速成練習用バイオリンの「売り」であった。

女学校では、それ以前にもヴァイオリンを課外活動に取り入れている学校があったが、工場で、一般の女工向けにヴァイオリン合奏が試みられたことは新機軸であった。

しかし、結局、小学校や工場でのヴァイオリン合奏が全国的に広がることはなかった。

さて、この「速成練習用バイオリン」の購入者が次の段階に進み、普通のヴァイオリンをほしいと思ったときには、鈴木ヴァイオリンで指板を一般のものに替え、運弓正導装置を取りはずしてもらうことができた。さらに、鈴木ヴァイオリンは「定価保証交換法」というサービスを打ち出した。

4．定価保証交換法

この「定価保証交換法」は、鈴木梅雄が書いた一九二八（昭和三）年一〇月刊行の「バイオリンの弾き方、手入れ方、選び方」（非売品）の中に以下のように詳しく書かれているサービスである、

世間の商品を通じて類例のない鈴木バイオリンの特典「定価保証交換法」

鈴木バイオリンおよびビオラ、セロ、バスは、何年御使用になっても、もしその楽器以上の上級のものとの買換えを申し出《いだ》された時、鈴木工場はそのお使い古しの楽器を、前のお買求めの定価にて下受けに引き取りまして、新品との差額だけで、上級のものを御入手になる事が出来るのであります。

たとえば、ここに幾年前に定価十円のバイオリンを求められて御使用になっておられましたところ、追々

上達の域へ達せられ、今少し優秀の楽器に代えたいと希望せらるる時、その望まるる楽器が仮に定価十八円とすれば、使い古しの楽器を定価の十円に引き取りますから差額の八円だけで十八円の新品を得らるると云う方法であります。すなわち、鈴木バイオリンは黄金の如く、永久にその定価を保証さるる訳であります。

こんな特典は工場の営業上、採算上から見ましてはとても許さるべき方法ではありません。従って他に類例がないのでありますが、鈴木バイオリン工場が之を敢行致しました所因は、自己の製品に対する責任観の発露とでも申しましょうか、全く需要家各位に、この判別の至難なる楽器を安心して買えるものでありたいのと、また好楽家が優秀なる楽器を手にさるべく最も便宜でありたいとの念に他ならないのであります。

このように「定価保証交換法」が謳《うた》われている。こうして、鈴木ヴァイオリンは楽器の普及のためにさまざまな方策を打ち出したが、結局、小学校の課外授業でヴァイオリン合奏が全国的に広まるという状況には至らなかった。いくら価格が安いとはいえ、価格面でも、演奏のしやすさという点でも、たとえばハーモニカとは比較にならなかった。

6. 早期教育の始まり

当時はちょうど日本で天才少年少女ヴァイオリニストが出現した時代であった。その子どもたちの多くを試行錯誤しながら育てたのが鈴木鎮一であった。

鈴木鎮一と天才少年少女ヴァイオリニスト

東京に居を移した鈴木鎮一は、鈴木クワルテットの活動のかたわら、一九三一（昭和六）年に当時ロシアの世界的ヴァイオリニストであったアレクサンドル・モギレフスキーらと共に、東京世田谷に帝国音楽学校を設立し、ヴァイオリン科教授として後進の育成を始めた。鎮一はのちに校長に就任する。

ほどなく、帝国音楽学校や国立音楽学校で学生たちに教えるほかに、彼の家に小さい子供たちがヴァイオリンを習いに来るようになった。最初が一九三二（昭和七）年四歳で鎮一の元に連れてこられた江藤俊哉（一九二七—二〇〇八）である。「才能教育第一号」といわれた江藤は一二歳まで鎮一について学び、第八回音楽コンクール（現日本音楽コンクール）弦楽部門で第一位を受賞することになる。翌年には、天才少女とうたわれた諏訪根自子《すわねじこ》（一九二〇—二〇一二）、次が三歳前の豊田耕児（一九三三—）、小林武史（一九三一—）、小林健次（一九三三—）兄弟など、次から次へと子どもたちがやってきて、鎮一の家はまるで幼稚園のようになった。子どもたちのために、鎮一は一歩一歩難しくなるテクニックを織り込んだ教材を作っていった。こうして才能教育の画期的なメソードがやがて誕生するのである。

一九三三（昭和八）年二月四日付の『名古屋新聞』朝刊で、鈴木鎮一は日本人音楽家について次のように述べている。

日本音楽には幾多の名人があるが、西洋音楽をやる日本人には未だ名人が出ていません。（……）しかし、西洋音楽にも名人が出るのも近いことでしょう。野村光一さんが書いていましたが、例えば私のように、途中で音楽をやりだして外国へ行って来てそれで音楽家になったということは不自然なんです。野村さんは甲斐みや子〔原文ママ〕、諏訪根自子、原智恵子といった、ああいう子供の頃から音楽で育てられたのがほんとうの音楽家だといってますが、確かにそうですね。これからほんとうの音楽家が生れてくるんでしょう。

この頃、天才少年少女演奏家の存在がクローズアップされていた。甲斐《かい》美和子（一九一四—）はユダヤ系ロシア人ピアニスト、マキシム・シャピロに師事し、一九三二（昭和七）年時事新報社主催の音楽コンクールの初回で、ピアノ部門の賞および全体の対象を受賞した。鎮一の弟子であった諏訪根自子は元々小野アンナに師事し、その後、帝国音楽学校でモギレフスキーにレッスンを受けていたが、帝国音楽学校の経営が悪化してきて教授陣は手を引き、鈴木鎮一が学校を維持する形になったため、根自子のレッスンも一時期鎮一が引き継いだのであった。また、原智恵子（一九一四—二〇〇一）は神戸に生まれ、七歳の時からスペインのピアニストのペドロ・ビリャベルデに師事。日本に演奏旅行で来たフランスのピアニスト、アンリ・ジル＝マルシェックスに才能を認められ、一九二八（昭和三）年、一三歳で家族と離れて渡仏した。

大人になってから本格的にヴァイオリンを始めて、外国で苦労して勉強した鎮一は、「子供の頃から音楽で育てられる」ことこそ、西洋音楽をやる日本人の中から「名人」を出す道だと痛感していたのである。

鎮一は幼い門下生を集めて「鈴木鎮一門下幼年ヴァイオリニスト演奏会」を開催するようになった。この演奏会では、「才能の育成について」など、鎮一による講演も織り交ぜながら、「才能」が生来授かるものではなく、生後から身につけるものであることを説いたが、新聞は鎮一の意に反して「天才児現る」と派手に書きたてた。

久保絵里麻によれば、一九三九（昭和一四）年、鈴木鎮一は「言葉と共に音楽をはじめよ」という主張をして「才能教育」運動の第一歩を踏み出した。鎮一は、「どの子どもにも効果をあげる」という絶対的な自信からすべての子どもに入門を許した。[*12] 戦後、鎮一は「子どもたちの才能を、ヴァイオリンを通じてどのように伸ばしていくか」ということを中心に据えた教育活動を展開することになる。

一九三三（昭和八）年、上野の東京音楽学校に、乗杉《のりすぎ》嘉寿《かじゅ》校長の肝いりで、同窓会を設立者として「上野児童音楽学園」が設置され、一二年半にわたり、全国に先がけて早期教育が実践されるようになった。[*13] 小学校四年生（のちに三年生）以上の「男女児にして音楽的趣味を有するもの」を集め、音楽教育が行なわれた。主科目が唱歌で、楽器を兼修することができた。子どもたちで組織された児童合唱団は東京音楽学校定期演奏会に出演。一九三五（昭和一〇）年のマーラーの交響曲第三番の初演では、プリングスハイムによるドイツ語の猛特訓で暗譜し、批評家の賛辞を独占した。翌年にはベルリオーズの《ファウストの劫罰《ごうばつ》》、一九三七年にはバッハの《マタイ受難曲》に出演して好評を得ている。学園からは、戦後の音楽界を支える人材が多数輩出した。

しかし、ヴァイオリンを兼修楽器として選んだ児童は、入園した際には、ヴァイオリンを持ったこともない児童ばかりであったことを教師の井上武雄が述べている。[*14] ピアノは高価であったが、上野児童音楽学園の入園生たちの間では、ヴァイオリンよりもはるかに浸透していた。当時、天才少年少女ヴァイオリニストの出現は新聞紙上を賑わせていたものの、それはあくまでも限られた現象であった。

第4章　経営悪化

1. 昭和恐慌の直撃

昭和に入って、ヴァイオリン生産の状況はますます厳しさを増してきた。「鈴木ヴァイオリン」を主体とする愛知県のヴァイオリン生産は大正末年の六万個、生産金額二六万二〇〇〇円が、一九二八（昭和三）年には三万四〇〇〇個、一一万二〇〇〇円に落ち込み、さらに五年には一万三〇〇〇個、六万五〇〇〇円へと激減した。絶頂期の一九二〇（大正九）年の一五万個、一〇二万五〇〇〇円と比較すれば、わずか一〇年間で生産台数は九パーセント、生産額は六パーセントになってしまったのである。工員数も、大正九年には九〇五人だったものが、昭和五年には一〇一人まで縮小した。[*1]

一九二九（昭和四）年七月、浜口内閣が登場すると、対外協調・軍備縮小の外国方針、財政緊縮・金解禁・社会政策確立の内政方針を掲げ、それぞれの具体化に取り組んだ。デフレ財政を採用し、金輸出解禁を行なう準備を進めていたところに、一〇月二四日のニューヨーク株式市場の暴落が起こった。当時はアメリカの景気過熱が沈静し、金利が低下することは、むしろ、日本の金解禁には好条件だと考えられ、金解禁は断行された。しかし、「暗黒の木曜日」と呼ばれたニューヨークのこの暴落は、アメリカ恐慌の口火となり、それは世界恐慌へとつながった。そして、金解禁で開放体制をとった日本に痛烈な打撃を与えたのである。その結果、輸出は一九三二（大正七）年まで減少を続け、個人消費を始めとする国内市場も大きく縮小した。

ヴァイオリンの販売も例外ではなかった。この不況の実態を示す、三木楽器株式会社の『楽器月別販売高表』のヴァイオリン部門の表（次頁表）がある。[*2] ここで、そこから鈴木ヴァイオリンと輸入ヴァイオリンのそれぞれの販売高と月平均を抽出し、比較の意味で、その時期の三木楽器のピアノの販売実績を国産ピアノと輸入ピアノについて並べてみよう。[*3]

一九二五（大正一四）年に八万五〇〇〇円を数えた鈴木ヴァイオリンの売り上げは、五年後の昭和五年にはわずか八二〇〇円へと減少し、輸入ヴァイオリンもまた、一万四七〇〇円が三七〇〇円へと激減している。

しかし、同時に注目されるのは、比較のために表に挙げた同じ時期の国産ピアノの販売台数と売り上げが、昭和恐慌時に減少していないことである。ピアノとヴァイオリンでは単価がまったく異なり、ピアノは高価なもので、ごく限られた階層しか手の届かない楽器であった。恐慌の嵐はピアノを購入する層には関係なかったということなのだろうか。このあたり、さらに分析が必要であろう。いずれにしても、この時期、ヴァイオリンが国産も外国製もどちらも売れなくなっていったのに対して、ピアノは売れ行きが落ちることもなく、国産が販売を伸ばしていたことがうかがえる。

大正末から昭和初頭の三木楽器店楽器販売高

		鈴木ヴァイオリン販売高（百円）	同左月平均（百円）	輸入ヴァイオリン販売高（百円）	同左月平均（百円）	国産ピアノ売上台数（台）	国産ピアノ売上金額（百円）	輸入ピアノ売上台数（台）	輸入ピアノ売上金額（百円）
1925	大正14	853	71	147	12	19	114	169	2529
1926	大正15	509	42	110	9	20	134	166	2692
1927	昭和2	419	35	70	6	27	206	112	1688
1928	昭和3	276	23	44	4	63	414	208	3238
1929	昭和4	130	11	29	2	102	557	130	1991
1930	昭和5	82	7	37	3	113	530	69	1128
1931	昭和6	（1～5月）25	5	（1～5月）16	3	157	727	50	770

出典：ヴァイオリンについては、大野木1982、ピアノについては、増井1980に基づく。

この時期の楽器販売については、次のような証言もある。[*4]

当時ドイツのマルク貨は暴落し、また、金輸出解禁によって日本の円の価値が高騰したため、ドイツ製品の輸入が非常に容易になった。

ピアノを始め弦楽器類は続々と輸入され、その価格は輸入税を加算してもなお、国内製品を脅かすに至った。

ピアノのアクションなり部分品を輸入して内地でボディーを作り、これを組みたてる「組立ピアノ」は安く市場に提供され、八八鍵のピアノが最低二〇〇円で仲間取り引きが行なわれるようになった。このため国内製造業者は打撃を受け、また、販売業者も熾烈な競争となり、利幅が少なくなった。弦楽器に関しても同様に、ドイツやチェコのヴァイオリンが弦も付属品も完全に付属したものが、正味五円ほどで輸入され、市場小売価格が八円から一〇円くらいで売れるという状態になった。卸商も小売商も競争に疲れ果てたという。

いずれにしても、この時期、ヴァイオリンが売れなくなったことは事実である。元々売れないところに、ドイツやチェコの弦楽器が安く輸入されてしまう。鈴木ヴァイオリンにとっては、致命的な打撃であった。

2. クラシック音楽のブーム

外国人演奏家の来日

ヴァイオリンの売り上げは激減したが、ピアノの売れ行きが落ちなかったことからもわかるように、昭和恐慌の時代も、クラシック音楽自体の流行が下火になったわけではない。たとえば、外国人演奏家は相変わらず日本を訪れていた。

来日した主な弦楽器奏者を、東京での公演を軸にして拾ってみよう。*5 まず、一九二七（昭和二）年五月には帝劇でブリンダー、一一月にはやはり帝劇でジンバリスト、翌一九二八（昭和三）年にはティボー、同年一〇月にはハンセン女史、さらに、一九二八（昭和四）年には帝劇でギターのセゴヴィアが演奏会を開いている。それ以降も以下のような状況であり、ジンバリストやシゲティ、ハイフェッツ、ティボー、エルマンなど、複数回訪れた演奏家も多かった。

一九二九（昭和五）年九月	帝劇	ヴァイオリン、ジンバリスト
一九三〇（昭和六）年五月	東京劇場	ヴァイオリン、シゲティ
一九三〇（昭和六）年九月	東劇	ヴァイオリン、ハイフェッツ
一九三一（昭和七）年四月	東劇	ヴァイオリン、シュメー
一九三一（昭和七）年九月	東劇	ヴァイオリン、ジンバリスト
一九三一（昭和七）年一二月	日比谷公会堂	ヴァイオリン、シゲティ

一九三三（昭和九）年一〇月　軍人会館　チェロ、フォイヤーマン
一九三五（昭和一〇）年五月　日比谷公会堂　ヴァイオリン、ティボー
一九三五（昭和一〇）年一〇月　軍人会館　チェロ、ピアチゴルスキー
一九三六（昭和一一）年一月　日本青年館　ヴァイオリン、エルマン
一九三六（昭和一一）年二月　日本青年館　チェロ、マレシャル

こののち戦争の影響で外国人音楽家の来日は一九三七（昭和一三）年を境にぱったり途絶えるが、それまでに東京、大阪などは世界の音楽市場においても重要な都市として知られるようになった。

名古屋にも来日演奏家は数多く訪れた。一九二七（昭和二）年に来日したナウム・ブリンダー（一八八九―一九六五）は、ロシア生まれでアメリカで活躍したヴァイオリニストであるが、ブリンダーは名古屋で政吉のヴァイオリンを使って演奏をしている。北村によれば、ブリンダーは政吉の楽器を求めて名古屋を訪れ、一本を選び、売値も決まった後、この楽器を明日の神戸の演奏会に使用すると言った。それを聞いた政吉は喜び、弾きならすこともせずに直ちに使用するほど楽器を信じてくれるならば、実にうれしい、代金などはいらない、とその楽器をブリンダーに贈呈したという。[*6]

北村は神戸の演奏会と書いているが、ブリンダーは名古屋でもコンサートを開いていた。一九二七（昭和二）年一〇月九日、名古屋音楽協会主催でブリンダーのソロリサイタルが市立第一高等女学校講堂で行なわれたが、そこでの呼びものが、一七七二年ガダニーニ作の「時価二万円」の古銘器と政吉作の楽器を比較演奏することだった。[*7]

ブリンダーは次のような感謝の言葉を書いて自分のポートレートを政吉に贈っている。「鈴木さん

へ／実にすばらしいヴァイオリンを製作する非常にすぐれた技能を賞賛しつつ、尊敬の念をもって。／ナウム・ブリンダー／名古屋にて／一九二七」

名古屋では一九三〇（昭和五）年一〇月に名古屋市公会堂がオープンし、ようやく近代的な演奏会場が誕生した。ここでは、ルネ・シュメー、モギレフスキー、シフェルブラッド、シゲティ、ジンバリスト、ハイフェッツなどが続々と公演した。

感謝の言葉が記されたブリンダーのポートレート（1927年名古屋）

蓄音機とレコードの浸透

堀内敬三の『音楽明治百年史』によれば、この頃、外国吹き込みのレコードがよく売れたという。[*8] 交響曲やソナタがこれほど日本で売れることは予想外だった。洋楽が日本に入ってから半世紀ほどしか経たないのに、本格的な芸術作品のレコードが意外にも愛好され、ヨーロッパのレコード会社が芸術的な大曲の吹き込みを企画するときは、日本での売れ行きを調査して、それを計算に入れなければ成り立たなかったという。

日本で大曲の組物が初めて予約発売されたのは一九二四（大正一三）年、ドイツ・グラモフォンのベートーヴェン交響曲第九番で、それは約三〇〇組売れたらしい。「第九」のレコードはその後五通り出て、うちワインガルトナー指揮のものは三〇〇〇組も売れたという。ちなみに、一九二四年は「第九」の世界初演から一〇〇年目に当たっていた。同年一一月二九日、グスタフ・クローン指揮、東京音楽学校管絃部での「第九」初演は好演で、興奮したファンも多かったという（「第九」は一九一八年徳島捕虜収容所でドイツ人捕虜たちによって全曲演奏されているので、こちらを初演と言うこともできる）。

ベートーヴェンの第五交響曲は一九一五（大正四）年のビクター黒盤四枚ものによって日本のレコード界に初めて出たのだが、その後、一〇種類以上の第五交響曲が日本で発売され、中でも一九三九（昭和一四）年のトスカニーニ指揮のビクター盤は約三万組、ほかにもメンゲルベルク、フルトヴェングラー、シャルク、ワインガルトナーなどの指揮したものはそれぞれ数千組ずつ売れている。一九三三（昭和八）年にビクターがベートーヴェンのピアノソナタ集を予約で売り出したときには、日本での申込みが一〇〇〇組で、ヨーロッパ全体の合計と等しかったというから驚く。

蓄音機の生産は一九二七（昭和二）年の大恐慌の際に一時急激に落ち込むものの、一九二九（昭和四）年からは持ち直す。増井敬二は一九四〇（昭和一五）年頃、蓄音機は三〇人に一台の普及であったと推定している。[*9] 太平洋戦争前の日本ではずいぶん蓄音機やレコードが普及していたのである。しかし、蓄音機は鋼材を使うことから、日中戦争が始まると、経済統制の影響を直接かぶり、次章で述べるように、生産は激減する。

3．ヴァイオリン離れ

大恐慌の嵐が吹き荒れたにもかかわらず、戦前の日本では、こうして、洋楽自体は新たな段階を迎えていた。洋楽の普及にラジオが果たした役割も大きかった。そして、トーキー以後、さまざまな音楽映画が封切りされ、多くの観客を魅了した。

不況の影響があったにしても、たとえば、蓄音機の生産はすぐに持ち直したがヴァイオリンに関しては、異常なほどの落ち込みで、しかもそれが続いた。

原因は何だったのだろうか。ラジオの普及と蓄音機の改良だとする説もある。たとえば、堀内敬三は『音楽五十年史』の中で、以下のように述べている。

一般にどの楽曲も、ラジオ・レコードを通じて世人の耳に伝えられる時は、特に優秀な、或《あるい》は特に適した演奏者の模範的演奏を通じて行われるのだ。そうしてそれが随時随所で聞ける事になれば、二流三流の演奏者や素人の演奏者による代用品的・模造品的演奏は要らなくなる。（……）その結果としてヴァイオリンやマンドリンを奏く素人の数は激減し、ハーモニカを吹く人も一時的には減少した。

ヴァイオリン・マンドリン・ハーモニカの工業が昭和四・五年頃に受けた深刻な打撃は経済不況の結果にもよるが、ラジオ・レコードの影響も見逭《みのが》せない。

またそれに付随して素人演奏家を目標とする楽譜も売れなくなり、長らく全盛を誇ったセノオ楽譜は潰れてしまった。楽譜で生き残ったのは唱歌教材としての楽譜と、レコード流行歌〔邦人作品と外国ジャズ曲」の譜であった。*10

つまり、ラジオの普及と蓄音機の改良により、プロの演奏が簡単に聴けるようになったので、自分で音楽を演奏して楽しむ素人音楽家が減ったというのである。

しかし、本当にそれだけで、ヴァイオリン離れの理由が説明できるのだろうか。

これまで見てきたように、昭和戦前期は、洋楽全体の水準が高まり、東京や大阪が世界のクラシック音楽の市場の中に組み込まれるようになってきた時期である。プロの演奏を聴いて、自分も演奏してみたいという気になる人も多かったのではないか。まして、ヴァイオリンは値段的にも入手しやすい楽器であった。それを阻んだのは、何だったのか。何が鈴木ヴァイオリンの経営状態をどん底まで追い込んだのだろうか。

三越百貨店の特別展示

戦前の日本では百貨店が文化活動の大きな担い手であり、音楽活動も積極的に行なっていた。日本橋三越百貨店は一九〇九（明治四二）年に少年音楽隊を設立し、名古屋のいとう呉服店（のちの松坂屋）も一九一一（明治四四）年少年音楽隊を発足させた（このオーケストラはそののち現在の東京フィルハーモニー交響楽団へと発展を遂げた）。さて、三越百貨店は一九二一（大正一〇）年、西館の増築が完成したときに、楽器部を新設する。第2部第5章でも触れたように、田辺尚雄は、日本橋の三越百貨店でドイツからアメリカに送られる途中のヴァイオリンの名器を音楽関係者に展覧させたと語っているが、それがちょうどこの頃の話である。楽器部新設と何らかの関係があるのかもしれない。*11

三越のバイオリン展覧会場での政吉、モギレフスキー、諏訪根自子（前列左から）

楽器部では、邦楽器として琴、三味線、太鼓、琵琶、鼓、胡弓など、洋楽器としては、ピアノ、オルガン、ヴァイオリン、マンドリン、ギター、チェロその他オーケストラ楽器、準楽器としてはアコーディオン、ハーモニカ、卓上ピアノ、大正琴、ラッパ、その他楽譜、和洋音楽書、蓄音機、レコードが売られていた。一九二五（大正一四）年の広告には、ヴァイオリンは和製、つまり鈴木ヴァイオリンが一一円以上、ドイツ製三〇円以上、フランス製五〇円以上、という値段が書かれている。

その後、昭和に入って、一九三三（昭和八）年一二月号の『経済知識』の鈴木政吉についての特集記事の中に、「三越のバイオリン展覧会場」で諏訪根自子、モギレフスキー、和服姿の鈴木政吉が写った写真が掲載されている。後列に政吉の六男喜久雄の顔も見える。写真の奥の方には、棚にずらりとヴァイオリンが並び、前の机には手前に弓が、五、六本、奥にヴァイオリンが八本並び、一本をモギレフスキーが持っている。

三越百貨店では楽器の展覧会に売り出し中の天才少女諏訪根自子とその師モギレフスキー、そして鈴木政吉を招待したのであろう。諏訪根自子はおかっぱで前を切りそろえたその髪型とあどけない顔から見て、一九三一（昭和六）年あるいは三二（昭和七）年の頃だと思われる。鈴木ヴァイオリンの経営が著しく困窮した時期であるが、この頃、ヴァイオリンの展覧会が三越百貨店で開かれていたのである。

不思議なことに、この催しについても、田辺が述べている一九二一年の展覧会についても、どちらも三越のＰＲ誌には掲載されていない。おそらくこの催しが一般客を対象にしたものではなかったからだろうが、デパートとしては、こうしたヴァイオリンの展覧会を開いても採算が取れるだけのニーズがあったのである。つまり、普通の楽器店などでは扱っていない、高級なヴァイオリンを買いたいという顧客がいたということになる。

第２章で述べたように、喜久雄は一九三二（昭和七）年、東京の事務所を「鈴木バイオリン東京営業所」に昇格させ、新たにイタリアとドイツの「古銘器」の直接輸入販売を始めるが、そのきっかけとなったのが、「三越のバイオリン展覧会」であった可能性もある。

「鈴木製品は機械製品なり」

一九三〇（昭和五）年八月号の『音楽世界』は「音楽上の国産問題」がテーマとなった。前年の金解禁によって日本の円の価値が高騰したため、外国製品の輸入が容易になり、輸入税を加えても、国産品を脅かすに至り、国産品を愛用すべきであるとの意見が各方面で起こってきたためであった。

この号では、音楽上の国産品が外国品と対抗できるかということが論じられ、さらに、「国産楽器工場・誌上見学」という特集が組まれた。「ヴアイオリンの出来る迄」を担当したのは、鈴木梅雄である。その記事の中で、梅雄が「話が外れますが」と断りつつ強調しているのは、鈴木ヴァイオリンでは、基礎工程は専門の機械を利用するが、その後は手工係に回され、それ以降はすべて手工で作られていることである。*12

しかし、基礎工程でも少しでも機械を利用したものはハンドメイド以外のものであるかのように考えられ、「鈴木製は機械製品なり」と「批評を蒙《こうむ》っている」として、「ハンド、メエイド〔原文ママ〕の意義は製造の手続きのせんさく〔原文ママ〕ではなく製品の価値を評するもの」と考えるべきであると主張している。

郵便はがき「鈴木バイオリン工場機械部の一室」

鈴木ヴァイオリン工場の内部

確かに、この時期のヴァイオリンは、量産品といっても、合板をプレスして作るようなものではなく、職人が分業制で製作していた。少し前までは、世間では、政吉が自ら機械を発明し、それをヴァイオリン製作に導入して効率を上げたことが高く評価されていたにもかかわらず、昭和に入ると、そのことが逆に「機械製品」だとして批判されるようになったのである。梅雄に続いて、立ち上がったのは鎮一であった。

4．鎮一著「日本ヴアイオリン史」

鈴木鎮一は一九三二（昭和七）年から翌年にかけて、文芸春秋社から出版された二二巻のシリーズ「音楽講座」に携わり、第九篇『絃楽』と第一一篇『室内楽』を一九三二年にそれぞれ共著で出版した。『絃楽』の巻はほかに、林龍作、福井巌、貴志康一が執筆し、『室内楽』の巻では斎藤秀雄が共著者となって「セロ奏法」を執筆した。鎮一は、『絃楽』の巻では「ヴァイオリン及び弓の研究」の章を、『室内楽』の巻では「室内楽」と「日本ヴアイオリン史」の章を担当している。

このうち、日本へのヴァイオリン渡来と製作史を扱った「日本ヴアイオリン史」の中で鎮一は、次のように書いている。

日本ヴァイオリン製作史を書く為《た》めには、名古屋の鈴木ヴァイオリン工場のことに言及しなければならず、鈴木政吉のことについても多く語らなければならない為めその家に生れた筆者が之を書くのは如何《いかが》かと考えたのであったけれども、又省みてかかる卑屈なる私情に拘泥する何らの必要なしと認め、自分の知れるまま又調べ得るままを書き記して置こうと考えるのである。故にそこに何らの遠慮もなく、卑下もなく事実を事実として学究の徒の精神を以《も》って書きつづけてゆくつもりである。[*13]

こうして、私情にとらわれずに父政吉についてもありのまま書くと宣言した鎮一は、「名古屋における製作者」の項で政吉を取り上げ、政吉の出身、ヴァイオリンとの出会い、そして、鈴木ヴァイオリン工場の歴史について詳細に述べている。鎮一はその中で、明治三〇年頃、舶来のヴァイオリンは高価で普通の人々にはなかなか手が届かなかったので、政吉は、安く製作して誰でも買えるようにしなければ全国で広く使用されないと考え、無駄を省くこと、仕事が早いことに留意して機械力の応用を考え、二〇数種の発明を行なったと説明している。そして、政吉を「ヴァイオリン界のフォード」と呼んだ。大量生産システムを導入により低価格車を発売し、自動車を大衆化させたアメリカのフォードになぞらえたのである。

鎮一は、その後の名古屋のヴァイオリン製作が、「工芸事業」として大成したと述べている。そして、「これは製作家として真の芸術品としてのヴァイオリンの製作の上には正に大なる邪道であったかも知れない。然《しか》し彼は後年この点に気付き断然芸術的作品の研究に没頭したのであった」と述べる。そして、いわゆる「機械製ヴァイオリン」についての説明が始まる。

機械製ヴァイオリン等と言うものは事実上製作不可能であって一般の人々の考えている如き機械で殆《ほと》んど出来上るヴァイオリンと言うものはあり得ないことである。値の安い所謂《いわゆる》工場製品と雖《いえど》もその殆んどは手工芸品である。

（……）所謂工場製品が楽器として価値の低いのは、同品が同じ精細なる手工芸品でありながら、仕事が分業になって居るが為めに音の研究を主張とせず棹は棹専門の職工、表板は表板専門、胴は胴専門の職工により部分的に（充分なる検査の下に）製作せられた上、組合せられたるものであるが為めである。工場製品の目的とする点は良品を安価に供給するにあるのである。[*14]

このように、鎮一は梅雄の論旨をさらに進めて、工場製品としてのヴァイオリンの特質について語っている。当時、工場で作られた鈴木ヴァイオリンが、一般の人々の間で、「機械でできあがるヴァイオリン」とみなされて、評価が低くなっていたことがわかる。

鎮一は、この後で、「芸術的作品としてのヴァイオリンの製作」の項で、再び政吉を取り上げ、一〇年ほど前から、政吉が「工場製品に飽き足らず、初めて後世に遺すべき名器の製作に没頭し始めた」と述べ、「済韻《さいいん》」と名付けられた音質音量の改良法の発見を肯定的に取り上げ、政吉の手工ヴァイオリンについて、高く評価している。[*15]

鎮一の「日本ヴァイオリン史」が収められた『室内楽　音楽講座　第一一篇』が出版された一九三二（昭和七）年一一月、鈴木ヴァイオリン工場は倒産に追い込まれる。

明治時代、政吉がヴァイオリンを作り始めたとき、いわゆる芸術作品としてのヴァイオリンの製作のことはまったく念頭になかった。政吉は良い品質のヴァイオリンを大量に作ることに精力を傾け、機械を考案・導入し、工場方式による生産を発展させた。

この工場方式はのちにヤマハやカワイなどの日本の大手ピアノメーカーが採用した生産方法とよく

似ている。父である政吉のことを鎮一が「ヴァイオリン界のフォード」と呼んだことは言い得て妙であった。

しかし、第一次世界大戦時のバブル需要がはじけた後、鈴木ヴァイオリンは生産調整に失敗する。特に、国内の需要の変化についていけず、過剰生産が続いた。

その間、日本の洋楽受容は発展し、芸術品としてのヴァイオリンという意識が日本に根付き、政吉も芸術的な手工ヴァイオリンを手がけるようになる。大正末年以降は、量産品と高級手工品の二つの道を進んだ。

だが、昭和に入って、以前のヴァイオリンの人気が再燃することはなかった。

楽器製作に機械を用いていること自体は進歩の象徴であったのだが、そのことが今度は「機械製ヴァイオリン」として蔑視されるようになったのである。

第5章　会社の破産と再建

1．会社の破産

鈴木ヴァイオリンは、一九三〇（昭和五）年に株式会社に改組し、鈴木バイオリン製造株式会社となった。本社を名古屋市松山町四三番地に置いた。

梅雄によれば、それまでは、親戚関係が二〇—三〇人出資し、売れても売れなくても最低二割の配当を出す、ということを長く続けていた。[*1]創業以来四二年目、昭和五年に株式会社へ改組したとはいえ、その内実は、発行株式一万株（資本金五〇万円）のうち、五五〇八株を政吉と梅雄とで所有し、その他は身内が持ち合う同族会社であった。役員表を見ると、取締役七名は、社長鈴木政吉、専務鈴木梅雄、常務北村五十彦のほかに、尾関定一郎、丹羽信因、丹羽祐一、丹羽喜右衛門の四人から成るが、尾関も丹羽一族も親戚の出資者であり、丹羽喜右衛門は幼い頃から徒弟に入って、政吉に叩き上げられた別家格の人物であった。[*2]

しかし、高利貸しに出す手形の裏書きも、しだいに裏書人が少なくなり、資金繰りが難しくなっていった。そしてついに一九三二（昭和七）年、「三千円か何かの手形の不渡り」で倒産に追い込まれ、[*3]

同年一一月、政吉は和議破産の申請に踏み切らざるを得なくなった。

不動産の売却

倒産の原因は、大野木が指摘するように、営業不振がその主因であるが、土地・建物の暴落で、手持ちの不動産の売却による資金繰りが救いとならなかったこと、さらに、一九三一（昭和六）年三月に、頼みの明治銀行が倒産したことも大きかった。当時、名古屋には、名古屋、愛知、明治の三大銀行があったが、その明治銀行の倒産で、政吉は被害をこうむったのである。

政吉は購入した土地に鈴木バイオリンをもじって、鈴木町、梅町、鶯町、林町という名前をつけていた。彼はそれらの土地を次々に手放していったが、土地・建物の暴落で、高値で買って安値で売る結果となってしまった。

この土地はどのあたりだったのだろうか。

名古屋市鶴舞図書館で調査を依頼したところ、これは、現在の昭和区川名町のあたりではないかということがわかった。この地域は一九二七（昭和二）年から耕地整理が始まり、『昭和区誌』には「区画整理の先がけ鈴木町」という項目があり、次のように記載されている。

広路耕地整理が発足したとき、（……）五～六mの道路や一〇m前後の道路が東西南北に通じていた。そのメインになる道路が「鈴木町」で、飯田街道と八事《やごと》電車までの間。八事電車ではそこの停留所の名前を「鈴木町」と改称し、新しい住宅地の区画ができた。この町名を「鈴木町」とよんだのは、鈴木ヴァイオリン会社の鈴木氏が投資し、ここに新しい町づくりを計画したのによる。（……）現在の川名町一～三丁目に当る地域であるが、そのすべての地域ではない。耕地整理などその縁辺部が区画整理され、統合した形で町名をつけたため、「鈴木町」は消えた。[4]

地図には、鈴木町はじめ、梅・鶯・林などの町名は確認できないが、それはこれらの地名が行政上定められた地名ではないためと考えられるという回答であった。八事電車は明治四五年から尾張電気軌道株式会社が名古屋東郊飯田街道に走らせていた路面電車である。実際に「鈴木町」があったのである。

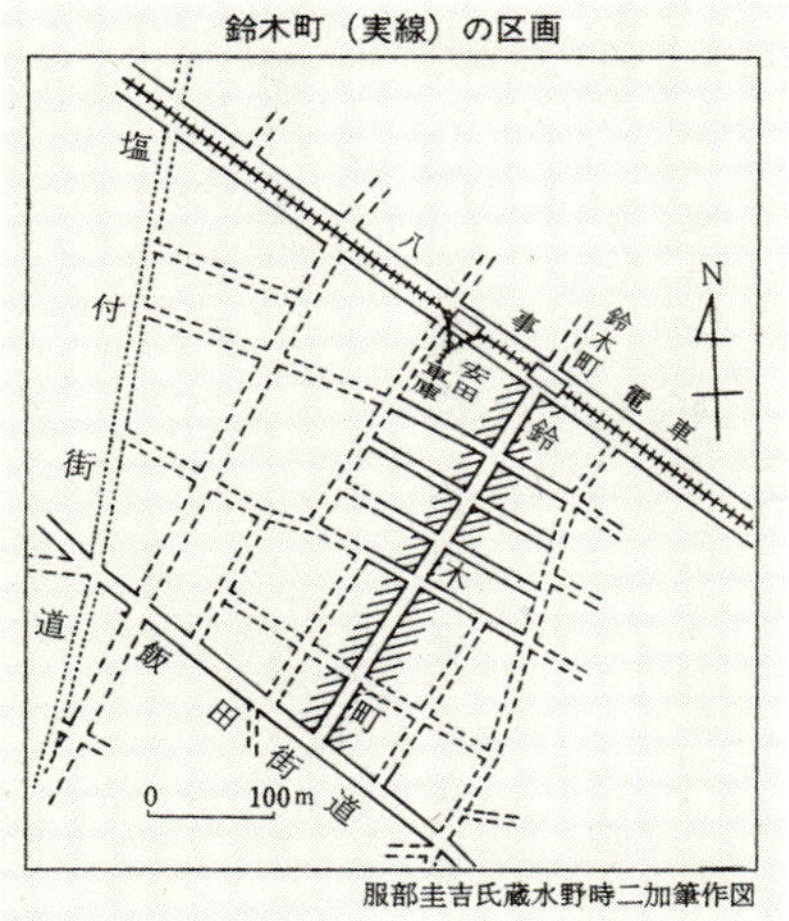

鈴木町の区画

これらの土地を政吉は次々に手放した。東山の広大な屋敷も手放した。鎮一の妻、ワルトラウトによれば、鎮一の愛器であった、フランスの名工ヴィヨームが作ったヴァイオリンも、ワルトラウトが嫁入り支度として持ってきたドイツのベヒシュタイン製のミニ・グランドピアノも資金繰りのために手放した。[5] 資料には出てこないが、もちろん、「万金を投じてベルリンで鎮一が購入した」クレモナの古銘器グァルネリも手放したに違いない。

こうして、政吉は潔く債務の弁済に当たった。鎮一は、父がすべての不動産を手放し、自分の家屋敷を売り払ってから、工場を縮小したことを記している。

楽器の担保

この間、鈴木ヴァイオリンが受けた打撃の大きさを物語るエピソードがある。

名古屋の楽器販売の老舗であった帝国発明社の二代目、近藤栄は、ある日相談を受けた。[*6] 何万本というヴァイオリンが担保に入っているが、これを買ってくれないか、というのである。一本一円五〇銭ほどで担保に入っていたから、その価格でよいという。近藤が日本楽器に相談すると、よかろうということになって倉庫に品物を見に行った。すると、輸出できるように完全梱装の木箱が山積みになっている。あまりにも数が多いので、日本楽器も尻込みしてしまい、結局、近藤が五〇〇〇円出して一回分を引き取った。

近藤は担保を外した三〇〇〇本からのヴァイオリンを特売することにした。一円五〇銭の仕入れを六円の卸しにして、なお景品として政吉の軸をつけた。これが当たり、たちまち売り切れて、その代金で、第二回目を買い、それを売って、三回目、というように、最初の資金でさしもの大在庫品を二カ月で全部処分してしまった。一回ごとにもうけは資金の四倍である。

近藤栄は一九一九（大正八）年から二〇（大正九）年頃から、「厚衣を着た下駄ばきで」、朝鮮半島から中国、台湾など、市場を開拓して歩いた人物だった。こうして、担保となったヴァイオリンをもとに帝国発明社は大儲けしたが、鈴木ヴァイオリン側にしてみれば、何ともつらい話であった。

また、鈴木ヴァイオリンの人員整理で職を失った従業員たちの生活も悲惨だった。

弓作りの杉藤家

「第1部明治編」で登場した杉藤家は弓作りのメーカーとして現在も名古屋で続いているが、二代目杉藤文五郎は鈴木ヴァイオリンの人員整理に伴って、やむを得ず独立した一人である。[*7] 杉藤は鈴木ヴァイオリンの弓作りの第一人者でありながら、人員整理の対象となったのである。

杉藤は初め、朝から晩まで弓を作っていたが、食事もままならない状態に追い込まれ、ヴァイオリンの顎あて、テールピース、果てはシロホン（木琴）まで作った。その頃、卓上ピアノを作ったところ、意外に売れて、一息ついたこともあったという。

ここで杉藤が手を出したのがカナリヤである。殖やして利益を得ようというもので、家の廊下に鳥箱を積み上げて飼育していたが、朝早くから鳴いてうるさいし、糞も臭いので、子ども心にも本当にいやだった、と三代目は記している。

一九二七（昭和二）年の新聞を見ると、日本中で一番小鳥熱を上げているのが愛知県で、素人でも五〇つがい八〇つがいという多数の鳥を飼って、利益を上げようとしていると書かれている。[*8] そこで小鳥に課税する案まで出ていた。杉藤はヴァイオリンの弓を作っても食べていけないのでカナリヤに手を出したわけである。

ある朝、三代目が「えらく静かだなあ」と思っていたら、全部のカナリヤが横になっていた。周りの家が競争して飼い始めたので、カナリヤの悪い病気が流行《はや》って、それで死んでしまったのだったということ。

当時の休日は一日と一五日の二日だけで、後は盆暮れと正月だけ。珍しく輸出の注文が入ると、単価が安いので、国内産の浅田材を使って、数でこなして採算を取った。夜の八時九時まで残業することは当たり前で、食べるのに必死だった。

この浅田材はサクラの系統で、主として北海道産のものが使われていた。鈴木ヴァイオリン創業以来、使用されていたという。比重が軽く、スプリングも弱いので、決して弓の材料として適当なものではなかったが、手近に安く入手できるために、戦後も一九五五年頃までは日本の弓の主力材料だったという。

こうして、楽器職人も必死でこの時代を過ごした。

政吉は、杉藤以外にも、せっかく養成した熟練工を手放さなければならなかった。しかし、弟子たちはある者は単独で、ある者は合同して楽器作りとして独立し、戦後の名古屋の弦楽器産業を支えることになった。水野楽器（ギター、ヴァイオリン）の水野正次郎、国島マンドリンの国島庄三郎、楽弓の杉藤、住田、木村竜太郎、ギターの矢入兄弟などは、いずれも鈴木ヴァイオリン工場で育てられた政吉の弟子であった。[*9]

もっとも昭和の初め、洋楽自体は、世間の不況はほとんど影響がなかったという。評論家の中島健三は、当時はどんどん良くなっていった時代で、聴衆が形成されて、音楽が社会的に成り立つようになってきた、と回顧している。[*10] クラシック音楽の聴衆の形成は、皮肉なことに、国産弦楽器の販売不振と同時に起こっていたのである。

2. 再建

破産後、父に代わって陣頭指揮を取るようになった梅雄は、一九三三（昭和八）年七月四日、破産申請が認可された後、約半年で会社債務を完済する。品物を在庫していたので、破産申請の認可前に借金の大半は返済していたという。したがって、破産したとはいえ、鈴木ヴァイオリンが廃業に追い込まれることはなかった。満州事変以降の景気回復も再建の追い風となった。

梅雄は合理化して会社の再建に取り組み、一九三四（昭和九）年四月には販売体制を革新し、二年ほどで在庫を一掃しつつ、新製品の販路を拡大した。

政吉はみずから社長の職を退き、一九三四（昭和九）年六月に下出義雄を迎えて社長とした。[*11] 翌年一月、資本金を五分の一の一〇万円に整理し、ついで、下出義雄や荒川長太郎の支援を受けて二〇万円に増資し、知多半島北端部に位置する大府町横根山に敷地五〇〇〇坪の分工場を建設した。ここでは、ギターを主に生産した。

下出義雄

政吉に代わって新たに鈴木ヴァイオリンの社長となった下出義雄《しもいでよしお》は一八九〇（明治二三）年生まれ。[*12] 東京高等商業学校卒業。実業家・政治家として活躍した父、民義の後を継ぎ、父が創設した東邦学園の初代理事長も務めた。戦時下の日本の産業界にあって、義雄は名古屋を中心に次々と事業を起こし、鉄鋼業からホテル、高級映画館など四〇を越える事業の経営に携わった。鈴木ヴァイオリンもその一つである。したがって、実質的に鈴木ヴァイオリンを切り回していたのは、梅雄であった。

下出は政界に進出し、一九四二（昭和一七）年四月、大政翼賛会の推薦を受けて愛知第一区から立候補し、衆議院議員に当選する。その際、彼は鈴木ヴァイオリンの社長の座を降りた。戦後、公職追放となり、間もなく病を得て第一線から引退し、一九五八（昭和三三）年に亡くなった。

会社の倒産後、政吉は妻とともに東京の北区滝野川の借家に居を移したが、その後、一九三四（昭和九）年、大府町の工場の隣接地（名高山）に移り住む。そして、邸内に新設した「済韻研究所」に籠り、亡くなるまでの一〇年間を楽器の研究に打ち込んだ。

喜寿の祝い

翌一九三五（昭和一〇）年、数え七七歳の喜寿を迎えた政吉は「いよいよ四筋の糸に心して幾千代迄もながらえて見ん」という和歌を作った。政吉の喜寿と金婚式を祝う会が一一月九日に名古屋商業会議所で開かれ、その会に徳川義親侯爵も出席した。政吉はその後も、済韻研究所でヴァイオリンを作り続け、一方、新しい邦楽器の開発も続けた。先にも触れた通り、一九三八（昭和一三）年六月二五日の徳川義親の日記には、鈴木政吉が六男の喜久雄と共に来訪し、新発明の三味線を持って来たことが記されている。

３．日本のマルクノイキルヘン

梅雄が大府工場を建設した目的は、ドイツに外遊したときに見聞したドイツでの弦楽器作りを実現するためだった。

彼が見たドイツの弦楽器は、工場で作るのではなく、丘続きに散在する農家で、弦楽器のいろいろな部品をそれぞれが作り、部品を集める係が問屋に届けるという仕組みだった。先祖代々やっているので熟練度は高いが、工賃は安い。

この方式を取り入れることがコストの引き下げにもなり、品質の向上にもつながると梅雄は考え、それを大府工場で実現しようとしたのである。[*13]

大府工場設置については、鎮一が一九三二（昭和七）年に出版した「日本ヴァイオリン史」の中で、すでに、「最近においては、独逸《ドイツ》のマルクノイエキルヘン〔原文ママ〕の例に倣《なら》い、名古屋近郊３里の地点に、ヴアイオリンの村を建設、永久にヴアイオリンの産地として之を遺すべく遠大なる計画が立てられ、遠からず実現する筈である」と述べており、鈴木ヴァイオリンを会社組織にした頃から構想があったと思われる。[*14]

しかし、大府を「日本のマルクノイキルヘン」に仕立てようとするこの試みは失敗に終わった。大府に鈴木ヴァイオリンの工場ができるのと相前後して、周辺に多くの工場ができてしまったため、賃金も安くならない。また、村の人々に仕事を任せるつもりが、こちらの工場へ人を集めなければならず、立地条件の悪さもあって、大府工場は思ったような結果にはならなかった。[*15]

時期も悪かった。大府町に分工場を新設したのは一九三五（昭和一〇）年であるが、翌年には二・二六事件が起こり、日本は日中戦争、太平洋戦争と続く道を転げ落ちていく。この後見るように、ようやく一息ついた鈴木ヴァイオリンもまた、戦時下の経済統制に翻弄されることになる。

第6章　晩年

1. 日中戦争と経済統制

会社資料として残されている新聞記事のスクラップの中で目を引くのが、経済統制と物品税についての記事である。

一九三三（昭和八）年「外国為替管理法」が制定された。このときの為替管理は投機的な為替取引の防止にあり、貿易にまでは及んでいなかったが、一九三七（昭和一二）年に入ると為替規制が貿易面に拡大され、同年一月から輸入のための為替取引に許可制が導入された。

この年までは、外国の音楽家の来日ラッシュが続いていたが、以来、外国の音楽家が自由意志で日本を訪れることは不可能になった。そうして訪れた最後の大物が一九三七年五月に来日したピアストロ三重奏団と、指揮者のワインガルトナーであった。

一九三七（昭和一二）年七月の日中戦争の開始は、本格的な経済統制の出発点となった。この年の九月には、「輸出入品等臨時措置法」が公布され、貿易統制が始まった。貿易関係品に対して、政府の全面的な統制権限が認めたもので、政府は実質上ほとんどすべての物資を統制することが可能になった。

暮れには、銅、白金、ガソリンなど、軍需以外には禁止になった。

一九三七年の会社事業報告書

鈴木ヴァイオリンは、この頃、ようやく業績が持ち直していた。一九三七（昭和一二）年下半期の会社の事業報告書には、楽器の需要が上半期から上向き、就業時間を延長して増産に努めたこと、また製品の値上げもあって業績が期待されていたが、七月に日中戦争が起こり、八月一二日からヴァイオリンに二割の物品税が課せられることになり、内地の重要な大きな打撃を受けたことが記されている。[*1] 実施後の一ヵ月間は通常の売り上げの一割程度に激減した。さらに、中華民国はもちろん、南洋、海峡植民地（一九世紀から二〇世紀前半にかけてのマレー半島におけるイギリス植民地の名称）など、華《か》僑《きょう》の勢力が大きい地域はほとんど取り引き不能となった。その対策として、就業時間を短縮し、戦争の影響の少ない地域に新販路を開拓、さらに、軍需木工品の部分製作を請け負ったという。この時点ですでに、鈴木ヴァイオリンは軍需品の下請けを引き受けざるを得なかったのである。

その後、内地の需要はいくぶん回復して、通常の二割五分程度まで持ち直し、海外輸出もオーストラリアやアフリカなどに新販路が開拓できたものの、全体としては、一九三七年下半期の売上額は、前期に比べて約三割減となった。

半年後の第一五回事業報告書（一九三七年一二月一日—一九三八年五月三一日）では、内地の需要が少し回復して、普通の年の半額程度まで売れるようになってきたことが記されている。[*2]「事変の影響は長期に渉る覚悟を要するが故に」、持久策を講じて、諸経費の軽減を図るべく、就業時間を短縮し、一方軍需関係の木工品の製作請負をするように努めて、かろうじて経営に支障のないようにしていたところ、三月には内地の需要がさらに回復し、四月には至急製作しなければならない大量の軍需木工品を引き受けたので、多忙となったことが書かれている。輸出は中国、英領海峡植民地はまったく取り引きがなくなり、北米も注文が激減し、オーストラリア、アフリカ、オランダ領東インドに新販路開拓を続けている。業績は振るわないが、「国策の犠牲を余儀なくさるる平和産業の受難期にある点」を株主各位には了承していただきたいと結ばれている。

この間、平和産業の物資の輸入統制に次ぐ物資統制が強まり、使用禁止または配給統制などが強化された。さらに、翌一九三八（昭和一三）年四月に公布された国家総動員法は、人的・物的資源の統制権限を全面的に政府に委任する立法だった。

同年一二月号の『音楽世界』に掲載された、村松道彌《みちや》による「物資統制と楽器製作の現状」という記事からは、当時、すでに楽器や蓄音機、楽譜など、音楽関連品が軒並み製作できなくなっていたことがわかる。以下、主要な点をピックアップしてみよう。[*3]

・ピアノ――ピアノはワイヤー、チューニングピン、センターピンの使用禁止、鍵盤の鉛、アクション皮革などが使用禁止で、一九三八年八月一五日から製造ができなくなっていたが、仕掛け品〔製造途中にある製品〕の製造のみ一部製造が許されていた。したがって、それまでのストック品と仕掛け品の製造でようやく一般の需要に応じていた。日本楽器のような大きな会社は一方で飛行機の部品、プロペラの製造など、軍需工業と並行しているのであまり困らないが、ほかのピアノ工場は非常な苦境に陥り、たとえば軍需品の下請けやグライダーなどの製造によって何とか工場の維持に努めているという状態であった。

・オルガン——オルガンに関しては、リードは真鍮《しんちゅう》であるので使用禁止にはなっていないが、物資統制によって楽器方面への配給が非常に制限されているので、需要に応じかねている。

・弦楽器の弦——ヴァイオリンのガットは従来ドイツから輸入されていたが、輸入禁止となったので、日本においてその製造法が研究され、内モンゴル方面から羊腸を取り寄せてガットの製造が続けられてようやくそれらの国産品が市場に現れるようになった。しかし、ヴァイオリンのスチール線は（これもまた使用禁止なので）代用品というものが考えられていない。その他ギター、マンドリンの弦巻き〔ペグ〕、スチール線、巻線などの材料も使用禁止になっているが、弦巻きはともかくとして、スチール線や巻線の代用品というものは方法がなかった。

・管楽器——管楽器は戦争を契機に最も急速な発達と普及を遂げた。召集令状を受けて軍務に就く人を送ったり、学校、工場、青年団における訓練や行進に、管楽器は広く使われた。金管楽器の主要材料である真鍮は使用禁止になっていなかったので、製造はできるとはいうものの、楽器に使用するという理由では原料の入手が困難であり、その配給もきわめて少ない状態にあった。木管楽器に関しては、芯金〔シャフト〕とスプリングは鋼《はがね》製品禁止のため、製造は不可能であった。

・ハーモニカとアコーディオン——ハーモニカはリードが真鍮であるので、オルガンや管楽器と同じ状態。アコーディオンは多数の禁製品を使用してはいるものの、主要部分ではないので、代用品で間に合っている。ハーモニカのリードを定着するリード盤も真鍮であるが、配給が十分ではないためアルマイトなどを代用品として使用した製品が市場に現れていた。
・蓄音機――蓄音機も鋼製品使用禁止のため、一九三八年八月一五日以来、その製造が禁止され、ほとんど新製品が市場に現れなくなった。ビクター、コロムビアなどは早くから代用品による蓄音機製造の研究を続けており、同年秋に完成した。従来の鋼製品の八五パーセントも節約したコロムビア製のポータブル蓄音機は商工省から一〇〇〇台の製造許可を得たが、蓄音機が不足しているときにわずか一〇〇〇台を市場に出すことは、かえって市場が混乱するというので一時発売を中止し、少なくとも全国の蓄音機店に一台くらいの割合で配給できる程度の台数をさらに製造許可の申請をしていると記されている。
蓄音機の針も製造禁止になっているので市場にはほとんど出ない。代用品もガラスや竹などで以前から研究されているが、思うような製品はできていない。

レコードの主要材料である樹脂の配給も十分でなく、従来のストック品、配給予約などで需要を満たしているが、それらも先が見えている。廃品回収による再生品の混用なども研究されており、また人造樹脂による製造も試みられているが、未だ製造原価が高いので一般には使用されていない。
・楽譜――楽譜は紙の統制によって、数ヵ月の間に非常に逼迫《ひっぱく》した状態にあった。この分で行けば従来の半分の出版もおぼつかないのではないかと懸念されている。
この記事で村松は、楽器製造に使用する禁制品のパーセンテージは非常にわずかであり、それらの犠牲で禁制品を使用する物資の統制と、楽器演奏による音楽の国民精神に与える影響等を考えるとき、どちらが国家的見地から重大であるかと問う。そして、次のように続ける。

軍需工場の旺盛、応召等による熟練工の欠乏は今日右の如き製造状態と相俟《あいま》って、この二、三十年間における楽器製造の一大飛躍がその本場である所の欧州を凌駕し、海外に進出したのにも係わらず、更に今回の欧州大戦による我が楽器界が世界市場へ進出の絶好の機会であり乍《なが》ら、前述した如く国内の配給はもとより、海外への輸出に応じられないのは、輸出振興の今日国家的にも遺憾な至りである。

しかし、状況は悪化の一途をたどった。

パトリオ弦

ヴァイオリンやチェロなどの弦は輸入品がずっと優勢であった。大正時代、第一次世界大戦中にドイツからの弦の輸入が止まって、国内で弦を開発したものの、第一次世界大戦が終わってからは、再び輸入品が入ってきた。一九三〇（昭和五）年の段階で、「楽器の国産状態について」という記事の中で、山野楽器社長の山野政太郎は楽器弦の類いは、国産品は原料の選択がしにくく、需要も少ないなどのさまざまな点から、国産品が輸入品に対抗することができない状態にある。価格面で輸入品といってもそれほど高価なものではないし、量の点から見ても、大した量ではないので国産品が極端な保護を受けるようにでもならない限り、今後も輸入品は優勢であり続けるだろう、と書いている。[*4]

しかしこののち、日中戦争が始まると、経済統制により、弦の輸入がストップした。一九三九（昭和一四）年一〇月号の『フィルハーモニー』には銀座の鈴木ヴァイオリン店が新発売した楽弦パトリオ Patorio の広告を掲載している。「待望の楽絃、鈴木ヴァイオリン苦心の結晶」という見出しで、

「音色の清澄、日本の気候に適応せる耐久性、五度音の完全」と謳《うた》っている。翌月号には、「ピラストロ絃に代る国産絃」と輸入弦の代表格であったピラストロが名指しされている。「パトリオ」というネーミングはイタリア語の「パトリア（祖国）」から来ているのだろう。だが、戦時中はこうした国産弦も市場から姿を消した。

楽器業界連合会

楽器の輸入制限、物資の統制、楽器資材の配給など、楽器業界は全国的な組織を作り、対策と陳情などを行なう必要ができてきた。[*5]

商工省からは、楽器の公定価格を作るように、業界に言い渡された。他の業界もすべて政府の命令で公定価格が決められてきていたので、楽器にも遅かれ早かれその命令が来ることは予期されていた。これを機に、業界が公定価格の制定に際して当局に自主的に協力する方が良いということで、一九四〇（昭和一五）年一〇月に全国楽器業界連合会が設立された。そのときの役員は、会長が日本楽器の川上嘉市、副会長は東京、大阪、名古屋に一人ずつ置かれた。名古屋の副会長となったのが、鈴木梅雄であった。

その直後、状況はさらに悪化して、同年一〇月七日以降、真鍮の譜面台が完全に販売禁止になり、その他の楽器についても、鋼《はがね》を使ったものは、すべて許可を受けてからでなければ販売できなくなった。たとえば、ピアノ、オルガン（ヤマハは六号以上）、アコーディオン（ヤマハ二百号以上）、ハーモニカ、ヴァイオリン系楽器（鋼線を張ったもの）、マンドリン、ギター系楽器（糸巻に鋼鉄を使用したもの、鋼線を張ったもの）、クラリネット、フルート、サキソフォン、卓上ピアノ（鋼を使用したもの）、大正琴、ハーモニホン、プロペラバンドハーモニカ、譜面台（鋼鉄製）、洋太鼓、タンボリン（原文ママ〕、楽器弦（鋼製のもの）、楽器弓（ネジに鋼を使ったもの）などである。

一九四〇（昭和一五）年一一月には楽器の公定価格が決められた。楽器業界連合会から一括申請した価格は、ピアノ・オルガンのみ申請通り、その他は製造原価が一割、販売価格が一割から三割値下げを命じられた。

楽器業界は物品税引き下げ運動を行なったが奏功せず、翌一九四一（昭和一六）年には、ますます高率の五割課税とされた。さらに一九四二（昭和一七）年には、資材の不足から、楽器製造、販売の禁止、重点配給、学校団体へのみ許可など、困難な問題が相次いだ。物品税も、一九四三（昭和一八）年に八割、一九四四（昭和一九）年には一二割という高率になり、業者も転廃業するものが多く、ほとんど壊滅状態で終戦を迎えた。[*6] 一九四五（昭和二〇）年九月いっぱいで楽器製造はすべて禁止するという通達が、内閣情報局から楽器配給協議会まで降りていたが、実質的には、それ以前に楽器の製造はできなくなっていた。[*7]

鈴木ヴァイオリンでは、一九四四（昭和一九）年までは一部でヴァイオリンを作っていたものの、それ以降は楽器の製造は中止せざるを得なかった。[*8]

レコードは一九三七（昭和一二）年の年産二一〇〇万枚から、一九三九（昭和一四）年二七〇〇万枚に達したが、資材の統制のために減少し、一九四二（昭和一七）年二一〇〇万枚、一九四四（昭和一九）年二〇〇万枚、一九四五（昭和二〇）年に入ってからはほとんどゼロになったと堀内は書いている。[*9] レコード盤の原料のストックが無くなって、どんどん盤の質が悪くなり、何回か針を落とすと溝がガタガタになるような代物だった。[*10]

2. 政吉の胸像建設をめぐって

一九三五（昭和一〇）年秋、喜寿を迎える政吉の楽界に対する功績とその徳を称えて、胸像を作ろうという提案が、後藤俊一、丹羽喜右衛門、水谷藤太郎、杉山信吉、永都清太郎等十数人から出された。[*11] そののち賛同者が増え、翌一一年秋には、徳川義親を顧問、大岩名古屋市長を会長、鈴木バイオリン製造社長の下出義雄が寿像建立会の委員長となり、政吉の縁故者、業界関係者、全国の音楽家たちに募金を募ったところ、予想以上の寄付が集まった。東京方面は山田耕筰と村松道彌に任され、二人は来日中の名ヴァイオリニスト、ミッシャ・エルマンを帝国ホテルに訪ねて金一封をもらった。[*12]

原型の製作は彫刻家の長谷川義起に委嘱された。長谷川は当時四二歳。東京美術学校を首席で卒業し、文展で特選に選ばれた。ちなみに、東京藝術大学にある伊澤修二の像は、長谷川の作である。胸像のポーズは政吉が自作の楽器を拳《こぶし》で打って確かめている姿に決まった。ところが、この像の建立は最後の鋳造のところで暗礁に乗り上げた。日中戦争の拡大により、銅の価格が暴騰し、さらに銅の使用禁止令が出て、胸像に銅を使用することが禁じられてしまった。長谷川の展覧会への出品作として材料の配給を取ろうとしたが、これも失敗し、結局、「各鋳金家の鋳き金を少量ずつ十数ヵ所から集め」、ついに一九四〇（昭和一五）年一月、鋳造が完成した。

当初は名勝地に像を置くことを考えていたが、結局、当時の大府分工場内に決定し、地盤の施工や台石の設計などを進めたが、今度は建築物の制限令に触れるとして、建設の許可を得ることが不可能になった。

その頃、戦争は拡大し、まだ健在であった政吉から、ご芳志は拝受するが、この情勢下で像の建設はいかがなものかと思われるので、一時状況を静観してほしいという申し出があり、胸像はそのまま大府工場で保管されることになった。

戦局の悪化する中で、一九四四（昭和一九）年一月、政吉が没した頃には、金属類の供出がますます強化され、胸像をそのまま持っていることが許されない事態になった。そこで、委員会を開き、梅雄に胸像を贈呈して、梅雄の名で供出してもらおうという結論になり、建立会を解散した。この胸像は、梅雄の手によって供出申請されたが、当局に回収されないで日が延び延びになっているうちに敗戦となり、無事に残ったのである。

胸像製作中の彫刻家長谷川義起と政吉

3．戦時下の大往生

一九四〇（昭和一五）年一月、政吉は隠居し、梅雄が家督相続した。同年一〇月、全国楽器業組合連合会が結成された。会長は日本楽器社長の川上嘉市で、梅雄はこの連合会の副会長に就任した。大野木によれば、この連合会は「当局との諸折衝に生存権の確保を賭けた、業界自衛策の結集」であった。[*13] 加盟会員は、関東、中部、関西各地方連合会傘下の一九団体で、翌年さらに六団体が加入し、各府県別の小売組合もほとんど結成して加盟し、ここに実質的な全国連合会が実現した。

梅雄は、一九四一（昭和一六）年五月には、下出義雄に代わって鈴木バイオリン製造の社長に就任した。

大往生

戦時下の一九四四（昭和一九）年一月三一日、政吉は大府の自邸で満八四歳の長い生涯を閉じた。晩年は、目を患い一眼を失明し、残る一眼もソコヒで次第に不自由になってきており、やや身体の衰えが出てきていたが、他の病気はなかったので、住居の別室をアトリエとして、音の研究に没頭していた。

風邪から肺炎を併発して亡くなったが、亡くなる三日前までヴァイオリン製作に打ち込んでいた。床についてからも、家人に命じて、研究用の機械を動かして、床の中から色々と指図していた。

主治医から宣告があり、家族一同枕元に集まった頃には、ほとんど意識もなくなっていた。政吉自身は仕事を続けている気持ちだったのか、息子を呼んで「機械のスイッチを切ってくれ」と言ったのが、最期の言葉となった。[*14]

政吉の戒名は「天徳院楽堂長久済韻居士」であった。

大府の済韻研究所（政吉の最晩年の仕事場）

軍需生産

鈴木バイオリン製造の工場では、一九三七（昭和一二）年から砲弾箱などの軍需木工品を生産するようなり、一九四三（昭和一八）年以降は、航空機部品の製作が行なわれるようになった。名古屋は航空機産業のメッカであった。鈴木バイオリン製造は木工技術を生かし、初めは水上機のフロートや海軍の練習機「赤トンボ」の翼を作っていたが、そのうちに日本のロケット機といわれた「秋水《しゅうすい》」の尾翼を作ることになった。半年ほどかけて、ようやく第一号機ができたが、ちょうどその頃、名古屋の空襲で、三菱航空機株式会社の星崎工場が焼失（昭和一九年一二月一八日）。その三菱が隠蔽《ぺい》工場を作るということで、一九四五（昭和二〇）年五月、大府工場は買収された。大府工場では、戦争末期には、サンダルを作っていた。

梅雄は工場を岐阜県恵那郡中野方村に疎開したが、皮肉なことに、移転完了の日に終戦を迎えることになった。

名古屋の大空襲

東京大空襲に劣らず、名古屋の大空襲もすさまじかった。名古屋は工業都市であり、三菱重工業名古屋発動機、同名古屋航空機、愛知航空機、愛知時計電機、陸軍造兵廠《しょう》、住友金属工業、大同製鋼、神戸製鋼、日本車輌製造、名古屋造船、岡本工業、大隈鉄工など、多くの工場が立地していた。とりわけ航空機生産の最大拠点である三菱重工業名古屋発動機は、東京の中島飛行機武蔵野工場と共に、米軍の日本本土空襲の第一目標であり、繰り返し目標爆撃の対象となった。*15

初空襲は、一九四二（昭和一七）年四月一八日であったが、一九四四（昭和一九）年一二月一三日から、米軍のＢ29戦闘機による爆撃が本格的に始まり、一九四五（昭和二〇）年三月以降、大規模な焼夷弾爆撃がたびたび行なわれ、名古屋は焦土と化した。

宮内義雄の回想によれば、全国楽器業組合連合会の精算事務を終え、残った資金を中部と西部の両連合会に返却するというので、小切手を持って名古屋で一泊したその晩が大空襲であったという。[*16] 宮内はこの空襲で危うく命拾いをして、焼跡を歩いて鈴木バイオリン製造に行くと、そこに、梅雄が出社していた。宮内は水をかぶりながら逃げたため、小切手の文字は消えかかっていたが、梅雄に小切手を渡すことができた。このとき、梅雄の自宅も焼け、梅雄の妻は防水壕（おそらく防火水槽）に一晩浸かってようやく難を免れた。宮内は上衣を焼いてしまい、梅雄の服をもらったが、靴だけはどうしても合わず、草履ばきで大阪に向かったという。

梅雄たちは無事だったが、名古屋の空襲で、政吉の五男二三雄は爆死した。二三雄は東京交響楽団の首席チェロ奏者や作曲家として活躍していたが、昭和一九年、名古屋に戻り、本社監査役に就任していた。二三雄の弟子のチェリスト青木十良によれば、二三雄は焼夷弾を消そうとして、それが爆発し、亡くなったという。[*17] 二三雄は水上飛行機のフロートを作る工場の責任者をしていた。たび重なる空襲で焼夷弾を消し止めるコツを覚えて、消そうと近寄ったところ、焼夷弾が爆発したという。延焼を消し止めようとするのを防ぐ新型弾であったらしい。鈴木家の兄弟で結成された鈴木クワルテットはこうしてチェリストを失ってしまった。

政吉胸像除幕式で演奏する鎮一（1955年）

終戦

終戦後、いざ楽器が作れるようになっても、施設は壊してしまった後なので、すぐに取りかかるわけにはいかなかった。仕方なく、梅雄たちは中野方村で下駄作りに励んだ。地元から出る杉材を利用したのである。

幸い、松山町の工場は周囲が火に包まれたにもかかわらず焼けなかったので、材料の半製品が相当あった。そこで、現在、工場がある広川町を借りた。ここも戦災で焼けた工場跡だったが、小さな建物が残っていたので、中野方から引き揚げられるものは引き揚げ、松山町の半製品を持ってきて五、六人で再出発した。一九四六（昭和二一）年一月頃からは楽器製造を再開し、九月より販売開始。こうして、鈴木ヴァイオリンの戦後が始まった。

一九四七（昭和二二）年六月一日、政吉の妻、乃婦が亡くなる。享年八二歳であった。

一九五五（昭和三〇）年、政吉の胸像が、名古屋市中川区広川町の本社工場入口に礎石ともども移転された。疎開先の中野方工場に仮設のままになっていたものであった。除幕式は一〇月一八日に鈴木梅雄社長を祭主として全国の楽器業界の代表や門下生たち二百数十名が参列して盛大に行なわれた。*18

式の途中、三男鎮一が請われて像の前に立ち、自作の《前奏と名古屋の子守唄》をヴァイオリンで弾き始めると、一瞬あたりは無人のように静まりかえった。鎮一が幼い頃からしばしば耳にしていた名古屋の子守唄と大工の木遣り歌の旋律を取り入れて作曲し、愛奏した曲である。父の像に捧げるわらべうたのメロディーが参列者の心に沁みこんでいった。

おわりに

政吉の幻の手工ヴァイオリンを探していたときに、学習院大学史料館で、高松宮家所蔵の楽器を、ヴァイオリン製作家の松下敏幸さんと一緒に見せていただいた。

その折りに、皇太子殿下のご好意で、殿下が愛用されている政吉一九二六年製のヴァイオリンを拝見した。故高松宮宣仁親王から直接贈られた楽器である。

あでやかな木目が美しかった。

松下さんによれば、アカモミやカエデなど、現在では入手不可能な高級輸入材を使い、入念な作りで、一九二六年製の政吉自作を示すラベルと直筆サインがある。「この時代に、これだけの技術をもって製作されていたとは！」と松下さんが舌を巻いた。

そこで「政吉がすぐれたヴァイオリン製作家であったことがこれで証明されましたね」と言ったが、松下さんはうなずかない。

「いや、この楽器だけでは何とも言えない。政吉の作品と言うからには、いくつか楽器を見た上で、その作り手のスタイルを確認しないと」と彼はあくまで慎重だった。

政吉の生きざまを調べている私からすれば、そんなことは考えもしなかったが、確かに楽器の世界では何があっても不思議ではない。

こうして「はじめに」で述べたように、さらに政吉のヴァイオリンを探す旅が続いた。その後、松浦正義さんがお持ちの一九二九年製のヴァイオリンを見て、ようやく松下さんも納得した。松浦さんのヴァイオリンと殿下がお持ちの一九二六年製の楽器はとてもよく似ている。この二本は確かに政吉の円熟期の作品だ。パフリングと呼ばれる象眼の特徴は政吉独自のものだ。

気になるのは、政吉が作ったほかの名器の行方である。

とびきりの材料を使って手間暇をかけて作る、芸術品としてのヴァイオリンは、一年にいくつも作れるものではない。絶対数が少ないうえに、戦災や災害などで無くなってしまったものも多いだろう。しかも、政吉が芸術的な手工ヴァイオリンを作り始めたのは六〇代の終わりからであり、晩年には戦争のために思うような材料は手に入らなくなっていただろう。

とはいえ、いまだに残っている政吉の名器はきっとあるはずだ。大事に扱って、きちんとメンテナンスして演奏してほしい。良い響きがするに違いない。

鈴木政吉の生涯をたどると、大きく三つに分けられる。まず、幕末の一八五九(安政六)年に尾張藩の下級武士の家に生まれてから、三味線職人となり、ヴァイオリンに出会う一八八七(明治二〇)年までが第一期である。

その後、見よう見まねでヴァイオリンの製造を始めて、工場生産に踏み切り、大正年間の第一次世界大戦中に好調な輸出に支えられて事業を急激に拡大する一九二〇年代半ばまでが第二期。

そして、第三期は、大正末年以降、三男鎮一がベルリンから持ち帰ったクレモナの古銘器グァルネリを手本に高級手工ヴァイオリンの製作に乗り出し、新たな境地を開く時期である。だが、政吉自身が「ヴァイオリン工場主」ではなく、「ヴァイオリン製作家」としてすぐれた手工楽器を作り出す一方で、工場の経営はしだいに困難になっていき、一九三二(昭和七)年にはついに不渡り手形を出して倒産してしまう。そのあと、工場を立て直したのは、長男梅雄の力によるところが多い。政吉にとって、七〇歳を過ぎてからの工場の倒産はさぞつらかっただろうが、その後も彼は楽器の製作に没頭し、太平洋戦争末期の一九四四年に八四歳の長い生涯を閉じた。

鈴木政吉の人生は、文字通り、歴史の波に翻弄された。明治維新後、貧しさゆえに学業を続けられず、丁稚《でっち》奉公に出された先では酷使され、しかも、一人前になる前に店が閉店してしまったために、名古屋に帰って親の三味線屋を手伝うほかにはなかった、というその前半生はモノクロの画像を見るようである。

一人前の三味線職人になって朝から晩まで働いても食うや食わずの生活で、「唱歌の先生になれば食べられる」という動機で恒川鐐之助の元に「唱歌」のレッスンに通ううちにヴァイオリンと出会う。楽器をまねてそれらしく作るということは、和楽器職人であれば、不可能ではなかっただろうが、政吉のすごさはそこからである。試行錯誤の末に楽器製作のコツをのみこむと、すぐに職人を雇って分業の製造ラインを作り、量産体制に入る。その間、できたばかりの東海道本線を使って名古屋から東京に通い、東京音楽学校教師ディットリヒの指導を受けて楽器の改良を重ね、販売元も確保する。

積極的に国内外の博覧会に出品し、その評価を受けてさらに楽器の改良を続け、ヴァイオリン頭部の渦巻き部分を作る自動削り機や表板と裏板に丸みをもたせるための甲削り機も発明し、作業工程の一部機械化を図り、一層の分業化を推し進める。やはりただ者ではない。

名古屋という立地も鈴木ヴァイオリンの発展に大きく作用した。名古屋には昔から木材加工業者が多く、木曽三川から木材を調達することが容易であった。また、政吉がさまざまな機械を発明できたのは、そのアイデアを形にする機械を作ってくれる工場があったからだ。「ものづくり」の名古屋である。

こうして高品質低価格の国産ヴァイオリンが日本国内に広まった。それは、一般の人たちが入手できる価格の、日本家屋にも合い、洋楽にも日本の音楽にも合う、ハイカラな楽器だった。男女問わず手にすることができ、「素性」もよい。こうして鈴木ヴァイオリンは日本人に新たな音楽の楽しみ方を教えた。

政吉のさらなる転期は、ヴァイオリニストを志してベルリンに留学した三男鎮一によってもたらされた。鎮一が持ち帰ったクレモナの古銘器と「勝負」するような手工ヴァイオリンを作ろうという政吉の意欲には頭が下がる。そして、実際に、作られた政吉の芸術的な手工ヴァイオリンはすばらしいものだった。

ところで、政吉にとっての「音楽」は生涯、長唄であった。まったく系統の異なる異文化の楽器、それも、楽器の帝王といわれるヴァイオリンの名品を、なぜ政吉が作ることができたのか。今もって不思議である。確かなことは、政吉がゼロからスタートして、一方では、廉価で良質な量産品を日本国内に流通させることにより、他方では、国際水準の芸術的手工ヴァイオリンを作るまでに自分の技能を磨き、結果として近代日本の音楽を下支えしたことである。世界に誇るニッポン人であった。

本書を書き上げるまでの間には、実に多くの方のお世話になった。研究上の情報や助言を下さった方は数多くいらっしゃり、機関も数多いので、ここでお名前を挙げることは差し控えさせていただくこととし、特別に資料をご提供いただいた方々についてのみ言及し、お礼を申し上げたい。

まず、鈴木政吉から数えて四代目になる鈴木バイオリン製造株式会社社長、鈴木隆氏には貴重な会社資料を提供していただいた。三代目社長夫人節子氏にも資料を提供していただいた。

尾張徳川家第二二代当主で尾張徳川黎明会会長である徳川義崇氏には徳川義親侯爵と鈴木政吉との関係について御教示いただき、同会所蔵の写真を使わせていただいた。

ヴァイオリン製作家の無量塔藏六氏はドイツでマイスターの資格を取った戦後日本のヴァイオリン製作の第一人者だが、日本の初期ヴァイオリン製作史にも興味をお持ちで、お宅には、政吉最晩年の一九四一年製の手工品を含む、戦前期のヴァイオリンの貴重なコレクションがある。無量塔氏には、日本のヴァイオリン製作史について多くの情報をいただき、鈴木ヴァイオリンの各種カタログの複写を提供していただいた。

杉藤楽弓社社長、杉藤慎子氏からは会社資料の複写を提供していただいた。

戦前、鈴木バイオリン製造の社長を一時期務めた下出義雄については、孫にあたる東邦学園理事長榊直樹氏に資料と情報提供の上でお世話になった。

学習院大学史料館では、高松宮家所蔵の楽器を見せていただいた。

鈴木鎮一記念館館長の結城賢二郎氏には、鈴木鎮一関係の資料を提供していただいた。

松村冬樹氏、小沢優子氏、上野正章氏、氏家平八郎氏、富永隆一氏、玉川裕子氏、古井敏行氏からはそれぞれ資料を提供していただいた。

エルサレムのアインシュタイン・アーカイブのバーバラ・ヴォルフ氏はアインシュタインのヴァイ

オリンについて情報提供ならびに、書簡の英語訳もしてくださった。
ベルリンでの調査をお願いしたベルリン芸術大学博士課程の畑野小百合さんは短期間で見事な調査を行なってくださり、その成果をぎりぎりでこの本に盛り込むことができた。この調査の全体的な成果は稿を改めて発表したい。

草稿段階の読みにくい原稿に辛抱強く目を通し、的確な助言をしてくださったのは、愛知県立芸術大学名誉教授の小林英樹さんである。美術家だが、本の書き手としてその助言はいつもありがたい。「はじめに」の中で記した松下さん、長谷さん、松浦さんにお世話になったのは言うまでもないが、さまざまな方々から多様な形でご協力と情報提供をいただいた。みなさまのご協力とご厚情に深く感謝し、心から御礼を申し上げる。

なお、本書は、平成二五年度—二七年度日本学術振興会科学研究費採択課題「近代日本における楽器産業の発展メカニズムと音楽文化——鈴木ヴァイオリンを中心に」の研究成果の一部である。

最後に、本書をご担当いただいた中央公論新社の登張正史さんに心から感謝したい。登張さんには細やかな配慮と的確な助言をいただいた。本来ならば、本書は昨年刊行されるはずだったが、長期国外研修の機会を得て、四カ月間日本を留守にしていたために執筆が遅れ、登張さんにはご迷惑をおかけした。この場を借りておわびかたがた再度御礼申し上げる。

注

第1部

第1章

＊1　馬場籍生「西洋楽器製造業　鈴木政吉君」『名古屋百紳士』（〔名古屋〕百紳士発行所　一九一七）七頁。

＊2　鈴木政吉の伝記の基本文献となるのは、大野木吉兵衛「楽器産業における世襲経営の一原型（Ⅰ）――鈴木バイオリン製造株式会社の沿革――」『浜松短期大学研究論集』第二四号（一九八一）一～三八頁、および「楽器産業における世襲経営の一原型（Ⅱ）――鈴木バイオリン製造株式会社の沿革――」『浜松短期大学研究論集』第二五号（一九八二）一～四六頁である。

＊3　新修名古屋市史編集委員会編『新修名古屋市史』第四巻（名古屋市　一九九九）三九七頁。

＊4　名古屋市蓬左文庫の松村冬樹氏に御教示いただいた。

＊5　前掲書『新修名古屋市史』四〇〇頁。

＊6　一八七一年七月の廃藩置県により、尾張では名古屋、犬山の二藩が二県となった。次いで同年一一月に両県をあわせて名古屋県となり、翌年、名古屋県と額田県が合併して愛知県となった。

＊7　鈴木政吉「波瀾多かりし私の過去」『名古屋商業会議所月報』（一九二七年一〇―一一月）九頁。

＊8　鈴木淳「蘭式・英式・仏式――諸藩の〝兵制〟導入――」『横浜英仏駐屯軍と外国人居留地』（東京堂出版　一九九九）二一三～二四六頁。

＊9　フランス式のラッパ信号は、幕府に招聘され一八六六（慶応二）年一二月に来日したシャノワーヌ大尉率いるフランス軍事顧問団による三兵演習で、ラッパ伍長ギュテッグが伝習生三二人に教えたのが始まりである。塚原康子「軍楽隊と戦前の大衆音楽」『ブラスバンドの社会史』（青弓社　二〇〇一）九一頁。

＊10　前掲書『新修名古屋市史』八六四頁。

＊11　鈴木淳、前掲書、二三七頁。

＊12　奥中康人『国家と音楽――伊澤修二がめざした日本近代』（春秋社　二〇〇八）一二頁。

＊13　同前、二七～二八頁。

＊14　鯱光百年史編集委員会編『鯱光百年史』（〔名古屋〕愛知一中（旭丘高校）創立百年祭実行委員会　一九七七）三頁。なお、政吉自身は「英学校」と呼んでおり、ほかの文献にもそのように記述されている。
＊15　鈴木政吉、前掲書、九頁。
＊16　大野木は約三年としている。
＊17　新修名古屋市史編集委員会編『新修名古屋市史』第五巻（名古屋市　二〇〇〇）三八頁。
＊18　高木勇夫「バイオリン王・鈴木政吉」『地域社会』（一九八七年一〇月）一七頁。
＊19　名古屋市編『大正昭和名古屋市史』第二巻（名古屋市　一九五四）四一八頁。
＊20　鈴木政吉、前掲書、一〇頁。

第2章

＊1　鈴木政吉、前掲書、一一頁。
＊2　新見吉治「鈴木政吉翁小伝を読みて」『郷土文化』（一九五三年一二月）一七頁。
＊3　『中日新聞』一九六六年三月七日夕刊。
＊4　馬場、前掲書、八頁。
＊5　『中日新聞』、一九六六年三月七日夕刊。
＊6　『名古屋新聞』一九二五年二月一〇日朝刊。
＊7　「国産ピアノの創業とその発達を語る（座談会）」『音楽世界』（一九三六年一一月）一八頁。
＊8　清水禎子「尾張における奏楽人の活動について」『尾張藩社会の総合研究《第二編》』（〔大阪〕清文堂　二〇〇四）三一九頁。
＊9　府県派出伝習生出願時の願書の記載による。拙稿「恒川鐐之助と明治期日本の音楽」『愛知県立芸術大学紀要』第四一巻（二〇一二）二四～二五頁。
＊10　増井敬二「解題」、『音楽雑誌（おむがく）』復刻版補巻（出版科学総合研究所　一九八四）一〇頁。
＊11　松本善三『提琴有情——日本のヴァイオリン音楽史』（レッスンの友社　一九九五）三一頁。
＊12　次章参照。
＊13　新見、前掲書、一八頁。

＊14 前掲書「国産ピアノの創業とその発達を語る」一八〜一九頁。
＊15 鈴木政吉「狂人とまで謂はれて楽器の製造に苦心したる予の経験」（『商業界』一九〇九）四三頁。
＊16 大貫紀子「伝統音楽の調査研究」『音楽教育成立への軌跡——東京芸術大学音楽取調掛研究班編』（音楽之友社　一九七六）三三二頁。
＊17 東儀鉄笛「将来の国民楽器」『音楽界』（一九一〇年九月）四五頁。
＊18 鈴木政吉（談）「鈴木バイオリン王発明苦心談」『経済知識』（一九三三年一二月）一五八〜一七一頁。
＊19 会社は政吉がヴァイオリンの製作にとりかかった一八八七（明治二〇）年を創業年としている。
＊20 鈴木鎮一「日本ヴァイオリン史」『室内楽　音楽講座第一一篇』（文芸春秋社　一九三二）一〇八〜一〇九頁。
＊21 鈴木喜久雄「日本製ヴァイオリン第一号由来」『中央公論』（一九六一年一一月）二四一頁。

第3章

＊1 東京都工芸品共進会編『東京府工芸品共進会出品目録』上巻、第五類（有隣堂　一八八七）。
＊2 鈴木政吉、前掲書「狂人とまで謂はれて……」四四頁。
＊3 同前。
＊4 鈴木鎮一「歩いて来た道」『鈴木鎮一全集第六巻　私の歩いて来た道』（研秀出版　一九八九）三三頁。
＊5 鈴木政吉（談）前掲書「鈴木バイオリン王発明苦心談」八頁。
＊6 馬場、前掲書、九頁。
＊7 鈴木鎮一、前掲書、三三頁。
＊8 赤壁紅堂「鈴木政吉氏」『中京実業家出世物語』（名古屋）早川文書事務所　一九二六）八四〜八七頁。
＊9 武石みどり「山葉オルガンの創業に関する追加資料と考察」『遠江』第二七号（二〇〇四）九頁。
＊10 前掲書「国産ピアノの創業とその発達を語る」二〇頁。
＊11 鈴木政吉、前掲書「波瀾多かりし私の過去」一一〜一二頁。
＊12 前掲書「国産ピアノの創業とその発達を語る」二二頁。
＊13 同前。
＊14 東京芸術大学百年史編集委員会編『東京芸術大学百年史　東京音楽学校篇　第一巻』（音楽之友社　一九九八

七）五一一～五二二頁。
＊15 同前、五一二頁。
＊16 同前、一一二頁。
＊17 前掲書「国産ピアノの創業とその発達を語る」一九頁。
＊18 政吉は前掲書（一九三八年座談会席上）では、このときに応対してくれた人物は白井練一の娘婿の白井詮造（一九〇三年没）だったと語っているが、ほかでは白井練一としている。
＊19 『政吉一代畧記』による。
＊20 三木佐助（口述）『玉淵叢話』（開成館　一九〇二）七七頁。
＊21 明治三一年の契約による。大野木、前掲書「楽器産業における世襲経営の一原型（Ⅰ）」一一頁。
＊22 同前、九頁。

第4章

＊1 『政吉一代畧記』による。
＊2 『楽器商報』（一九八一年四月）一四七頁（「鈴木梅雄翁略歴」）。
＊3 「宮内対談③　鈴木梅雄氏」『楽器商報』（一九六六年三月）九二頁。
＊4 赤壁、前掲書、八〇～八一頁。
＊5 前掲書「国産ピアノの創業とその発達を語る」一九～二〇頁。
＊6 同前。
＊7 同前、一六～一八頁。
＊8 同前、二〇頁。
＊9 山葉寅楠〔著〕大野木吉兵衛編『渡米日記』遠江資料叢書六（〔浜松〕浜松史蹟調査顕彰会　一九八八）一二～二七頁。
＊10 山田幸太郎「市制六十周年にあたりて」『郷土文化』第四巻第五号（一九四九）八頁。
＊11 酒井正三郎「名古屋市制六十年の経済」『郷土文化』第四巻第五号（一九四九）三頁。
＊12 拙稿「明治期日本の博覧会における洋楽器――鈴木ヴァイオリンの事例を中心に――」『愛知県立芸術大学

紀要』第四〇号（二〇一一）一一一～一二三頁でくわしく扱っている。

＊13 赤井励『オルガンの文化史』（青弓社　一九九五）五八～六〇頁。

＊14 岩野裕一、前間孝則『日本のピアノ100年――ピアノづくりに賭けた人々』（草思社　二〇〇一）五六頁。

＊15『第三回内国勧業博覧会出品目録』（内国勧業博覧会事務局　一八九〇）。

＊16『第三回内国勧業博覧会審査報告』第五部（第三回内国勧業博覧会事務局　一八九一）八二～八四頁。

＊17『内国勧業博覧会規則第三回（第三回内国勧業博覧会審査内規）』（第三回内国勧業博覧会事務局　一八八七）一二頁（『明治前期産業発達史資料　勧業博覧会資料一五二』明治文献資料刊行会、以下、『発達史資料』）。

＊18 清川雪彦『日本の経済発展と技術普及』（東洋経済新報社　一九九五）二四六頁。

＊19『音楽取調掛時代文書綴』巻七一、東京藝術大学付属図書館蔵、同大学貴重資料データベースでインターネット公開）。

＊20『履歴書（鈴木政吉）』（手書き、会社資料）による。

＊21 褒状は会社資料。

第5章

＊1 新見、前掲書、一七頁。

＊2 武石みどり監修『音楽教育の礎――鈴木米次郎と東洋音楽学校』（春秋社　二〇〇七）二〇～二二頁。

＊3 松本、前掲書、七四頁。

＊4 同前、九二頁。

＊5 農商務省山林局編纂『木材の工芸的利用（一）』（大日本山林会　一九一三）四〇二頁（『発達史資料　別冊一一三Ⅳ』）。

＊6 東京芸術大学音楽取調掛研究班編『音楽教育成立への軌跡』（音楽之友社　一九七六）一二五～一二六頁。（高橋浩子「楽器の試作と改良」）。および、前掲書『東京芸術大学百年史　東京音楽学校篇　第一巻』（音楽之友社　一九八七）一一五頁。

＊7 日本教育音楽協会編『本邦音楽教育史』（音楽教育書出版協会　一九三四）九八頁。女子師範学校で伝習すべき項目中にある一節。

*8 東京芸術大学音楽取調掛研究班編、前掲書、一二六～一三三頁、および、山住正巳『唱歌教育成立過程の研究』（東京大学出版会 一九六七）一七九～一八〇頁。
*9 中村洪介『近代日本洋楽史序説』林淑姫監修（東京書籍 二〇〇三）八六五頁。
*10 塩津洋子「明治期の洋楽器製作」『大阪音楽大学音楽研究年報』第一三巻（一九五五）二三頁。
*11 松本、前掲書、七六頁。
*12 同前、七七頁。
*13 田辺尚雄『明治音楽物語』（青蛙房 一九六五）一七二頁。関西でのヴァイオリン受容全般に関しては、塩津洋子「明治期関西ヴァイオリン事情」『大阪音楽大学音楽研究年報』第二〇巻（二〇〇四）一一～三八頁。
*14 渡辺裕『日本文化 モダン・ラプソディ』（春秋社 二〇〇二）第二部第四章参照。
*15 武石、前掲書、一三頁。
*16 『中日新聞』昭和四一年三月一一日夕刊。
*17 鈴木政吉、恒川鐐之助（閲）『ヴァイオリン独習書』（〔津〕豊住書店 一九〇二）。
*18 松本、前掲書、三一八～三二〇頁にヴァイオリン教科書の年表が掲載されている。

第6章

*1 前掲書「宮内対談③ 鈴木梅雄氏」九二頁。
*2 堀内敬三『音楽五十年史』（鱒書房 一九四二）一五三～一六一頁。
*3 同前、一五三～一五四頁。
*4 同前、一二九頁。
*5 『第四回内国勧業博覧会審査報告』第一冊、（第四回内国勧業博覧会事務局 一八九六年）一四八頁。
*6 この間の経緯については、拙稿「万国博覧会と明治日本の洋楽器――鈴木ヴァイオリンの事例を中心に――」『海老澤敏先生傘寿記念論文集』海老澤敏先生傘寿記念実行委員会編（音楽之友社 二〇一一）六六三～六六八頁で詳述している。
*7 政吉がつけた出品解説書には、自第壱号至第五号となっており、それによれば五点である。
*8 『履歴書（鈴木政吉）』（会社資料）による。

＊9 *Exposition universelle internationale de 1900 à Paris. Rapport du jury international, Groupe III*, Paris: Imprimerie nationale, 1902, p. 491 sqq.

＊10 審査項目のAを見れば、政吉が、創業を二年前倒しして、明治一八年にして、書類を提出したこともうなずける。

＊11 大野木吉兵衛「楽器産業における世襲経営の一原型（Ⅱ）――鈴木バイオリン製造株式会社の沿革――」『浜松短期大学研究論集』（一九八二）一四～一五頁。

＊12 鈴木政吉『鈴木バイオリンの創製沿革』より。大野木の引用によるが、筆者は未見。

＊13 『名古屋新聞』一九〇九年一〇月二三日朝刊。

＊14 『名古屋商業会議所報告』七二号（一九〇四）五四頁、および七四号（一九〇五）六四～六五頁（東門前町鈴木政吉氏報告「楽器」概況）。

＊15 鈴木政吉（談）「鈴木バイオリン王発明苦心談」『経済知識』（一九三三年一二月）一〇頁。

第7章

＊1 農商務省総務局『府県連合共進会復命書』（農商務省総務局　一九一一）八〇八頁。

＊2 松村昌家「別冊日本語解説」『日英博覧会（一九一〇年）――公式資料と関連文献集成』（エディション・シナプス、ユーリカ・プレス（発売）二〇一一）三～一四頁。（以下、『日英博資料復刻』）

＊3 伊藤真実子『明治日本と万国博覧会』（吉川弘文館　二〇〇八）一九九頁。

＊4 『名古屋新聞』一九一〇年八月一八日朝刊。

＊5 *Official Report of the Japan British Exhibition 1910 at the Great White City*, London, Unwin Brothers, 1911, p. 426（『日英博資料復刻集成版』第三巻所収）。および農商務省『日英博覧会受賞人名録』（農商務省　一九一〇）一四四頁。

＊6 *Japan-British Exhibition, Official Catalogue*, Derby, 〔1910〕, p. 274.（『日英博資料復刻』第1巻所収）

＊7 『日英博覧会愛知出品同盟会報告書』（〔名古屋〕日英博覧会愛知出品同盟会　一九一一）一三頁。

＊8 Ayako Hotta-Lister, *The Japan-British Exhibition of 1910 : Gateway to the Island Empire of the East*, Japan Library, 1999, p. 130.

＊9 朝日新聞社記者編『欧米遊覧記　第二回世界一周』（朝日新聞合資会社　一九一〇）、五五六頁。
＊10 『日英博覧会事務局事務報告』（農商務省　一九一二）六五七〜六七〇頁。
＊11 瀧井敬子、平高典子編『幸田延の「滞欧日記」』（東京藝術大学出版会　二〇一二）、一〜六八頁（瀧井敬子「幸田延の『滞欧日記』を読むために」）。
＊12 同前、四五〇〜四五一頁。
＊13 北村五十彦『聖匠鈴木政吉の足跡』（私家版　一九四六）三〜四頁。
＊14 鈴木鎮一、前掲書「日本ヴァイオリン史」一一一頁。
＊15 同前。
＊16 『新愛知』一九二三年五月三日。
＊17 大木裕子『クレモナのヴァイオリン工房——北イタリアの産業クラスターにおける技術継承とイノベーション』（文眞堂　二〇〇九）三六〜三八頁。
＊18 鈴木鎮一、前掲書、一〇五頁。
＊19 「巴里博覧会本目録解説書」『愛知県庁文書』一八九九年。文部省資料館（現国文学研究資料館）蔵、愛知県公文書館に複写有り。
＊20 『名古屋商業会議所月報』（一九〇七年一月）一三頁。
＊21 前掲書『日英博覧会愛知出品同盟会報告書』七八〜七九頁。

第8章

＊1 鈴木政吉、前掲書「波瀾多かりし……」一二頁。
＊2 鈴木政吉、前掲書「狂人とまで謂はれて……」四六頁。
＊3 同前。
＊4 大野木、前掲書「楽器産業における世襲経営の一原型（I）」では明治三三年としている。
＊5 同前、一四頁。
＊6 楽堂「旅行土産（前号の続き）」『音楽界』（一九一〇年八月）四四〜四六頁。
＊7 須田紫電生「中京の名物　鈴木ヴァイオリン工場参観記」『日本実業』（一九一一年六月）五〇頁。

＊8　杉藤武司「特別寄稿　四代に亙る杉藤一家の履歴」(一)〜(三)『楽器商報』(一九九二年三月)四六〜四八頁、(同年四月)三〇〜三二頁、(同年五月)四八〜五〇頁。
＊9　『楽器商報』(一九五七年九月)六九頁(「楽器三代の記」)。
＊10　大野木、前掲書、二一〜二二頁。
＊11　『名古屋新聞』一九一一年八月二〇日朝刊。
＊12　国学者の家系に生まれた本居長世は東京音楽学校を一九〇八年に首席で卒業し、一九一〇年から同校器楽部助教授となっていた。こののち、大正時代に入ると本居は生田流箏曲の宮城道雄と作曲ジョイント・コンサートを開き、邦楽に洋楽の要素を取り入れる「新日本音楽」の運動にかかわっていくことになるが、政吉が自作の鈴琴を携えていったのは、それより八年も前の話である。
＊13　『名古屋新聞』一九一一年八月二一日朝刊。

第2部

第1章

＊1 服部鉦太郎『大正の名古屋：世相編年事典　写真図説』（〔名古屋〕泰文堂　一九八〇）二九〜三〇頁。

＊2 梅雄本人は、明治四三年に上京したと述べている。前掲書「宮内対談③　鈴木梅雄氏」九三頁。

＊3 愛知県編『愛知県紀要』（愛知県　一九一三）一八四頁。

＊4 愛知県編『愛知県写真帖』（愛知県　一九一三）三五頁。

＊5 永山定富編『海外博覧会本邦参同史料』第四編および第七編（博覧会倶楽部　一九二八〜三四）（復刻　フジミ書房　一九七五）。

＊6 同前、第七編、一一頁。

＊7 北村五十彦「洋楽器製造業に就て」『名古屋商業会議所月報』（一九二五年四月）二四頁。

＊8 永山、前掲書、第四編および第七編。

＊9 同前、第七編、五七〜五八頁。

＊10 『政吉一代畧記』による。

＊11 北村、前掲書『聖匠鈴木政吉の足跡』四頁。

＊12 『中日新聞』平成二三年九月一九日。

＊13 ヴァイオリン（弓箱付）一組、一〇〇円であった。『音楽界』（一九一四年八月）六五頁。

第2章

＊1 上野正章「大正期の日本における通信教育による西洋音楽の普及について——大日本家庭音楽会の活動を中心に」『音楽学』第五六巻（二）（二〇一一）八一〜九四頁。

＊2 上野氏に御教示いただいた。

＊3 一九二六（大正一五）年の受講案内「会則号」。上野氏から提供していただいた。

＊4 上野正章「明治中期から大正期における洋楽器で日本伝統音楽を演奏する試みについて——　楽譜による普

及を考える――」『日本伝統音楽研究』第九巻（二〇一二）二一～四二頁。
＊5　実業界社編「世界的名声を贏ち得た国産の衿り　鈴木ヴァイオリン工場」『名古屋模範商店』（実業界社　一九二五）八九～九一頁。
＊6　フライア・ホフマン『楽器と身体――市民社会における女性の音楽活動』阪井葉子・玉川裕子訳（春秋社　二〇〇四）。
＊7　西原稔『ピアノの誕生・増補版』（青弓社　二〇一三）一二四頁。
＊8　ホフマン、前掲書、二二五頁。
＊9　瀧井敬子、平高典子編、前掲書、四一七頁（六月二六日の日記）。
＊10　事典『世界音楽の本』（岩波書店　二〇〇七）一一二頁（徳丸吉彦「楽器と音楽家の社会的な位置」）。
＊11　大田黒元雄「ヴァイオリン」『洋楽夜話』（音楽と文芸社　一九一七）八三～九五頁。
＊12　大田黒、前掲書、八四～八五頁。
＊13　大田黒、前掲書、九三～九四頁。
＊14　大田黒、前掲書、九五頁。

第3章

＊1　毎日新聞社編『大正という時代「100年前」に日本の今を探る』（毎日新聞社　二〇一二）三六頁。
＊2　北村、前掲書「洋楽器製造業に就て」二四頁。
＊3　大野木、前掲書「楽器産業における世襲経営の一原型（Ｉ）」二六頁。
＊4　David Schoenbaum, *The Violin: A Social History of the World's Most Versatile Instrument*, New York, London, Norton, 2013, pp. 277-278.
＊5　北村、前掲書、二三頁。
＊6　馬場籍生『続名古屋新百人物』（珊珊社　一九二二）一二七～一二八頁（「北村五十彦氏」）、および大野木、前掲書「楽器産業における世襲経営の一原型（Ⅱ）――鈴木バイオリン製造株式会社の沿革――」一一頁。
＊7　鈴木鎮一、前掲書「日本ヴァイオリン史」一一二頁。
＊8　平戸大「関西中部地方の楽況」『音楽界』（一九一六年一月号）六六頁、および、大野木、前掲書「楽器産

業における世襲経営の一原型（Ⅰ）」二六頁。
＊9　大野木、前掲書、三七頁。
＊10　『音楽界』（一九一五年一〇月）七三頁。
＊11　平戸大「楽界行脚」『音楽界』（一九一五年三月）四七頁。
＊12　北村、前掲書、二二頁。
＊13　堀内、前掲書、三四一頁。

第4章

＊1　平戸大「楽界行脚」『音楽界』一九一五年三月号、四一～五一頁。
＊2　北村、前掲書、「洋楽器製造業に就て」二二頁。
＊3　同前。
＊4　大庭伸介『浜松・日本楽器争議の研究』（五月社　一九八〇）六二頁以下。
＊5　氏家平八郎「大橋幡岩の遺したメッセージ（No.2）」『JPTA会報』第一四九号（二〇一二年一一月）七六頁。大橋幡岩については氏家平八郎氏に御教示を受けた。
＊6　檜山睦郎『楽器業界』（教育社新書　一九七七）一五六頁。
＊7　大木裕子「伝統工芸の技術継承についての比較考察――クレモナ様式とヤマハのヴァイオリン製作の事例――」『京都マネジメント・レビュー』第一一号（二〇〇七）二一頁。
＊8　大野木吉兵衛「浜松地方における洋楽器産業の変遷」『遠州産業文化史』（浜松　浜松史跡顕彰会　一九七七）三一二～三一七頁。
＊9　檜山、前掲書、一九二頁。
＊10　河合滋『風雪十五年』（浜松　河合楽器製作所　一九七八）五二～五四頁。
＊11　植木譔一編『名古屋実業界評判記』（名古屋　名古屋実業界評判記発行所　一九一五）一一四頁（「鈴木ヴァイオリン」）。
＊12　馬場、前掲書、一八～一九頁（「鈴木政吉氏」）。

第5章

＊1　大野木、前掲書「楽器産業における世襲経営の一原型（Ⅱ）」九頁。

＊2　鈴木鎮一が一九四八年に創設した「社団法人才能教育研究会スズキ・メソード」の会員数は、国内で二万人、海外では特にアメリカを中心に四十万人を超える。久保絵里麻「鈴木鎮一と日本のヴァイオリン教育」『言語文化』第二九号（二〇一二）七一頁。

＊3　鈴木鎮一の伝記については、前掲書「歩いて来た道」、『愛に生きる』（講談社現代新書　一九六六）などによる。

＊4　倉田喜弘監修・解説、林淑姫編集・解題『昭和前期音楽家総覧――「現代音楽大観」』（一九二七）（復刻・増補　ゆまに書房　二〇〇八）。

＊5　『才能教育』第一七四号（二〇一〇）尾張徳川家二二代当主義崇氏の談話。

＊6　徳川義宣『徳川さん宅の常識』（淡交社　二〇〇六）八二頁。

＊7　『広報なごや』一九五八年三月五日（「郷土の人語り草、鈴木政吉」）会社資料。

＊8　鈴木鎮一「クリングラー・クワルテット」『レコード』（一九三三年三月）

＊9　Schoenbaum, op. cit., p. 280.

＊10　鈴木鎮一、前掲書、「歩いて来た道」六二頁。

＊11　松本善三によれば、アメリカでも発売された（『提琴有情』三二八頁）。

＊12　以下、クリングラーについては、Margaret Mehl, "Cultural Translation in Two Directions: The Suzuki Method in Japan and Germany", *Research & Issues in Music Education*, 7.1 September 2009 (RIME ONLINE).

＊13　Schoenbaum, op. cit., p. 281.

＊14　鈴木鎮一の入学試験の記録は現在ベルリン芸術大学の資料室に保管されている。"Aufnahmeprotokoll, Violiie und Bratsche, Sommerhalbjahr 1923" (Sig.: HdK-Archiv, Best. 1, Nr. 644). この調査はベルリン芸術大学博士課程（音楽学）に在籍している畑野小百合氏に依頼した。

＊15　田辺尚雄『楽器古今東西』（ダヴィッド社、一九五八）一六六頁。

＊16　同前、一六六～一六七頁。三越百貨店のＰＲ誌等には、この催しについての記事は掲載されていないので、非公開の内覧会だった可能性が高い。玉川裕子氏および会社（三越伊勢丹ホールディングス）に御教示いただ

いた。第3部を参照されたい。

＊17 鈴木鎮一、前掲書、六四頁。

第6章

＊1 『才能教育』第一七四号（二〇一〇）四二頁。（「鈴木鎮一先生と尾張徳川家」）

＊2 八木國夫編『ミハエリス教授と日本』（名古屋大学医学部第一生化学教室 一九七三）および、富永隆一「「酵素資料室」から——その三 Koch 博士の来日とMichaelis 博士の赴任—」『応用糖質科学』第一巻第三号（二〇一一）二六一～二六三頁。なお、天野エンザイム（株）富永隆一氏にはアインシュタインとミハエリスについてのさまざまな資料をご提供いただいた。

＊3 末延芳晴『寺田寅彦バイオリンを弾く物理学者』（平凡社 二〇〇九）二三五頁。

＊4 鈴木鎮一、前掲書、『愛に生きる』一五三頁。鎮一とミハエリスがベルリンで会ったことはなかったはずだが、鎮一はこれをベルリンでの話だとしている。

＊5 徳川黎明会学芸員、香山里絵氏による。

＊6 Mehl, op.cit.

＊7 Ibid.

＊8 拙訳による。ミハエリスからアインシュタインに宛てたこの手紙は現在、イスラエルのヘブライ大学付属アインシュタイン文書館に所蔵されている（請求番号47－618.00）。該当部分を書きぬき、英語訳と一緒に送ってくださったバーバラ・ヴォルフBarbara Wolff 氏に御礼を申し上げる。

＊9 Mehl, op.cit.

＊10 アインシュタイン文書館のバーバラ・ヴォルフ氏による。

＊11 ワートラウト鈴木『鈴木鎮一と共に』セルデン恭子訳、主婦の友社、一九八七年、一五～二六頁。

第7章

＊1 小松耕輔『音楽の花ひらく頃——わが思い出の楽壇——』（音楽之友社 一九五二）七五～七六頁。

＊2　同前、一二八頁。
＊3　松本、前掲書、一九〇頁。
＊4　堀内、前掲書、一六七頁。
＊5　『読売新聞』一九一八年五月三〇日朝刊。
＊6　幸田延子「女流大音楽家パーロー女史推称の言葉」（出典不明、会社資料）。
＊7　山田耕作（耕筰）（談）『読売新聞』一九二六年一〇月一三日。
＊8　『名古屋新聞』一九二二年一〇月二〇日（鈴木ヴァイオリン工場による広告）。
＊9　『中央新聞』一九二六年一〇月一五日（会社資料）、一〇月一五日（会社資料）。
＊10　『大阪毎日新聞』一九二二年一〇月二五日（会社資料）。
＊11　『名古屋新聞』一九二二年一〇月二〇日。
＊12　松本、前掲書、一九一頁。
＊13　大野木、前掲書「楽器産業における世襲経営の一原型（Ⅰ）」三四頁。
＊14　北村、前掲書『聖匠鈴木政吉の足跡』八〜九頁。北村は大正十一年としている。
＊15　洋楽放送70年史プロジェクト編『洋楽放送７０年史』（非売品　一九九七）一四頁（出典は『日本放送史』一九五一年版）。
＊16　堀内、前掲書、二一三頁。

第8章

＊1　無量塔藏六『ヴァイオリン』（岩波新書　一九七五）一九二頁。
＊2　同前。
＊3　鈴木鎮一、前掲書「日本ヴアイオリン史」一一七頁。
＊4　前掲書「宮内対談③　鈴木梅雄氏」九三頁。
＊5　無量塔、前掲書、一九七頁。
＊6　毛利眞人『貴志康一　永遠の青年音楽家』（国書刊行会　二〇〇六）七八頁。
＊7　「宮内対談④　日本のバイオリン発達史　菅沼源太郎氏」『楽器商報』（一九六六年七月号）四六〜五〇頁。

＊8 無量塔、前掲書、一九八頁。

＊9 鈴木鎮一、前掲書「日本ヴァイオリン史」一一四頁。

＊10 前掲書のなかで、鎮一は、政吉が自分の銘を入れた楽器を公にしたのは一九二七年からであるとしている（一一四頁）。

＊11 鈴木ヴァイオリンの品番と価格については、会社ホームページの「製品情報」の「過去の商品――品番・価格表」にデータが掲載されている。また、昭和初期の自作品のカタログ『鈴木政吉、鈴木梅雄自作品の栞《しおり》』には、ヴァイオリンと並んでヴィオラ、チェロ、コントラバスも同じ価格帯で掲載されている。

＊12『東京朝日新聞』一九二六年六月一日。この記事には誤植が多く、政吉の名前も間違っている。および、『帝発タイムズ』一九二六年九月五日。

＊13『名古屋新聞』一九二六年九月二六日朝刊。

第9章

＊1 鈴木鎮一、前掲書「歩いて来た道」九四頁（ワルトラウトによる手記）。

＊2『名古屋新聞』一九二七年一月一九日朝刊。

＊3 鈴木鎮一、前掲書「日本ヴァイオリン史」一一四頁。

＊4 大野木、前掲書「楽器産業における世襲経営の一原型（Ⅱ）」七頁。

＊5 同前、一二頁。

＊6 北村、前掲書、七頁。

＊7 "Akten betreffend: Stiftung der Fa Suzuki", (Sig.: HdK-Archiv, Best. 1, Nr. 447) 畑野氏の調査による。

第3部

第1章

＊1 大野木、前掲書「楽器産業における世襲経営の一原型（Ⅱ）」一二頁。

＊2 『新愛知』一九二七年一一月一二日。
＊3 『名古屋商業会議所月報』（一九二七年一〇～一一月）一頁。
＊4 ワートラウト鈴木、前掲書、二八～三八頁。
＊5 同前、四二頁。
＊6 『名古屋新聞』一九二六年七月二二日朝刊、同新聞社主催「放送大家推薦投票」結果による。
＊7 CD『鈴木クワルテットの遺産』（二〇〇八）解説書による。
＊8 前掲書「鈴木バイオリン王発明苦心談」（解説部分）一五八頁。
＊9 たとえば、鈴木政吉（口演）「済韻研究所設立に就て」（会社資料）。
＊10 同前、一六六～一六八頁。
＊11 鈴木鎮一、前掲書『歩いてきた道』六四～六六頁。
＊12 鈴木政吉（談）、前掲書「鈴木バイオリン王発明苦心談」一五八頁。
＊13 北村、前掲書、六頁。
＊14 無量塔、前掲書、一九五頁。
＊15 大野木、前掲書、三八頁。
＊16 前掲書「鈴木バイオリン王発明苦心談」（解説部分）一五八頁。
＊17 鈴木鎮一、前掲書「日本ヴァイオリン史」一一四頁。

第2章

＊1 『名古屋新聞』一九二八年九月二一日朝刊。
＊2 『御大典奉祝名古屋博覧会総覧』名古屋勧業協会編、一九二九年、一七七頁。
＊3 『読売新聞』掲載の広告による。
＊4 徳川黎明会会長、徳川義崇氏にうかがった。
＊5 ワートラウト鈴木、前掲書、三三頁。
＊6 大野木、前掲書「楽器産業における世襲経営の一原型（II）」一六頁、註。
＊7 鈴木政吉（談）、前掲書、一七〇～一七一頁。

＊8　大野木、前掲書による。彼は一九三三（昭和八）年設立としている。ちなみに、この年の一一月号の『フィルハーモニー』の広告には鈴木バイオリン東京営業所、一二月号の『経済知識』では合資会社となり、住所が四谷から西銀座に移っている。その後、銀座三丁目に移転したようである。

第3章

＊1　大野木、前掲書、一四頁。
＊2　『西鮮の友』一九三〇年四月一四日（会社資料）。
＊3　服部、前掲書、四四五頁。
＊4　『東桜開学百年記念誌』（一九七二）二八頁。
＊5　『郷土にかがやく人々　下巻』一九五七年、二八頁。
＊6　『名古屋新聞』一九二九年七月一八日。
＊7　『西鮮の友』一九三〇年四月一四日（会社資料）。
＊8　『大阪毎日新聞大阪版』一九三〇年三月二九日（会社資料）。
＊9　『大阪毎日新聞大阪版』一九三〇年三月三〇日（会社資料）。
＊10　堀内、前掲書、二六四頁。
＊11　前掲書および戸ノ下達也／長木誠司『総力戦と音楽文化――音と声の戦争』（青弓社　二〇〇八）四六頁。
＊12　久保絵里麻、前掲書、七一～七九頁。
＊13　橋本久美子「上野児童音楽学園――上野の杜の波乱万丈」『藝大通信』第一九号、（二〇〇九）一二～一三頁。
＊14　東京芸術大学百年史編集委員会『東京芸術大学百年史　東京音楽学校篇第二巻』（音楽之友社　二〇〇三）一一〇五頁。

第4章

＊1　大野木、前掲書、一三頁。
＊2　同前、一五頁。

＊3　増井敬二『データ・音楽・にっぽん』（一九八〇年　民音音楽資料館）二二頁。
＊4　『楽器商報』（一九五一年二月）二二頁（白川黒舟「大阪楽器業界五十年（九）」）。
＊5　堀内、前掲書、二一四～二一五頁。
＊6　北村、前掲書、八頁。
＊7　『新愛知』一九二七年一〇月九日。
＊8　堀内、前掲書、二一六頁。
＊9　増井、前掲書、一六頁。
＊10　堀内、前掲書『音楽五十年史』四〇〇頁。
＊11　玉川裕子「三越百貨店と音楽」『桐朋学園大学研究紀要』第二三集（一九九七）三三頁。
＊12　鈴木梅雄「ヴァイオリンの出来る迄」『音楽世界』（一九三〇年八月）二五～三一頁。
＊13　鈴木鎮一、前掲書「日本ヴァイオリン史」一〇五～一〇六頁。
＊14　同前、一一〇～一一一頁。
＊15　同前、一一四頁。

第5章

＊1　前掲書「宮内対談③　鈴木梅雄氏」九五頁。
＊2　大野木、前掲書「楽器産業における世襲経営の一原型（Ⅱ）」一五頁。
＊3　前掲書「宮内対談③　鈴木梅雄氏」九五頁。
＊4　『昭和区史』（一九八七　昭和区制施行五〇周年記念事業委員会）二二七～二二八頁。
＊5　ワートラウト鈴木、前掲書、四一頁。
＊6　『楽器商報』（一九五七年一〇月）八一頁（檜山睦郎「楽器三代の記（下）」）。
＊7　杉藤武司、前掲書。
＊8　『名古屋新聞』一九二七年一月二七日朝刊。
＊9　『楽器商報』（一九六〇年一一月）五頁（「名古屋の楽器産業」）。
＊10　野村光一・中島健蔵・三善清達『日本洋楽外史』（一九七八　ラジオ技術社）一六五頁。

＊11　一九三五（昭和一〇）年六月という資料もある。
＊12　愛知東邦大学地域創造研究所『東邦学園下出文庫目録』（二〇〇八　愛知東邦大学地域創造研究所）四〇九～四一一頁（「下出義雄氏の略歴」「下出義雄氏に関わる事業一覧」）。
＊13　前掲書「宮内対談③　鈴木梅雄氏」九六頁。
＊14　鈴木鎮一、前掲書、一一三頁。
＊15　前掲書「宮内対談③　鈴木梅雄氏」九六頁。

第6章

＊1　鈴木バイオリン製造株式会社「第一四回事業報告書」（昭和一二年六月一日～一一月三〇日）東邦学園下出文庫所蔵。
＊2　鈴木バイオリン製造株式会社「第一五回事業報告書」（昭和一二年一二月一日～昭和一三年五月三一日）東邦学園下出文庫所蔵。
＊3　村松道彌「物資統制と楽器製作の現状」『音楽世界』（一九三九年一二月）『おんぷまんだら』（芸術現代社一九七九）四四～四七頁に再録。
＊4　山野政太郎「楽器の国産状態に就て」『音楽世界』（一九三〇年八月）一六頁。
＊5　村松、前掲書、四七頁以下。
＊6　同前、四〇頁。
＊7　前掲書「宮内対談③　鈴木梅雄氏」九六頁。
＊8　同前。
＊9　堀内、前掲書『音楽明治百年史』二四四頁。
＊10　野村光一・中島健蔵・三善清達、前掲書、二九〇頁。
＊11　『楽器商報』（一九五七年一〇月）「特集　鈴木政吉翁寿像建立式」二四、三六頁（後藤太助「供出を免れて」）。
＊12　村松、前掲書、三八頁。
＊13　大野木、前掲書、二四頁。
＊14　『楽器商報』（一九五四年五月）三〇頁（鈴木梅雄「亡父十年祭に当って」）。

＊15　総務省一般戦災ホームページ「名古屋市における戦災の状況」。
＊16　前掲書「宮内対談③　鈴木梅雄氏」九六～九七頁。
＊17　『中日新聞』二〇一二年八月一四日夕刊。
＊18　『楽器商報』（一九五五年一〇月）一六頁（「鈴木政吉翁胸像除幕式」）。

参考資料

○会社資料

『政吉一代畧記』（手書き。高木勇夫は鈴木政吉の次男六三郎の筆跡としている）
『履歴書（鈴木政吉）』（手書き。『畧記』と同一筆跡）
『鈴木政吉の生涯』（手書き。『畧記』と同一筆跡）
鈴木政吉（口演）「済韻研究所設立に就て」（手書き。『畧記』と同一筆跡）
各種賞状、写真
スクラップ各種（大正期～昭和期　六三郎の印鑑が押されたスクラップブックもある）

○無量塔蔵六氏所蔵資料（複写）

鈴木ヴァイオリン工場カタログ各種（明治末年から昭和一二年頃まで）

○東邦学園下出文庫所蔵資料

鈴木バイオリン製造株式会社事業報告書　第一四期―第三四期（一九三七―一九四七）

○徳川林政史研究所所蔵史料（旧名古屋税務監督局所蔵）

『旧名古屋県・犬山県・千秋季福旧陪従禄高名簿』
『尾参士族名簿』（愛知県公文書館に複写あり）

○公文書類

『愛知県庁文書』文部省資料館（現、国文学研究資料館）所蔵。愛知県公文書館に複写あり。
「巴里博覧会出品書類」一八九八
「巴里博覧会出品関係書類」一八九九
「巴里博覧会本目録解説書」一八九九
『音楽取調掛時代文書綴』巻七一、東京藝術大学附属図書館蔵。（同大学貴重資料データベースでインターネット公開）。

○博覧会関係資料（本文で直接言及した資料のみ記載。博覧会年度順。国立国会図書館でインターネット公開されているものも多い）

東京府工芸品共進会編『東京府工芸品共進会出品目録』（有隣堂　一八八七）
第三回内国勧業博覧会事務局『内国勧業博覧会規則第三回（第三回内国勧業博覧会審査内規）』（第三回内国勧業博覧会事務局　一八八七）（『明治前期産業発達史資料　勧業博覧会資料一五二』明治文献資料刊行会　一九七五）
第三回内国勧業博覧会事務局『第三回内国勧業博覧会出品目録』（第三回内国勧業博覧会事務局　一八九〇）
第三回内国勧業博覧会事務局『第三回内国勧業博覧会審査報告』（第三回内国勧業博覧会事務局　一八九一）
第四回内国勧業博覧会事務局『第四回内国勧業博覧会審査報告』（第四回内国勧業博覧会事務局　一八九六年（『明治前期産業発達史資料　勧業博覧会資料八七』明治文献資料刊行会　一九七四）
農商務省総務局『府県連合共進会審査復命書』（明二七—四四のうち、第一九冊　明治四四年三月刊下　第十回関西府県連合共進会　一九一一）
農商務省『日英博覧会受賞人名録』（農商務省　一九一〇）
日英博覧会愛知出品同盟会『日英博覧会愛知出品同盟会報告書』（〔名古屋〕愛知出品同盟会　一九一一）
農商務省『日英博覧会事務局事務報告』（農商務省　一九一二）
愛知県編『東京大正博覧会愛知県出品報告』（愛知県　一九一四）
東京府編『東京大正博覧会審査報告』（東京府　一九一六）

名古屋勧業協会編『御大典奉祝名古屋博覧会総覧』(名古屋勧業協会　一九二九)
Exposition universelle internationale de 1900 à Paris. Rapports du jury international. Groupe III. Instruments et procédés généraux des lettres, des sciences et des arts. Classes 11 à 18, Paris: Imprimerie nationale, 1902 (CNUMのプロジェクトによりWeb公開)
Japan-British Exhibition, Official Catalogue, Derby, 〔1910〕(『日英博資料復刻』第1巻所収)
Official Report of the Japan British Exhibition 1910 at the Great White City, London, Unwin Brothers, 1911 (『日英博資料復刻』第三巻所収)

○ベルリン高等音楽学校資料 (現ベルリン芸術大学資料室所蔵)

「鈴木鎮一の入学試験の記録」
"Aufnahmeprotokoll, Violine und Bratsche, Sommerhalbjahr 1923" (Sig.: HdK-Archiv, Best. 1, Nr. 644)
「鈴木社の寄贈に関する記録」
"Akten betreffend: Stiftung der Fa Suzuki" (Sig.: HdK-Archiv, Best. 1, Nr. 447)

○その他の主要参考文献

愛知県小中学校長会編『郷土にかがやく人々』下巻(愛知県教育振興会　一九五七)
愛知県編『愛知県紀要』(愛知県　一九一三)
愛知県編『愛知県写真帖』(愛知県　一九一三)
愛知東邦大学地域創造研究所『東邦学園下出文庫目録』(〔名古屋〕愛知東邦大学地域創造研究所二〇〇八)
赤井励『オルガンの文化史』(青弓社　一九九五)
赤壁紅堂「鈴木政吉氏」『中京実業家出世物語』(〔名古屋〕早川文書事務所　一九二六)七一〜九一頁
朝日新聞社記者編『欧米遊覧記　第二回世界一周』(朝日新聞合資会社　一九一〇)
伊藤真実子『明治日本と万国博覧会』(吉川弘文館　二〇〇八)

井上さつき「鈴木政吉研究（一）」『ミクスト・ミューズ（愛知県立芸術大学音楽学部音楽学コース紀要）』第五号（二〇一〇）四～一九頁
――「鈴木政吉研究（二）」『ミクスト・ミューズ（愛知県立芸術大学音楽学部音楽学コース紀要）』第六号（二〇一一）四～二三頁
――「明治期日本の博覧会における洋楽器――鈴木ヴァイオリンの事例を中心に――」『愛知県立芸術大学紀要』第四〇号（二〇一一）一一一～一二三頁
――「万国博覧会と明治日本の洋楽器――鈴木ヴァイオリンの事例を中心に――」『新モーツァルティアーナ――海老澤敏先生傘寿記念論文集』海老澤敏先生傘寿記念実行委員会編（音楽之友社　二〇一一）六五七～六七一頁
――「恒川鐐之助と明治期日本の音楽」『愛知県立芸術大学紀要』第四一巻（二〇一二）一九～三一頁
岩野裕一、前間孝則『日本のピアノ100年――ピアノづくりに賭けた人々』（草思社　二〇〇一）
植木譔一編『名古屋実業界評判記』（名古屋）名古屋実業界評判記発行所　一九一五）
上野正章「大正期の日本における通信教育による西洋音楽の普及について――大日本家庭音楽会の活動を中心に」『音楽学』第五六巻第二号（二〇一一）八一～九四頁
――「明治中期から大正期における洋楽器で日本伝統音楽を演奏する試みについて――楽譜による普及を考える――」『日本伝統音楽研究』第九号（二〇一二）二一～四二頁
氏家平八郎「大橋幡岩の遺したメッセージ（2）」『JPTA会報』（日本ピアノ調律師協会）第一四九号（二〇一二年一一月）七七～七八頁
大木裕子「伝統工芸の技術継承についての比較考察――クレモナ様式とヤマハのヴァイオリン製作の事例――」『京都マネジメント・レビュー』第一一号（二〇〇七）一九～三一頁
――『クレモナの弦楽器工房――北イタリアの産業クラスターにおける技術継承とイノベーション』（文眞堂　二〇〇九）
大田黒元雄「ヴァイオリン」『洋楽夜話』（音楽と文芸社　一九一七）八三～九五頁
大貫紀子「伝統音楽の調査研究」『音楽教育成立への軌跡――東京芸術大学音楽取調掛研究班編』（音楽之友社　一九七六）三〇六～三三七頁
大野木吉兵衛「浜松地方における洋楽器産業の変遷」浜松史跡調査顕彰会編『遠州産業文化史』（浜松）浜松史

跡調査顕彰会一九七七）二九七〜三五八頁
――「楽器産業における世襲経営の一原型（Ⅰ）――鈴木バイオリン製造株式会社の沿革――」『浜松短期大学研究論集』第二四号（一九八一）一〜三八頁
――「楽器産業における世襲経営の一原型（Ⅱ）――鈴木バイオリン製造株式会社の沿革――」『浜松短期大学研究論集』第二五号（一九八二）一〜四六頁
大庭伸介『浜松・日本楽器争議の研究』（五月社　一九八〇）
奥中康人『国家と音楽――伊澤修二がめざした日本近代』（春秋社　二〇〇八）
小沢優子「音楽雑誌に見る明治、大正期の名古屋の洋楽受容」『名古屋音楽大学研究紀要』第三〇号（二〇一一）一七〜三一頁
楽堂「旅行土産（前号の続き）」『音楽界』一九一〇年八月、四四〜四六頁
河合滋『風雪十五年』（〔浜松〕河合楽器製作所　一九七八）
金子敦子「大正・昭和期の音楽の動向」『新修名古屋市史』第六巻（名古屋市　二〇〇〇）四九〇〜五〇二頁
河合滋『風雪十五年』（〔浜松〕河合楽器製作所　一九七八）
清川雪彦『日本の経済発展と技術普及』（東洋経済新報社　一九九五）
北村五十彦「洋楽器製造業に就て」『名古屋商業会議所月報』（一九二五年四月）一二〜二四頁
――『聖匠鈴木政吉の足跡』（私家版　一九四六）（大阪音楽大学音楽博物館所蔵）
久保絵里麻「鈴木鎮一と日本のヴァイオリン教育」『言語文化』（明治学院大学言語文化研究所）第二九号（二〇一二）七一〜七九頁
國雄行『博覧会の時代――明治政府の博覧会政策』（岩田書院　二〇〇五）
倉田喜弘監修・解説、林淑姫編集・解題『昭和前期音楽家総論「現代音楽大観」』（一九二七）（復刻・増補　ゆまに書房　二〇〇八）
黒田鉱一「鈴木政吉翁小伝」『郷土文化』（一九五三年六月）三九〜四一頁
「国産ピアノの創業とその発達を語る」『音楽世界』（一九三六年一一月）一〇〜四一頁
幸田延子〔延〕「女流大音楽家パーロー女史推称の言葉」（新聞記事？　出典不明　会社資料）
小松耕輔『音楽の花ひらく頃――わが思い出の楽壇――』（音楽之友社　一九五二）
酒井正三郎「名古屋市制六十年の経済」『郷土文化』第四巻第五号（一九四九）一〜五頁

塩津洋子「明治期の洋楽器製作」『大阪音楽大学音楽研究年報』第一三巻（一九九五）五～三六頁
――「明治期関西ヴァイオリン事情」『大阪音楽大学音楽研究年報』第二〇巻（二〇〇四）一一～三八頁
清水禎子「尾張における奏楽人の活動について」『尾張藩社会の総合研究《第二編》』（〔大阪〕清文堂　二〇〇四）
鯱光百年史編集委員会編『鯱光百年史』（〔名古屋〕愛知一中（旭丘高校）創立百年祭実行委員会　一九七七）
昭和区制施行五〇周年記念事業委員会編『昭和区史』（〔名古屋〕昭和区制施行五〇周年記念事業委員会　一九八七）
新修名古屋市史編集委員会編『新修名古屋市史』第四巻（名古屋市　一九九九）
新見吉治「鈴木政吉翁小伝を読みて」『郷土文化』（一九五三年一二月）一七～一八頁
実業界社編「世界的名声を贏ち得た国産の矜り　鈴木ヴァイオリン工場」『名古屋模範商店』（実業界社　一九二五）
末延芳晴『寺田寅彦バイオリンを弾く物理学者』（平凡社　二〇〇九）
杉藤武司「四代に亘る杉藤一家の履歴」（一）～（三）『楽器商報』（一九九二年三月）四六～四八頁、（同年四月）三〇～三二頁、（同年五月）四八～五〇頁
鈴木梅雄「ヴァイオリンの出来る迄」『音楽世界』（一九三〇年八月）二五～三一頁
鈴木喜久雄「日本製ヴァイオリン第一号由来」『中央公論』（一九六一年一一月）二三八～二四七頁
鈴木鎮一「日本ヴァイオリン史」『室内楽　音楽講座第一篇』（文芸春秋社　一九三二）九七～一一八頁
――「クリングラー・クワルテット」『レコード』（一九三三年三月）
――『愛に生きる』（講談社現代新書　一九六六）
――「歩いて来た道」（音楽之友社　一九六〇）『鈴木鎮一全集第六巻　私の歩いてきた道』（研秀出版　一九八九）所収
鈴木淳「蘭式・英式・仏式――諸藩の〝兵制〟導入――」横浜対外関係史研究会／横浜開港資料館編『横浜英仏駐屯軍と外国人居留地』（東京堂出版　一九九九）二一三～二四六頁
鈴木政吉「狂人とまで謂はれて楽器の製造に苦心したる予の経験」『商業界』（同文館　一九〇九年六月）四三～四七頁
――「波瀾多かりし私の過去」『名古屋商業会議所月報』（一九二七年一〇～一一月）九～一三頁
――『ヴヮイオリン独習書』恒川鐐之助（閲）（〔津〕豊住書店　一九〇二）（国立国会図書館でインターネット

公開されているが、データの著者名が鈴木正吉と誤記されている）
鈴木政吉（談）「鈴木バイオリン王発明苦心談」『経済知識』（一九三三年一二月）一五八～一七一頁
鈴木ワートラウト『鈴木鎮一と共に』セルデン恭子訳（主婦の友社　一九八七）(Suzuki, Waltraud, My Life with Suzuki, Suzuki Method International, 1987)
須田紫電生「中京の名物　鈴木ヴァイオリン工場参観記」『日本実業』（一九一一年六月）五〇頁
総務省　一般戦災ホームページ「名古屋市における戦災の状況」
高木勇夫「バイオリン王・鈴木政吉」『地域社会』（一九八七年一〇月）一四～二五頁
高橋美雪「明治期のヴァイオリン――そのイメージと日本特有の受容の諸相」『一橋研究』第二五巻四号（二〇〇一）一五七～一八二頁
瀧井敬子・平高典子編『幸田延の「滞欧日記」』（東京藝術大学出版会　二〇一二）
武石みどり「山葉オルガンの創業に関する追加資料と考察」『遠江』第二七号（二〇〇四）一～一八頁
武石みどり監修『音楽教育の礎――鈴木米次郎と東洋音楽学校』（春秋社　二〇〇七）
田辺尚雄『楽器古今東西』（ダヴィッド社　一九五八）
――『明治音楽物語』（青蛙房　一九六五）
玉川裕子「三越百貨店と音楽」『桐朋学園大学研究紀要』第二三集（一九九七）二七～五九頁
千葉優子『ドレミを選んだ日本人』（音楽之友社　二〇〇七）
塚原康子『明治国家と雅楽――伝統の近代化／国楽の創成』（有志舎　二〇〇九）
――「軍楽隊と戦前の大衆音楽」『ブラスバンドの社会史』（青弓社　二〇〇一）八三～一二四頁
寺内直子『雅楽の〈近代〉と現代――継承・普及・創造の軌跡』（岩波書店　二〇一〇）
東儀鉄笛「将来の国民楽器」『音楽界』（一九一〇年九月）四五～四七頁
東京芸術大学音楽取調掛研究班編『音楽教育成立への軌跡』（音楽之友社　一九七六）
東京芸術大学百年史編集委員会編『東京芸術大学百年史　東京音楽学校篇　第一巻』（音楽之友社　一九八七）
――『東京芸術大学百年史　東京音楽学校篇　第二巻』（音楽之友社　二〇〇三）
徳川義宣『徳川さん宅の常識』（淡交社　二〇〇六）
富永隆一「『酵素資料室』から――その三　Koch 博士の来日とMichaelis 博士の赴任――」『応用糖質科学』第一巻第三号（二〇一一）二六一～二六三頁

徳丸吉彦・高橋悠治・北中正和・渡辺裕編　事典『世界音楽の本』（岩波書店　二〇〇七）
戸ノ下達也・長木誠司『総力戦と音楽文化――音と声の戦争』（青弓社　二〇〇八）
中村洪介『近代日本洋楽史序説』林淑姫監修（東京書籍　二〇〇三）
永山定富編『海外博覧会本邦参同史料』第一編～第七編（博覧会倶楽部　一九二八～三四）（復刻　フジミ書房　一九七五）
名古屋市（編）『大正昭和名古屋市史』第二巻（名古屋市　一九五四）
名古屋市役所『名古屋市史　産業編』（名古屋市　一九一五）
――『名古屋市史　風俗編』（名古屋市　一九一五）
――『名古屋市史　人物編』（名古屋市　一九一五）
――『名古屋市史　政治編』（名古屋市　一九一五）
――『名古屋七十年史』（名古屋市役所総務局調査課　一九五九）
名古屋市立東桜小学校開学百年記念祭事務局編『東桜開学百年記念誌』（〔名古屋〕東桜開学百年記念祭事務局　一九七二）
西原稔『ピアノの誕生・増補版』（青弓社　二〇一三）
日本教育音楽協会編『本邦音楽教育史』（音楽教育書出版協会　一九三四）
農商務省山林局編『木材の工芸的利用（一）』（大日本山林会　一九一二年）（明治文献資料刊行会『明治前期産業発達史資料　別冊一一三』明治文献資料刊行会　一九七二所収）
野村光一・中島健蔵・三善清達『日本洋楽外史』（ラジオ技術社　一九七八）
「バイオリン製作物語――宮本金八翁、鈴木梅雄翁――連載　座談会⑤楽しいかな楽器に生きる（正・続）」『ミュージックトレード』（一九六三年九月号）一八～二六頁、（同年一〇月号）二二～三〇頁
萩谷由喜子『幸田姉妹――洋楽黎明期を支えた幸田延と安藤幸』（ショパン　二〇〇三）
――『諏訪根自子――美貌のヴァイオリニスト　その劇的生涯　1920―2012』（アルファベータ　二〇一三）
橋本久美子「上野児童音楽学園――上野の杜の波乱万丈」「藝大通信」第一九号（二〇〇九）一二～一三頁
服部鉦太郎『大正の名古屋：世相編年事典　写真図説』（〔名古屋〕泰文堂　一九八〇）
馬場籍生「西洋楽器製造業　鈴木政吉君」『名古屋百紳士』（〔名古屋〕名古屋百紳士発行所　一九一七）

――『名古屋新百人物』（珊珊社　一九二一）
平戸大「楽界行脚」『音楽界』（一九一五年三月）四一～五一頁
――「関西中部地方の楽況」『音楽界』（一九一六年一月）六一～六六頁
檜山睦郎『楽器業界』（教育社　一九七七）
――『洋琴ピアノものがたり』（芸術現代社　一九八六）
ホフマン、フライア Freia Hoffmann『楽器と身体――市民社会における女性の音楽活動』阪井葉子・玉川裕子訳（春秋社　二〇〇四）
堀内敬三『音楽五十年史』（鱒書房　一九四二）
――『音楽明治百年史』（音楽之友社　一九六八）
毎日新聞社編『大正という時代――「100年前」に日本の今を探る』（毎日新聞社　二〇一二）
増井敬二『データ・音楽・にっぽん』（民音音楽資料館　一九八〇）
――「解題『音楽雑誌（おむがく）』復刻版補巻（出版科学総合研究所　一九八四）五～三六頁
松村昌家「別冊日本語解説」『日英博覧会（1910年）――公式資料と関連文献集成』（エディション・シナプス〔京都〕ユーリカ・プレス（発売）二〇一一）
松本岩根「日本におけるバイオリン（二）」『音楽界』（一九一〇）四二～四四頁
松本善三『提琴有情――日本のヴァイオリン音楽史』（レッスンの友社　一九九五）
三木佐助（口述）『玉淵叢話』（開成館　一九〇二）
「宮内対談③　鈴木梅雄氏」『楽器商報』（一九六六年三月）九二～九七頁
「宮内対談④　菅沼源太郎氏」『楽器商報』（一九六六年七月）四六～五〇頁
無量塔藏六『ヴァイオリン』（岩波新書　一九七五）
村松道彌『おんぶまんだら』（芸術現代社　一九七九）
毛利眞人『貴志康一　永遠の青年音楽家』（国書刊行会　二〇〇六）
八木國夫編『ミハエリス教授と日本』（名古屋大学医学部第一生化学教室　一九七三）
山口良三『ヴァイオリン・ハンドブック』（ミュージックトレード　二〇一三）
山住正巳『唱歌教育成立過程の研究』（東京大学出版会　一九六七）
山田幸太郎「市制六十周年にあたりて」『郷土文化』第四巻第五号（一九四九）八～一一頁

山野政太郎「楽器の国産状態に就て」『音楽世界』（一九三〇年八月）一五～一六頁
山葉寅楠〔著〕大野木吉兵衛編『渡米日記』遠江資料叢書六（〔浜松〕浜松史蹟調査顕彰会　一九八八）
幸松肇　CD解説「鈴木クワルテットが残した大いなる遺産」『鈴木クワルテットの遺産』（クワルテット・ハウス・ジャパン　QHJ―1003　二〇〇八）
洋楽放送70年史プロジェクト編『洋楽放送70年史』（非売品　一九九七）
渡辺裕『日本文化　モダン・ラプソディ』（春秋社　二〇〇二）

Hotta-Lister, Ayako. *The Japan-British Exhibition of 1910: Gateway to the Island Empire of the East*, Japan Library, 1999.
Mehl, Margaret. "Cultural Translation in Two Directions: The Suzuki Method in Japan and Germany", *Research & Issues in Music Education*, 7.1 September 2009 (RIME ONLINE)
Mehl, Margaret. "Japan's Early Twentieth-Century Violin Boom", *Nineteenth-Century Music Review*, 7/1, 2010: 23-43.
Schoenbaum, David. *The Violin: A Social History of the World's Most Versatile Instrument*, New York London, Norton, 2013.

1932	昭7	73	10月21日経営いきづまり和議申請　妻乃婦とともに東京滝野川の借家に移る	五・一五事件（犬養毅暗殺される）
1933	昭8	74	7月4日和議認可	3月ヒトラー、ナチスの総統となる 日本は国際連盟を脱退
1934	昭9	75	大府町名高山に転居、社長の職を退き、6月に下出義雄を社長に迎える 株式会社に再興（資本金10万円）梅雄が地元資産家と特約8店の支援をとりつける	
1935	昭10	76	名高山に工場を新設し、大府分工場とする このころ、有志により政吉胸像の作成開始	
1936	昭11	77		二・二六事件（斎藤実、高橋是清ら殺害される）
1937	昭12	78	名古屋汎太平洋平和博覧会、政吉作ヴァイオリンは金牌受賞	7月盧溝橋事件をきっかけに日中戦争勃発
1938	昭13	79		4月国家総動員法成立 統制経済強まる
1939	昭14	80		9月第二次世界大戦勃発
1940	昭15	81	政吉胸像完成、ただし、時局を考えひとまず大府工場内に保管	9月日独伊三国同盟条約調印 10月大政翼賛会発足
1941	昭16	82	下出社長辞任、梅雄社長就任	12月8日太平洋戦争始まる
1942	昭17	83		6月30日新聞紙、1県1紙制になる
1944	昭19		1月31日大府町名高山で肺炎にて死去　享年84歳　亡くなる三日前までヴァイオリン製作に没頭 12月13日名古屋空襲本格化	
1945	昭20		二三雄空襲で爆死	8月15日終戦
1947	昭22		6月1日政吉妻乃婦死去	

1913	大2	54	11月15日工場に勅使御差遣の栄を得る ギターの製作販売開始	
1914	大3	55	需要増により、東新道町工場を拡大	7月第一次大戦開戦（～1918年11月） 8月23日独に宣戦布告
1915	大4	56	国外からの注文増により、隣接の松山町まで工場拡大 東京大正博覧会で金牌受賞 パナマ太平洋国際博覧会（米国サンフランシスコ）で金賞受賞	大戦景気始まる
1916	大5	57	注文増により、石神堂町にも分工場を新設する 三男鎮一、徳川義親一行と千島探検旅行	
1917	大6	58	8月4日、緑綬褒章を受ける（殖産興業功労者として）	
1918	大7	59	海外より注文殺到のため赤萩町に第二分工場を新設する 田代町蝮池に土地購入、別宅建設	8月米騒動 この年以降、外国人演奏家のコンサート相次ぐ
1919	大8	60	工場従業員1000人あまりに増加	
1920	大9	61	7月長男梅雄渡米し、欧州も廻る	3月経済恐慌起こる 11月国際連盟加盟
1921	大10	62	三男鎮一、徳川義親一行とともに渡欧　ベルリンに留学しクリングラーに師事 五男二三雄　ライプツィヒ留学	
1922	大11	63	平和記念東京博覧会で名誉賞受賞	
1923	大12	64	名ヴァイオリニスト、クライスラー来名	9月1日関東大震災
1924	大13	65	震災復旧景気により需用増大	
1925	大14	66	輸出向き品著しく減少、国内も不況のきざし 10月紺綬褒章授与される	
1926	大15・昭元	67	米国独立150年記念万国博覧会（フィラデルフィア）で金牌受賞 10月梅雄は政吉の自作品を欧州に紹介するため渡欧、一時帰国中の鎮一も渡欧 12月名古屋商業会議所商業部長に就任	12月25日大正天皇崩御、改元
1927	昭2	68	1月梅雄、二三雄とともに帰国 11月　再度「勅使御差遣」名古屋離宮において昭和天皇に単独拝謁	3月金融恐慌起こる 国産洋盤レコード発売
1928	昭3	69	2月鎮一　ワルトラウト・プランゲと結婚、4ヶ月後母危篤の報を受け、夫婦で帰国	
1929	昭4	70	事業不振により経営徐々に困難となる	
1930	昭5	71	6月個人経営を廃し、資本金50万円の株式会社（鈴木バイオリン製造）に組織を変え、本社を松山町43番地に置く	世界恐慌の影響深刻
1931	昭6	72	従業員を整理縮小、経営著しく困窮する	9月満州事変

1889	明22	30	楽器を持って上京し、東京音楽学校の伊澤修二校長の紹介でディットリヒに試弾してもらう 好評を得て、銀座の共益商社社長の白井練一を訪ね、取引開始 ８月大阪の三木佐助とも契約 12月長男梅雄誕生	２月大日本帝国憲法発布 ７月東海道本線全線開通
1890	明23	31	東門前町53番戸を購入し、作業場とする 第３回内国勧業博覧会で３等有功賞を受賞、ヴァイオリンの最高位	
1891	明24	32	10月28日濃尾大地震 自宅、作業場とも被害なし	
1892	明25	33	長女はな誕生	
1893	明26	34	アメリカのシカゴ・コロンブス万国博覧会で褒賞受賞	
1894	明27	35		７月日清戦争始まる（～1895年３月）
1895	明28	36	第４回内国勧業博覧会で進歩３等賞受賞 ６月次男六三郎出生	
1896	明29	37	９月13日母たに死去	
1898	明31	39	三男鎮一誕生	
1899	明32	40	四男章誕生	
1900	明33	41	パリ万国博覧会で褒状受賞 ヴァイオリンの渦巻きの部分を作る機械を発明する ５月五男二三雄誕生	
1903	明36	44	第５回内国勧業博覧会で２等賞受賞	
1904	明37	45	六男喜久雄誕生	２月日露戦争始まる（～1905年９月）
1905	明38	46	東新道町に工場を新設、東門前町の自宅作業場を移す	
1906	明39	47	このころマンドリンも作り始める	
1907	明40	48	ギターの製作準備にかかる 10月名古屋市議会議員の補欠選挙で当選、市会議員となる（～1910年10月）	３月小学校令改正、義務教育６年となる 10月国産レコードの販売はじまる
1910	明43	51	英国ロンドンで開催された日英博覧会にヴァイオリン出品し名誉大賞受賞 自らも渡欧、３月に英国に向けて出発し、帰路欧州各国を視察して８月帰国	８月韓国併合
1911	明44	52	名古屋では関西府県連合共進会が大々的に開催され、ヴィオラ、チェロ、コントラバス、マンドリンで受賞 諒闇のため、音曲停止となり、工場を維持するため、織機等の部品を作る	２月日米通商航海条約（関税自主権の確立）
1912	明45・大元	53	九男士朗誕生	明治天皇崩御、大正改元（７月30日）

年　譜

西暦	和暦	齢	鈴木政吉関連	社会一般
1859	安政6	0	11月18日尾張徳川藩の下級武士鈴木正春の次男として名古屋の宮出町に生まれる	
1867	慶應3	8		10月大政奉還
1868	慶應4・明治元	9		9月明治改元
1869	明2	10		6月版籍奉還、名古屋藩できる
1870?	明3?	11	名古屋藩の太鼓役に出仕するも半年で失職、藩の洋学校に入学を許される	
1871	明4	12		7月廃藩置県
1872?	明5?	13	洋学校を退学	4月名古屋県は愛知県と改称される 8月学制公布 8月新橋・横浜間鉄道開通
1873?	明6?	14	従妹の嫁ぎ先の東京浅草の塗物店飛驒屋に丁稚奉公する	
1874	明7	15		
1875?	明8?	16	塗物店店主夫妻死亡により店舗閉鎖され、帰郷する 自宅の家業である三味線製作の下職に従事する	
1876	明9	17		8月秩禄処分
1877	明10	18	家督を相続する	2月西南戦争
1879	明12	20		10月音楽取調掛設置
1884	明17	25	10月7日父正春死去	
1885	明18	26	宮出町から東門前町三丁目の貸家に移る	
1886	明19	27	三味線製造の仕事が不況になる	5月文部省令で小学校の唱歌は単音唱歌・複音唱歌となる
1887	明20	28	小学校の唱歌教師に転身を志し、恒川鐐之助のもとに唱歌を習いに通う 同門の甘利鐵吉の和製ヴァイオリンを見て、一晩借用し、試作にとりかかる 近藤乃婦と結婚	10月音楽取調掛が東京音楽学校となる
1888	明21	29	1月第1号完成、ぼつぼつ注文が入る しかし、岐阜師範学校の舶来のヴァイオリンと比較したところ雲泥の差を認めショックを受ける	

本書は書き下ろし作品です。

帯・カバー図版　鈴木政吉製作のヴァイオリン（一九二九年）
ヴァイオリン撮影　三浦めぐみ
装幀　中央公論新社デザイン室

井上さつき（いのうえ・さつき）
東京藝術大学音楽学部楽理科卒業。同大学院博士課程満期退学。論文博士（音楽学）。修士課程在学中にフランス留学。パリ＝ソルボンヌ大学修士課程修了。
現在、愛知県立芸術大学音楽学部教授。主な著書に『パリ万博音楽案内』（音楽之友社、1998）、『音楽を展示する――パリ万博1855―1900』（法政大学出版局、2009）、『フランス音楽史』（今谷和徳氏と共著、春秋社、2010）など。訳書にミシェル・カルドーズ『ジョルジュ・ビゼー』（平島正郎氏との共訳、音楽之友社、1989）、アンリ＝ルイ・ド・ラ・グランジュ『グスタフ・マーラー――失われた無限を求めて』（船山隆氏との共訳、草思社、1993）、アービー・オレンシュタイン『ラヴェル――生涯と作品』（音楽之友社、2006）などがある。

日本《にほん》のヴァイオリン王
――鈴木政吉《すずきまさきち》の生涯《しょうがい》と幻《まぼろし》の名器《めいき》

2014年5月10日　初版発行

著　者　井上《いのうえ》さつき
発行者　小 林 敬 和
発行所　中央公論新社
〒104-8320　東京都中央区京橋2-8-7
電話　販売 03-3563-1431　編集 03-3563-3664
URL http://www.chuko.co.jp/

ＤＴＰ　嵐下英治
印　刷　三晃印刷
製　本　大口製本印刷

Published by CHUOKORON-SHINSHA, INC.
Printed in Japan　ISBN978-4-12-004612-4 C0073

Team of Rivals

リンカン 上 南北戦争勃発 下 奴隷解放宣言

オバマ大統領の愛読書として
話題になった**決定版評伝**

ドリス・カーンズ・グッドウィン
平岡 緑 訳

四六判　単行本

政敵を巧みに操り、信念を貫いた偉大な大統領の知られざる政治手腕が明らかに。国家分裂の危機の中、大統領に就任、戦争への積極的指導、混迷する政局や家庭事情までもが第一次史料から克明に描かれる。

中公叢書既刊より

与謝野晶子　松村由利子著

情熱の歌人などと一面的に描かれやすい与謝野晶子。短歌から評論、童話にわたる幅広い活動を紹介しつつ、科学や教育に関心を持ち、多くの子を育てた等身大の姿を描く。**第5回平塚らいてう賞受賞**

職業としての大学教授　潮木守一著

講師、准教授、教授と昇進してゆく大学教員の育成と採用、選抜の仕組みはどうなっているのだろうか。各国の状況を比較し、今日的な課題を明らかにするとともに、提言をおこなう。

アジア政治とは何か——開発・民主化・民主主義再考　岩崎育夫著

先進国から途上国まで、民主主義体制から一党独裁、軍政、王政まで多種多様なアジア諸国。開発体制・民主化・民主主義の三つの視点から横断的に分析し、アジアとは何かを問い直す。

日本人の世界観　大嶋　仁著

日本人に一貫したものの考え方を『古事記』を手がかりに通史的に考える試み。文献の表面には顕れにくい「目に見えない糸」に導かれて、日本思想の豊かな拡がりを一望する。

参議院とは何か　1947〜2010　竹中治堅著

近年ますます存在感を増す参議院。その発足から今日まで、ときに政争を克服し独自性を発揮し、「良識の府」と称された歴史を振り返り、参議院問題を問い直す。**第10回大佛次郎賞受賞**